高等职业教育"十三五"系列教材

机械专业

U0309662

机械制造基础

（第三版）

主　编　黄经元　贾颖莲　史洪松
副主编　吕家将　杨　可　汪　强　李　振
参　编　潘　展
主　审　何世松

扫码加入学习圈　轻松解决重难点

 南京大学出版社

内容简介

本书内容包括机械工程材料的性能测试、机械零件的选材、机械零件常用热处理方法、机械零件毛坯的生产、典型机械零件的加工和3D打印等。每章前面有学习目标、知识点和技能点，每章后面有本章小结和思考与习题。

本书可作为高等职业院校机械类、机电类等相关专业的教材，也可作为相关技术人员、管理人员的培训教材和参考书。

图书在版编目（CIP）数据

机械制造基础 / 黄经元，贾颖莲，史洪松主编. ——
3 版. —南京：南京大学出版社，2019.3(2023.7 重印)
ISBN 978 - 7 - 305 - 21464 - 6

Ⅰ．①机… Ⅱ．①黄… ②贾… ③史… Ⅲ．①机械制
造工艺—高等职业教育—教材 Ⅳ．①TH16

中国版本图书馆 CIP 数据核字(2019)第 011212 号

出版发行 南京大学出版社
社　　址 南京市汉口路 22 号　　　　邮编　210093
出 版 人 金鑫荣

书　　名 机械制造基础
主　　编 黄经元　贾颖莲　史洪松
责任编辑 何永国　吴　华　　　　编辑热线 025 - 83596997
照　　排 南京开卷文化传媒有限公司
印　　刷 广东虎彩云印刷有限公司
开　　本 787×1 092　1/16　印张 15.75　字数 393 千
版　　次 2019 年 3 月第 3 版　2023 年 7 月第 3 次印刷
ISBN 978 - 7 - 305 - 21464 - 6

定　　价 39.80 元
网　　址：http://www.njupco.com
官方微博：http://weibo.com/njupco
微信服务号：njuyuexue
销售咨询热线：(025)83594756

扫码教师可免费
申请教学资源

第三版前言

本书是作者根据多年的教学改革经验和相关技术实践,在充分借鉴吸收国内外同类优秀教材成果的基础上,以适应高职高专发展的新形势和工学结合的需要编写而成。"机械制造基础"是高职高专机械类专业的重要技术基础课。其内容包括机械工程材料的性能测试、机械零件的选材、机械零件常用热处理方法、机械零件毛坯的生产和典型机械零件的加工等,是机械工程技术人员和管理人员必须掌握的一门综合性应用技术基础课。本书可供高职高专机械类或机电类各专业使用,也可作为相关工程技术人员的参考读物。

本书编写具备如下特点:

(1)以培养生产一线需要的高素质技能型人才为目标,以机械工程材料的合理选用、材料热处理及机械零件加工能力的培养为主线,将理论知识学习和技能训练融为一体,形成强化应用、具有高职特点的新的教材体系。

(2)简化了过多的理论介绍,注重内容的实用性和针对性,力求做到重点突出、语言精练、通俗易懂。

(3)及时吸纳新材料、新工艺、新技术,反映最前沿科技,与时代同步。

(4)设计新颖。每章之前有"学习目标"、"知识点"和"技能点",每章之后有"本章小结"和"思考与习题",便于学生自学和检查。

(5)本书有关名词、术语、牌号、工艺均采用国家最新标准。

(6)实践性较强。教师可根据教学内容,在专业实训室、实习车间、企业生产车间实施现场教学、学做一体教学。

(7)涉及内容广。教师授课时可根据各专业具体情况适当增减。

本书由九江职业技术学院黄经元、江西交通职业技术学院贾颖莲、江西工程学院史洪松担任主编。九江职业技术学院吕家将、长江职业学院杨可、平顶山工业职业技术学院汪强、九江职业技术学院李振担任副主编,九江职业技术学院潘展任参编。全书由江西交通职业技术学院何世松教授担任主审。

全书编写分工如下:黄经元编写第1章,李振编写第2章,史洪松编写第5章,汪强和杨可共同编写第 6 章,吕家将编写第 4 章,贾颖莲编写第 3 章、第 5.4 节、第 7 章,潘展参与了图片收集及课件制作。

　　本书在编写过程中得到有关人士的大力支持和帮助,在此表示衷心的感谢!

　　由于编者水平有限,书中缺点和错误在所难免,敬请广大读者批评指正。

编　者

2018 年 12 月

目 录

绪　　论

　　机械制造是指将原材料转变成机器成品的工艺过程,包括零件的机械加工工艺过程和机器的装配工艺过程。

　　机械制造工业是对原材料进行加工以及对零部件进行装配的工业部门的总称,是为国民经济和国防建设提供生产技术装备的部门,是经济结构战略性调整的推动力,是国民经济高速增长的发动机。在经济全球化进程中,在推动整个社会技术进步和产业升级中,机械制造工业具有不可替代的基础作用,其发展水平直接决定了一个国家的国际竞争力和在国际分工中的地位,即决定了这个国家的经济地位。工业发达国家已将制造科学与信息科学、材料科学、生物科学一起列为当今时代四大支柱科学。

　　改革开放 30 多年来,我国机械制造工业取得了很大的成绩。例如,大秦线 10 000 吨的重载列车装备;三峡工程的 700 兆瓦、转轮直径 10 米混流式水电机组;秦山二期工程的 60 万千瓦压水堆核电机组;60 万千瓦亚临界火电机组;500 千伏交流输变电成套设备;2 000 万吨/年大型露天矿成套设备;宝钢三期工程 250 吨氧气转炉、1 450 毫米板坯连铸机、1 420 毫米冷连轧机和 1 550 毫米冷连轧机;年产 52 万吨大型尿素成套设备;神舟 6 号载人飞船的发射成功与准确回收、核动力潜艇的研制与生产等,都与机械制造业的发展密切相关。但同工业发达国家相比,还存在相当大的差距。如技术开发与技术创新能力还比较薄弱,管理机制、管理思想还比较落后等。因此,我们必须进一步解放思想,加倍努力,加快技术开发与技术创新步伐,不断提高技术水平,不断提高产品质量,不断提高经济效益,以适应国民经济和国防建设发展的需要。

　　高新技术的迅猛发展对机械制造工业起到了推动、提升和改造的作用。随着信息装备技术、工业自动化技术、数控加工技术、机器人技术、电力电子技术、新材料技术和新型生物、环保装备技术等当代高新技术成果的广泛应用,机械制造业发生了质的飞跃。各种特种加工、计算机数控技术(CNC)、加工中心(MC)、柔性加工系统(FMS)、计算机辅助设计(CAD)和计算机辅助制造(CAM)、计算机集成制造系统(CIMS)等各种自动控制加工技术应运而生,传统机械制造业已经成为集机械、电子、光学、信息科学、材料科学、生物科学、激光学、管理学等最新成就为一体的一个新兴技术与新兴工业。当前机械制造技术不仅在它的信息处理与控制等方面运用了微电子技术、计算机技术、激光加工技术,在加工机理、切削过程乃至所用的刀具也无不渗透着当代的高新技术。例如激光加工,通过控制光束与工件的相对运动,可以在一台机床上加工出孔、槽、二维、三维曲面等各种形状,完成钻、铣、镗等动作。激光切割、焊接、裁剪、成形加工以及激光快速找正、激光测量等技术,已经在汽车工业中得到了广泛应用,并获得巨大经济效益。

　　以信息技术、材料科学为代表的现代科学技术发展,对机械制造业提出了更高、更新要求。柔性化、灵捷化、智能化、信息化将成为 21 世纪机械制造业发展的总趋势。

　　机械制造过程主要包括毛坯制造阶段、零件机械加工阶段和装配试验阶段等三个阶段,其过程用框图表示如下:

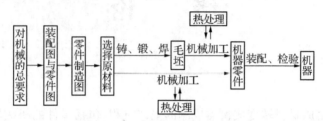

　　毛坯制造阶段的工作主要是通过铸造、锻压、焊接或轧材下料的方法把原材料加工成毛坯。

　　零件机械加工阶段的工作主要是把毛坯进行切削加工,逐步改变毛坯的形状和尺寸,得到所需要的零件。为了改善零件的性能,在零件的制造过程中,需要对零件进行热处理。

　　装配试验阶段的工作主要是将制成的各种零件按要求顺序加以装配,并检验其性能是否达到要求。通过调试合格后的产品,经包装即可出厂发运。

　　本书的主要内容是:

　　(1) 金属材料的力学性能、金属学基础知识、钢的热处理、金属材料、非金属材料、零件和工具材料的选用等;

　　(2) 铸造、锻压、焊接、铆接、毛坯生产方法的选择等;

　　(3) 金属切削加工基础知识、各种表面的加工、零件生产工艺过程和现代制造技术简介等。

　　(4) 快速成型与 3D 打印技术等。

　　学完本书后应达到的基本要求是:

　　(1) 熟悉常用机械工程材料的种类、成分、组织、性能和用途,初步具有正确选用常用工程材料和改变材料性能方法的能力;

　　(2) 熟悉主要冷、热加工方法的工艺特点和用途,初步具有确定毛坯或零件的成形工艺方法及机械零件表面加工方法的能力;

　　(3) 了解零件生产工艺过程和先进制造技术,为学习其他有关课程打下良好基础。

　　本课程的实践性和应用性都比较强,涉及知识面比较广。因此,学习本课程前应有一定的感性知识。最好是在“热加工实训”和“机加工实训”之后组织理论教学。教学中应安排一定的现场参观、多媒体教学、课堂讨论等教学环节,以增强直观性,注重理论联系实际,注重知识的综合运用,不断提高学生分析问题和解决问题的能力。

第1章 金属材料力学性能的测试

【学习目标】

掌握金属材料的强度指标、塑性指标和硬度表示方法及其测试，了解金属材料韧度和疲劳强度的概念及测试方法。

【知识点】

金属材料常用力学性能的定义、测定原理、使用范围等。

【技能点】

金属材料常用力学性能的测试。

为了正确、合理地使用各种金属材料，对其性能的了解是十分必要的。金属材料的性能包括使用性能和工艺性能，如图1.1。使用性能是指金属材料在使用过程中表现出来的性能，如力学性能、物理性能、化学性能等；工艺性能是指金属材料在各种加工过程中所表现出来的性能，如铸造性能、锻造性能、焊接性能、切削加工性能、热处理性能等。一般机械零件常以力学性能作为设计和选材的依据。金属材料的力学性能是指材料在外力作用下所表现出来的特性，常用的指标有强度、塑性、硬度、韧性和疲劳强度等。

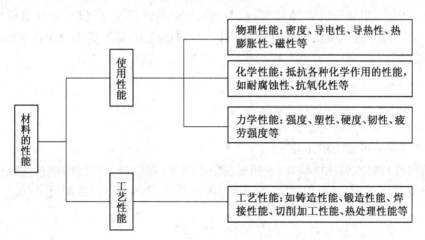

图 1.1　材料的性能

1.1　强度和塑性

材料在外力作用下,会产生尺寸和形状的变化。这种外力通常称为载荷,尺寸和形状的变化叫变形。载荷与变形的关系可通过拉伸试验的方法来确定。

拉伸试验是测定静态力学性能指标常用的方法。通常将材料制成标准试样,如图 1.2 所示为常用的圆形拉伸试样($l_0 = 10d_0$ 或 $l_0 = 5d_0$),装夹在拉伸试验机上,对试样缓慢加载,使之不断产生变形,直至试样断裂。根据拉伸试验过程中的载荷和对应的变形量的关系,可画出材料的拉伸曲线。图 1.3 所示是低碳钢的拉伸曲线,图中纵坐标表示载荷 F,单位为 N;横坐标表示变形量 Δl,单位为 mm。通过拉伸曲线可测定材料的强度和塑性。

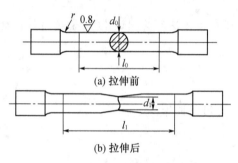

图 1.2　圆形拉伸试样简图

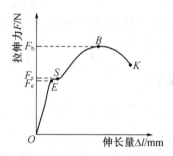

图 1.3　低碳钢的拉伸曲线

1.1.1　强度

强度是指金属材料在外力作用下抵抗塑性变形和断裂的能力。抵抗塑性变形和断裂的能力越大,则强度越高。常用的强度指标是屈服点和抗拉强度。

材料在外力作用下发生变形的同时,在内部会产生一个抵抗变形的内力,其大小与外力相等而方向相反。单位截面积上的内力称为应力,单位为帕(Pa)。工程上常用兆帕(MPa),1 MPa=10^6 Pa 或 1 MPa=1 N/mm²,应力常用符号 σ 表示。

1. 屈服点

由图 1.3 可知,当载荷增加到 F_s 时,在不再增加载荷的情况下,试样仍然继续伸长,这种现象称为屈服。屈服点是指试样产生屈服现象时的最小应力,即开始出现塑性变形时的应力,通常用 σ_s 表示。

$$\sigma_s = \frac{F_s}{S_0}$$

式中:F_s——试样产生屈服时的拉伸力,N;

　　　S_0——试样原始横截面积,mm²。

对于低塑性材料或脆性材料,由于屈服现象不明显,常以产生一定的微量塑性变形(一般以残余变形量达到 0.2% l_0)的应力为屈服点,用符号 $\sigma_{r0.2}$ 表示,称为条件屈服点。

$$\sigma_{r0.2} = \frac{F_{r0.2}}{S_0}$$

式中:$F_{r0.2}$——塑性变形量为 0.2% l_0 时的拉伸力,N;

S_0—试样原始横截面积，mm^2。

2. 抗拉强度

当载荷超过 F_s 以后，试样将继续产生变形，载荷达到最大值后，试样产生缩颈，有效截面积急剧减小，直至产生断裂。抗拉强度是试样断裂前能够承受的最大拉应力，用 σ_b 表示。

$$\sigma_b = \frac{F_b}{S_0}$$

式中：F_b—试样断裂前能承受的最大拉伸力，N；

　　　S_0—试样原始横截面积，mm^2。

工程上所用的金属材料，不仅希望有较高的屈服强度 σ_S，还希望有一定的屈强比（σ_S/σ_b）。屈强比越小，零件可靠性越高，使用中超载不会立即断裂。但屈强比太小，则材料强度的有效利用率降低。一般在性能允许的情况下，屈强比在 0.75 左右较为合适。

1.1.2　塑性

金属材料在外力作用下发生塑性变形而不破坏的能力称为塑性。常用的指标有断后伸长率和断面收缩率。

1. 断后伸长率

断后伸长率是指试样拉伸断裂后的标距伸长量与原始标距的百分比，用符号 δ 表示。

$$\delta = \frac{l_k - l_0}{l_0} \times 100\%$$

式中：l_0—试样原始标距长度，mm；

　　　l_k—试样断裂后的标距长度，mm。

断后伸长率大小与试样尺寸有关。长试样的断后伸长率用 δ_{10} 或 δ 表示，短试样的断后伸长率用 δ_5 表示，同一材料的 $\delta_{10} < \delta_5$，但二者不能直接比较。

2. 断面收缩率

断面收缩率是指试样拉断后，缩颈处（断口处）横截面积的最大缩减量与原始横截面积的百分比，用符号 ψ 表示。

$$\psi = \frac{S_0 - S_k}{S_0} \times 100\%$$

式中：S_0—试样原始横截面积，mm^2；

　　　S_k—试样拉断后缩颈处最小横截面积，mm^2。

一般 δ 和 ψ 的数值越大，材料的塑性越好。塑性直接影响到零件的成形加工及使用，如钢的塑性较好，能通过锻造成形；而普通铸铁的塑性差，不能进行锻造，只能进行铸造。另外，塑性好的零件在工作时若超载，因其塑性变形可避免突然断裂，从而提高了工作安全性。

1.2　硬　度

硬度是指金属材料抵抗局部变形、压痕或划痕的能力。硬度是衡量金属材料软硬程度的指标。通常材料的硬度越高，其耐磨性越好，强度也越高。

材料的硬度可通过硬度试验的方法测得。测定硬度的方法比较多,常用的硬度试验方法有布氏硬度、洛氏硬度和维氏硬度三种。

1.2.1　布氏硬度

布氏硬度试验原理见图 1.4。用直径为 D 的硬质合金球作压头,以相应的试验力 F 将压头压入试样表面,并保持一定的时间,然后卸除试验力,在试样表面得到一直径为 d 的压痕。用试验力除以压痕表面积,所得值即为布氏硬度值,用符号 HBW 表示。

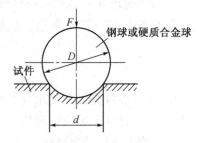

图 1.4　布氏硬度试验原理示意图

$$HBW = \frac{F}{A_{压}} = \frac{2F}{\pi D(D - \sqrt{D^2 - d^2})}$$

式中:D—压头直径,mm;

　　　$A_{压}$—压痕球形表面积,mm^2;

　　　F—试验力,N;

　　　d—压痕平均直径,mm。

试验时只要测量出压痕的平均直径 d,即可通过查表得出所测材料的布氏硬度值。d 值越大,硬度值越小;d 值越小,硬度值越大。

布氏硬度表示方法:硬度值一般不标单位,在符号 HBW 前写出硬度值,符号后面用数字依次表示压头直径、试验力及试验力保持时间(10~15 s 不标)等试验条件。例如,120HBW 10/1 000/30 表示用直径为 10 mm 的硬质合金球做压头在 1 000 kgf 试验力作用下保持 30 s 所测得的布氏硬度值为 120 HBW。一般在零件图或工艺文件上标注材料要求的布氏硬度时,不规定试验条件,只需标出要求的硬度值范围和硬度符号,如 210~230 HBW。

在测定软硬不同材料或厚薄不一工件的布氏硬度值时,可参考有关手册选用不同大小的试验力 F 和压头直径 D。一般,选用不同的 F/D^2 比值所测得的布氏硬度值不能直接比较。

布氏硬度试验的优点是测定的数据准确、稳定、数据重复性强,常用于测定硬度值小于 650 HBW 的退火、正火、调质钢、铸铁及有色金属的硬度。其缺点是操作不太简便,且压痕较大,易损坏成品的表面,故不宜测定薄件和成品件的硬度。

1.2.2　洛氏硬度

洛氏硬度试验原理见图 1.5。采用顶角为 120° 的金刚石圆锥或直径为 1.588 mm 的淬火钢球作压头,在初始试验力 F_0 及总试验力 F(初始试验力 F_0 与主试验力 F_1 之和)分别作用下压入金属表面,经规定保持时间后,卸除主试验力 F_1,测定此时残余压痕深度。用压痕深度的大小来表示材料的洛氏硬度值,并规定每压入 0.002 mm 为一个洛氏硬度单位。图中 0—0 是金刚石压头没有与试样接触时的位置,1—1 是压头在初始载荷作用下压入试样 b 位

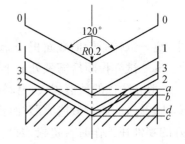

图 1.5　洛氏硬度试验原理示意图

置,2—2 是压头在全部规定试验力(初试验力+主试验力)作用下压入 c 位置,3—3 是卸除主试验力保留初试验力后压头的位置 d,所以压痕的深度 $h = bd$。洛氏硬度用符号 HR 表示,其计算公式如下。

$$HR = C - \frac{h}{0.02}$$

式中：h —压痕深度；

　　C —常数，当压头为淬火钢球时 $C=130$，压头为金刚石圆锥时 $C=100$。

材料越硬，h 越小，所测得的洛氏硬度值越大。

淬火钢球压头多用于测定退火件、有色金属等较软材料的硬度，压入深度较深；金刚石压头多用于测定淬火钢等较硬材料的硬度，压入深度较浅。

实际测定洛氏硬度时，被测材料的硬度可直接在硬度计的指针所指示的刻度值读出。

为了能用一种硬度计测定不同软硬金属材料的硬度，可采用不同的压头与总试验力，组合成几种不同的洛氏硬度标尺。我国常用的是 HRA、HRB、HRC 三种，其中 HRC 应用最广，其试验规范见表 1.1。洛氏硬度无单位，须标明硬度标尺符号，在符号前面写出硬度值，如 60 HRC、82 HRA。

洛氏硬度试验的优点是操作迅速、简便，硬度值可从表盘上直接读出；压痕较小，可在工件表面试验；可测量较薄工件的硬度，因而广泛用于热处理质量的检验。其缺点是因压痕小，对内部组织和硬度不均匀的材料，所测结果不够准确。通常需要在材料的不同部位测试数次，取其平均值来代表材料的硬度。此外，用不同标尺测得的硬度值彼此之间没有联系，也不能直接进行比较。

表 1.1　洛氏硬度试验规范

硬度符号	压头类型	总载荷/N	测量范围 HR	应用举例
HRA	120°金刚石圆锥	588.4	70～88	碳化物、硬质合金、淬火工具钢、浅层表面硬化钢等
HRB	φ1.588 mm 钢球	980.7	20～100	软钢、铜合金、铝合金、可锻铸铁
HRC	120°金刚石圆锥	1 471.1	20～70	淬火钢、调质钢、深层表面硬化钢

注：HRA、HRC 所用刻度为 100，HRB 为 130。

1.2.3　维氏硬度

维氏硬度的测定原理基本上和布氏硬度相似，也是以单位压痕面积的力作为硬度值计量。所不同的是所加试验力较小，压头是锥面夹角为 136°的金刚石正四棱锥体，见图 1.6 所示。试验时在试验力 F 作用下，在试样表面上压出一个正方形锥面压痕，测量压痕对角线的平均长度 d，计算压痕的面积 S，以 F/S 的数值来表示其硬度值，用符号 HV 表示。

$$HV = 0.102 \frac{F}{S} = 0.189 \frac{F}{d^2}$$

式中：F —试验力，N；

　　d —压痕对角线算术平均值，mm。

HV 可根据所测得的 d 值从维氏硬度表中直接查出。

维氏硬度表示方法：在符号 HV 前方标出硬度值，在 HV 后面按试验力大小和试验力保持时间（10～15 s 不标出）的顺序用数字表示试验条件。例如：640 HV 30/20 表示用 30 kgf 试验力保持 20 s 测定的维氏硬度值为 640 HV。

维氏硬度试验法所用试验力小，压痕深度浅，轮廓清晰，数值准确可靠，广泛用于测量金属镀层、薄片材料和化学热处理后的表面硬度。且其试验力可在较大范围内选择（49.03～980.7 N），故可测量从很软到很硬的材料。维氏硬度试验法的缺点是：不如洛氏硬度试验简便迅速，不适于成批生产的常规试验。

硬度试验所用设备简单，操作简便、迅速，可直接在半成品或成品上进行试验而不损坏被测件，并且还可根据硬度值估计出材料近似的强度和耐磨性。因此，硬度在一定程度上反映了材料的综合力学性能，应用广泛。常将硬度作为技术条件标注在零件图样或写在工艺文件中。

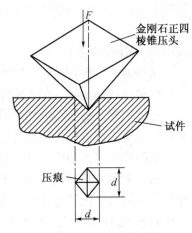

图 1.6　维氏硬度试验原理示意图

1.3　韧　性

生产中许多零件是在冲击载荷作用下工作的，如内燃机的活塞连杆、锻锤锤头、冲床冲头、锻模、凿岩机零件等。由于外力的瞬时冲击作用所引起的变形和应力比静载荷大得多，因此在设计承受冲击载荷的零件和工具时，不仅要满足强度、塑性、硬度等性能要求，还必须有足够的韧性。

1.3.1　冲击吸收功

韧性是指金属材料在断裂前吸收变形能量的能力，它表示金属材料抵抗冲击的能力。韧性的指标是通过冲击试验确定的。目前常用的方法是摆锤式一次冲击试验，其试验原理如图 1.7 所示。

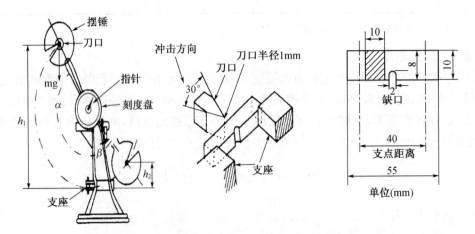

图 1.7　摆锤冲击试验机、试样及试样安装法

试验是在摆锤式一次冲击试验机上进行的。试验时,把按规定制作好的标准冲击试样水平放在试验机支座上,缺口(脆性材料不开缺口)位于冲击相背方向,并使样板的缺口位于支座中间。然后将具有一定重量(质量为 m)的摆锤举至一定高度 h_1,然后自由落下,将试样冲断。由于惯性,摆锤冲断试样后继续上升到某一高度 h_2。根据功能原理可知:摆锤冲断试样所消耗的功 $A_K = mgh_1 - mgh_2$。A_K 称为冲击吸收功,单位焦耳(J),可从冲击试验机上直接读出。用 A_K 除以试样缺口处的横截面积 S 所得的商即为该材料的冲击韧度,用符号 α_K 表示。

$$\alpha_K = \frac{A_K}{S} \text{ J/m}^2$$

国家标准规定采用 A_K 作为韧性指标。A_K 越大,材料的韧性越好。

冲击吸收功 A_K 与温度有关,见图 1.8。A_K 随温度的降低而减小,在某一温度区域,A_K 急剧变化,此温度区域称为韧脆转变温度。韧脆转变温度越低,材料的低温抗冲击性能越好。冲击吸收功 A_K 还与试样形状、尺寸、表面粗糙度、内部组织和缺陷等有关。因此,冲击吸收功一般作为选材的参考,而不能直接用于强度计算。

1.3.2　多冲抗力

在实际使用中,零件很少受一次大能量冲击而破坏,一般是受多次($>10^3$)冲击之后才会断裂。金属材料抵抗小能量多次冲击的能力叫作多冲抗力。多冲抗力可用在一定冲击能量下的冲断周次 N 表示。研究表明,材料的多冲抗力取决于材料强度与韧性的综合力学性能,冲击能量高时,主要取决于材料的韧性;冲击能量低时,主要取决于材料的强度。

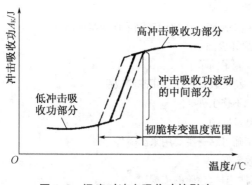

图 1.8　温度对冲击吸收功的影响

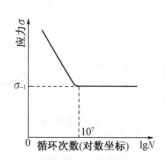

图 1.9　疲劳曲线示意图

1.4　疲劳强度

许多机械零件如轴、连杆、齿轮、弹簧等,是在交变应力(指应力大小和方向随时间作用周期性变化)作用下工作的,零件工作时所承受的应力通常都低于材料的屈服强度。零件在这种交变载荷作用下经过长时间工作也会发生破坏,通常把这种破坏现象叫作金属的疲劳。由于疲劳断裂前无明显的塑性变形,断裂是突然发生的,危险性很大,常造成严重事故。据统计,大部分零件的损坏是由疲劳造成的。

疲劳强度是指金属材料经无数次的应力循环仍不断裂的最大应力,用于表征材料抵抗疲劳断裂的能力。

测试材料的疲劳强度,最简单的方法是旋转弯曲疲劳试验。试验测得的材料所受循环应力 σ 与其断裂前的应力循环次数 N 的关系曲线称为疲劳曲线,如图 1.9 所示。从该曲线可以看出,循环应力越小,则材料断裂前所承受的循环次数越多。当循环应力减少到某一数值时,曲线接近水平,即表示在该应力作用下,材料经无数次的应力循环而不发生疲劳断裂。工程上规定,材料在循环应力作用下达到某一基数而不断裂时,其最大应力就作为该材料的疲劳强度,通常用 σ_{-1} 表示。对钢材来说,当循环次数 N 达到 10^7 周次时,曲线便出现水平线,所以把经受 10^7 周次或更多周次而不破坏的最大应力定为疲劳强度。对于有色金属,一般则需规定应力循环在 10^8 或更多周次,才能确定其疲劳强度。

金属材料的疲劳强度与抗拉强度之间具有一定的近似关系:碳素钢的疲劳强度 $\sigma_{-1} \approx (0.4 \sim 0.55)\sigma_{b}$;灰口铸铁的疲劳强度 $\sigma_{-1} \approx 0.4\sigma_{b}$;有色金属的疲劳强度 $\sigma_{-1} \approx (0.3 \sim 0.4)\sigma_{b}$。

影响疲劳强度的因素很多,其中主要有受力状态、温度、材料的化学成分及显微组织、表面质量和残余应力等。如果对零件表面进行强化处理,如喷丸、表面淬火等,或进行精密加工减少零件的表面粗糙度等,都能提高零件的疲劳强度。

【本章小结】

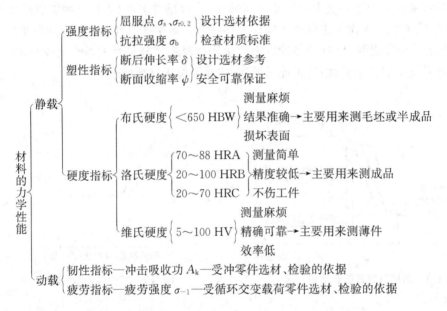

【思考题与习题】

1. 什么是金属的力学性能? 金属的力学性能主要包括哪些?

2. 什么是金属材料的强度、塑性和硬度? 它们常用的指标是什么?

3. 有一低碳钢圆形试样的直径 $d_0 = 10$ mm,长度 $l_0 = 50$ mm,进行拉伸试验时测出材料在 $F_s = 26\,000$ N 时屈服,$F_b = 45\,000$ N 时断裂。拉断后试样长 $l_k = 58$ mm,断口直径 $d_k = 7.75$ mm。试求低碳钢的 σ_S、σ_b、δ、ψ。

4. 下列硬度要求和写法是否正确?

HBW150　HRC40N　HRC70　HRB10　478HV　HRA79　474HBW

5. 下列几种情况采用什么方法来测定硬度? 写出硬度值符号。

（1）材料库钢材的硬度；（2）铸铁机座毛坯；（3）硬质合金刀片；（4）耐磨工件的表面硬化层；（5）刨刀。

6. 用 45 钢制成的一种轴，图纸要求热处理后达到 220～250 HBW，热处理车间将此处理后测得硬度为 22HRC，是否符合图纸要求？

7. 金属疲劳断裂是怎样产生的？如何提高零件的疲劳强度？

第 2 章 金属材料的性能分析

【学习目标】

了解金属材料的内部组织结构特点,掌握铁碳合金相图及其应用,掌握铁碳合金成分、组织、性能、用途之间的关系及变化规律。

【知识点】

金属及其合金的结构与结晶、铁碳合金相图等。

【技能点】

正确分析金属材料的成分、组织、性能之间的关系。

铁碳合金是以铁和碳为基本组元组成的合金,是钢和铸铁的统称,是工业上应用最广泛的金属材料。铁碳合金相图是研究铁碳合金的基础,对于了解钢铁材料的性能和使用、制定钢铁材料的热加工工艺有重要的指导意义。金属材料的性能主要是由它的内部组织结构决定的,因此了解金属的内部组织结构,对于掌握金属材料的性能是非常重要的。

2.1 金属及其合金的结构与结晶

金属材料所具有的各种不同性能,除与金属材料的化学成分有关,还与金属材料的内部结构有关。

2.1.1 纯金属的结构

1. 晶体与非晶体

固态物质按其原子(或分子)的聚集状态不同分为晶体与非晶体。晶体内部的原子是按一定的几何形状作有规律的排列(如图 2.1 所示),如金刚石、金属与合金、石墨等,有固定的熔点和各向异性的特征。而非晶体内部的原子是无规则杂乱地堆积的,如松香、玻璃、沥青等,没有固定的熔点,且各向同性。

2. 常见的金属晶格类型

为便于分析晶体中原子排列的规律,常将每个原子看成一个个点,并用假想的线条(直线)将各原子中心连接起来,形成一个空间格子。这样的空间格子称为晶格(如图 2.2(a)所示)。晶格中直线的交点称为结点。晶格中能代表原子排列规律的基本几何单元称为晶胞(如图

2.2(b)所示)。

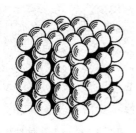

图 2.1　晶体原子排列示意图

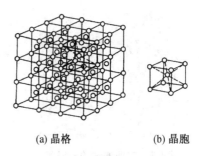

(a) 晶格　　　　(b) 晶胞

图 2.2　晶格和晶胞示意图

　　金属的晶格类型很多,常见的有三种:体心立方晶格、面心立方晶格、密排六方晶格,见表 2.1。金属晶格类型不同,其原子排列的致密度(晶胞中原子所占体积与晶胞体积的比值)也不同。面心立方和密排六方晶格的致密度均为 74%,体心立方晶格的致密度为 68%。晶格类型发生变化,将引起金属体积和性能的变化。

表 2.1　常见的金属晶格类型

名　称	示意图	原子排列	常见金属
体心立方晶格		晶胞为一个立方体,立方体的八个顶角上各有一个原子,立方体中心有一个原子	铬、钨、钼、铌、钒及 α-铁等
面心立方晶格		晶胞为一个立方体,立方体的八个顶角上各有一个原子,立方体的六个面的中心各有一个原子	铝、铜、镍、铅和 γ-铁等
密排六方晶格		晶胞是一个正六棱柱体,在柱体的十二个顶角上各有一个原子,上下底面的中心各有一个原子	镁、锌、铍、镉和 α-钛等

3. 金属的实际晶体结构

(1) 多晶体结构

　　晶体内部的晶格位向(即原子排列方向)完全一致的晶体称为单晶体。单晶体具有各向异性的特征。实际使用的金属材料是由许多小晶体组成,见图 2.3。由许多小晶体组成的晶体称为多晶体,见图 2.4。这些小晶体称为晶粒,在每个晶粒的内部晶格位向是一致的,但各个晶粒之间位向不同,相差 30°~40°。晶粒与晶粒之间的界面称为晶界。在多晶体材料中,虽然每个晶粒具有各向异性,但不同方向的金属性能是很多位向不同晶粒的平均性能,故多晶体材料表现为各向同性。

图 2.3　工业纯铁的显微组织

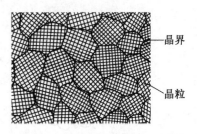

图 2.4　金属多晶体结构示意图

钢铁材料的晶粒尺寸一般为 $10^{-3} \sim 10^{-1}$ mm，只有在显微镜下才能观察到。这种在显微镜下观察到的各种晶粒的形态、大小和分布等情况，称为显微组织或金相组织。有色金属的晶粒尺寸一般比钢铁材料的晶粒大，有的用肉眼可以看到。

（2）晶体缺陷

实际使用的金属，由于原子热运动、结晶和加工等影响，使晶体中某些区域的原子规律排列受到干扰和破坏，这种区域称为晶体缺陷。根据晶体缺陷的几何形态特点将其分为点缺陷、线缺陷和面缺陷，见表 2.2。各种晶体缺陷处及其附近的晶格均处于畸变状态，会使金属的强度和硬度有所提高。

表 2.2　晶体缺陷种类

名　称	示意图	说　明
点缺陷	间隙原子 晶格空位	指晶体中呈点状分布的缺陷，常见的是晶格空位和间隙原子。点缺陷使周围原子发生靠拢或撑开，造成晶格畸变
线缺陷		指晶体中呈线状分布的缺陷，主要是各种位错。左图是刃型位错的示意图，在 ABCD 晶面的上半部比下半部多出了一个原子面 EFGH，使 ABCD 晶面上下两部分晶体的原子发生错排现象（称为刃型位错），位错线 EF 周围的晶格发生了畸变
面缺陷		指晶体中呈面状分布的缺陷，主要是晶界和亚晶界。在多晶体材料中，晶界处的原子排列不规则，从一种位向逐步过渡到另一种位向，晶格产生明显畸变

2.1.2　纯金属的结晶

1. 纯金属的冷却曲线和过冷现象

金属材料大部分都是经冶炼得到的,即金属由液态转变为固态的过程,通常称为结晶。铸造和焊接工艺都与金属的结晶过程有关。纯金属的结晶是在固定的温度下进行的。其过程可用图 2.5 所示的冷却曲线来描绘。纯金属由液态缓慢冷却,随着热量向外界散失,温度不断下降,当降到 t_0 温度时便开始结晶。由于放出的结晶潜热恰好补偿了冷却时向外散失的热量,故结晶过程中温度不变,即冷却曲线上出现了一水平线段,它所对应的温度 t_0 称为理论结晶温度。在实际生产中,由于冷却速度较快,实际结晶温度 t_1 要低于理论结晶温度,这种现象称为过冷现象。理论结晶温度与实际结晶温度的差值,称为过冷度,即 $\Delta t = t_0 - t_1$。过冷度的

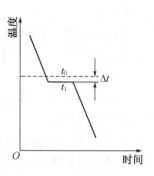

图 2.5　纯金属的冷却曲线

大小与冷却速度、金属的性质和纯度等因素有关。冷却速度越快,过冷度越大。实践证明,金属都是在过冷情况下结晶的,所以过冷是金属结晶的必要条件。

2. 纯金属的结晶过程

纯金属的结晶过程是一个不断形成晶核和晶核不断长大的过程,见图 2.6。当温度下降到结晶温度时,原子的活动能力减弱,在液态金属中某些部位,首先有规则地排列成小晶体,形成结晶的核心(称为晶核,也称自发晶核)。晶核周围的原子按晶体的固有规律向这些晶核聚集长大,与此同时,又有新晶核产生、长大,直到全部结晶完毕。

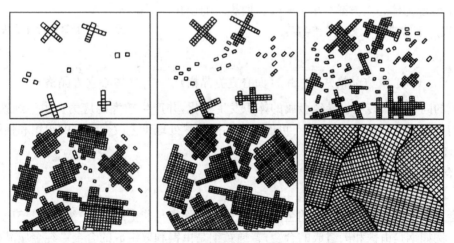

图 2.6　金属结晶过程示意图

3. 金属晶粒大小及控制

结晶后,得到多晶体金属,其晶粒大小用晶粒度来表示,即用单位截面上晶粒数目或晶粒的平均直径来表示。晶粒的大小对金属的力学性能有很大的影响,一般情况下,晶粒越细小,强度、硬度越高,塑性、韧性也越好。因此,细化晶粒是提高金属力学性能的有效途径。工业生产中常采用以下方法来细化晶粒。

(1) 增加过冷度

随着过冷度的增加,液态金属结晶时的形核率(单位时间内在单位体积中产生的晶核数)

和长大速率(单位时间内晶核长大的线速度)都会增加。在实际生产的过冷度条件下,形核率增加比长大速率增加要快,产生的晶核数显著增加。因此,增加过冷度,可使晶粒细化。

（2）变质处理

在液态金属中人为地加入少量变质剂,以增加形核率,从而达到细化晶粒的目的,这种方法称为变质处理。例如往钢液中加入铝、钒,往铸铁液中加入硅铁合金等。

（3）附加振动

金属结晶时,对金属液附加机械振动、超声波振动、电磁振动等措施,使晶粒破碎,晶核增多,从而细化晶粒。

4. 金属的同素异晶转变

有些金属如铁、锡、锰、钛、钴等,在固态下,随温度的变化,其晶格类型会发生转变,这种现象称为金属的同素异晶转变。同素异晶转变时,有结晶潜热产生,同时也遵循晶核形成和晶核长大的结晶规律,与液态金属的结晶相似,故又称为重结晶。

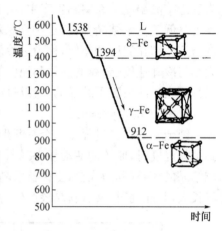

铁是典型的具有同素异晶转变特性的金属。图 2.7 为纯铁的冷却曲线。由图可见,液态纯铁在 1 538℃进行结晶,得到具有体心立方晶格的 δ-Fe,继续冷却到 1 394℃时发生同素异晶转变,δ-Fe 转变为面心立方晶格的 γ-Fe,再继续冷却到 912℃时又发生同素异晶转变,γ-Fe 转变为体心立方晶格的 α-Fe。加热时的变化相反,可以用下式来表示发生的转变:

图 2.7　纯铁的冷却曲线

$$\underset{\text{(体心立方晶格)}}{\delta\text{-Fe}} \xrightleftharpoons{1394℃} \underset{\text{(面心立方晶格)}}{\gamma\text{-Fe}} \xrightleftharpoons{912℃} \underset{\text{(体心立方晶格)}}{\alpha\text{-Fe}}$$

金属的同素异晶转变将导致金属的体积发生变化,并产生较大的应力。由于纯铁具有同素异晶转变的特性,因而生产上才有可能通过不同的热处理工艺改变钢铁的组织和性能。

2.1.3　合金的结构与结晶

1. 合金的基本概念

（1）合金

合金是指由两种或两种以上的金属元素(或金属元素与非金属元素)组成的具有金属特性的物质。例如钢是由铁和碳组成的合金;普通黄铜是由铜和锌组成的合金。纯金属品种少,力学性能低,成本高,应用受限,工业中使用的金属材料大多是合金。

（2）组元

组成合金最基本的、独立的物质称为组元(简称元)。通常组元就是指组成合金的元素。例如普通黄铜的组元是铜和锌;铁碳合金中的 Fe_3C 也可以视为一个组元。按组元数目,合金可分为二元合金、三元合金和多元合金。

（3）合金系

由两个或两个以上的组元按不同比例配制的一系列不同成分的合金,构成一个合金系(简称系)。如 Cu-Zn 系、Fe-C 系等。

（4）相

纯金属或合金中,具有相同的化学成分、晶体结构和物理性能并与其他部分以界面分开的均匀组成部分称为相。液态物质称为液相,固态物质称为固相。相邻两种相的分界面称为相界面。

（5）组织

组织是指用金相观察方法看到的由各相晶粒的形态、数量、尺寸和分布方式组成的关系和构造情况,它直接决定合金的性能。

2. 合金的基本相

按合金组元间相互作用的不同,合金在固态下的基本相分为固溶体和金属化合物两类。

（1）固溶体

固溶体是指合金在固态下,各组元间能相互溶解而形成的均匀相。与固溶体晶格相同的组元称为固溶体的溶剂,其他组元称为溶质。根据溶质原子在溶剂晶格中所处的位置,固溶体可分为置换固溶体和间隙固溶体两种基本类型(如图 2.8 所示)。

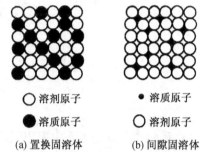

○ 溶剂原子　　　● 溶质原子

● 溶质原子　　　○ 溶剂原子

(a) 置换固溶体　　(b) 间隙固溶体

图 2.8　固溶体结构示意图

① 置换固溶体。溶质原子占据了部分溶剂晶格结点位置而形成的固溶体称置换固溶体(如图2.8(a))。按溶解度的不同,置换固溶体又可分为有限固溶体和无限固溶体。如铜镍合金,铜原子和镍原子可以无限互溶,形成无限固溶体;铜锌合金只有 $w_{Zn} \leqslant 39\%$ 时,锌能全部溶入铜中,而 $w_{Zn} > 39\%$ 时,只能部分溶入铜中,形成有限固溶体。

② 间隙固溶体。间隙固溶体是指溶质原子溶入溶剂晶格的间隙而形成的固溶体(如图2.8(b))。只有溶质原子与溶剂原子半径之比较小(小于 0.59 时)才能形成间隙固溶体。一般组成间隙固溶体的溶质元素都是一些原子半径很小的非金属元素,如氢、氮、硼、碳、氧等。间隙固溶体都是有限固溶体。

溶质原子溶入溶剂晶格中使晶格产生畸变,增加了抵抗塑性变形的能力,因而使得合金的强度、硬度升高,这种现象称为固溶强化。它是提高合金力学性能的重要途径之一。

（2）金属化合物

在合金相中,各组元的原子按一定的比例相互作用生成的晶格类型和性能完全不同于任一组元,并且具有一定金属特性的新相,称为金属化合物。金属化合物可用分子式表示其组成,如钢中的渗碳体(Fe_3C)是铁原子和碳原子所组成的金属化合物。一般金属化合物熔点较高,性能硬而脆;但当金属化合物呈细小颗粒均匀分布在固溶体基体上时,将使合金强度、硬度和耐磨性明显提高,这一现象称为弥散强化。因此,金属化合物主要用来作为碳钢、合金钢、硬质合金及有色金属的重要组成相和强化相。

纯金属、固溶体和金属化合物是组成合金的基本相。由两种或两种以上的相混合而成的组织,称为机械混合物。机械混合物中各组成相仍保持各自的晶格与性能,其性能取决于各组成相的数量、大小、形状和分布情况。工业上大多数合金属于机械混合物,如钢、铸铁、铝合金等。

3. 合金的结晶

合金的结晶与纯金属相似,都遵循形核与核长大的规律,结晶过程有潜热放出。不同的是纯金属结晶是在某一恒温下进行,而合金通常是在某一温度范围内进行(如图2.9所示);此外,合金结晶过程中各组成相成分还发生变化。

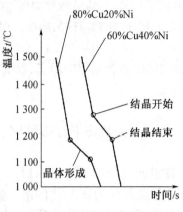

图 2.9　铜镍合金冷却曲线

2.2　铁碳合金相图

　　碳钢和铸铁是工业中应用最广的金属材料。形成碳钢和铸铁的主要元素是铁和碳,故又称之为铁碳合金。不同成分的铁碳合金具有不同的组织和性能。要了解铁碳合金成分、组织和性能之间的关系,就必须研究铁碳合金相图。

2.2.1　铁碳合金的基本组织

　　铁碳合金的基本组织有:铁素体、奥氏体、渗碳体、珠光体、莱氏体(见表 2.3)。

表 2.3　铁碳合金基本组织

名　称	晶格、组织	符　号	性　能	说　明
铁素体	铁原子 碳原子	F 或 α	σ_b:180～270 MPa σ_s:100～170 MPa HBW:50～80 δ:30%～50% Ψ:70%～80% A_K:128～160 J	铁素体是碳溶入 α-Fe 中的间隙固溶体,体心立方晶格,碳在 α-Fe中溶解度很小,在 727℃时溶解度最大,为 0.021 8%,室温时为 0.000 6%,几乎为零。铁素体的力学性能与工业纯铁接近,其强度和硬度较低,塑性、韧性良好。其显微组织呈明亮白色等轴多边形晶粒,晶界曲折。
奥氏体	铁原子 碳原子	A 或 γ	σ_b:400 MPa HBW:170～220 δ:40%～50%	奥氏体是碳溶入 γ-Fe 中的间隙固溶体,面心立方晶格。碳在 γ-Fe 中的溶解度相对较高,在 1 148℃时其溶解度最大,达 2.11%,在 727℃时为 0.77%。奥氏体的强度和硬度比铁素体高,具有良好的塑性和低的变形能力,生产中常将钢材加热到奥氏体状态进行压力加工。其显微组织为明亮的多边形晶粒,晶界较铁素体平直。

（续表）

名　称	晶格、组织	符　号	性　能	说　明
渗碳体	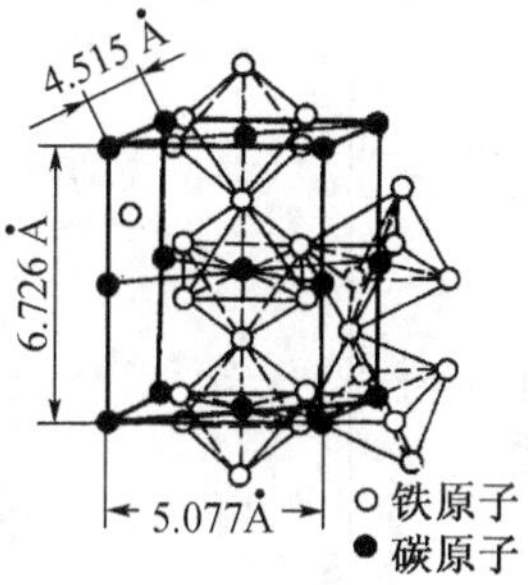	Fe_3C	硬度高（约 1 000 HV），塑性、韧性差，δ、A_K 接近于零，脆性很大	渗碳体是钢与碳组成的金属化合物，碳含量 $w_C = 6.69\%$，熔点为 1 227℃，具有复杂的晶体结构，是铁碳合金重要的强化相。渗碳体在铁碳合金中的形态可呈片状、粒状、网状、板条状。它的数量和形态对铁碳合金的力学性能有很大影响。渗碳体越细小，并均匀地分布在固溶体基体中，合金的力学性能越好；反之，越粗大或呈网状分布则脆性越大。
珠光体	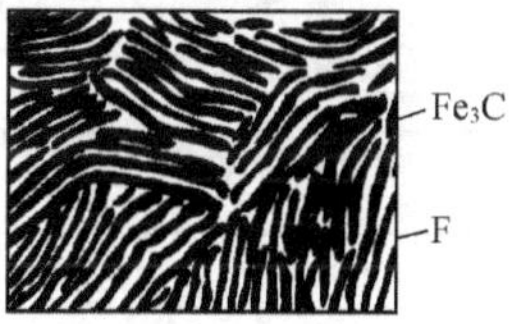	P	σ_b：750～900 MPa HBW：180～280 δ：20％～25％	珠光体是由铁素体和渗碳体组成的机械混合物。它是奥氏体冷却时，在727℃恒温下发生共析转变的产物，平均碳含量 $w_C = 0.77\%$，性能介于铁素体和渗碳体之间，强度较高，硬度适中，有一定的塑性。显微组织为铁素体和渗碳体片层状交替排列。
莱氏体	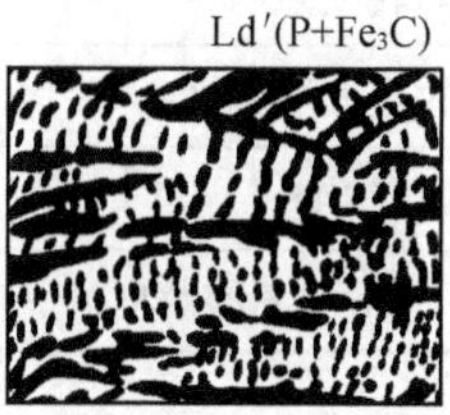	Ld (Ld′)	硬度高（约 700 HBW），塑性很差	莱氏体是由奥氏体和渗碳体组成的机械混合物，是铁碳合金在1 148℃时发生共晶转变的产物。存于1 148℃～727℃的莱氏体称高温莱氏体（Ld），存于727℃以下的莱氏体称低温莱氏体（Ld′）。其硬度很高，塑性很差。

2.2.2　铁碳合金相图分析

铁碳合金相图是指在平衡条件下（非常缓慢加热或冷却），不同成分的铁碳合金在不同温度下所处状态或组织的图形。它是研究碳钢和铸铁的成分、温度和组织结构之间关系的重要工具，对于了解钢铁材料的性能及使用、制定钢铁材料的热加工工艺有重要指导意义。图2.10 为简化后的 Fe - Fe_3C 相图。图中纵坐标为温度，横坐标为碳的质量分数。左端原点 $w_C = 0$，即纯铁；右端点 $w_C = 6.69\%$，即 Fe_3C。横坐标上任何一点，均代表一种成分的铁碳合金。例如图中 S 点，表示 $w_C = 0.77\%$（$w_{Fe} = 99.23\%$）的铁碳合金。

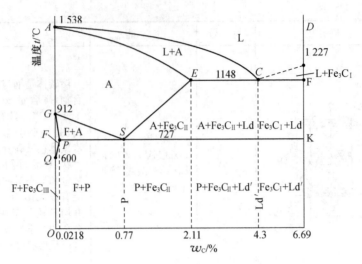

图 2.10 简化的 Fe-Fe₃C 状态图

1. 主要特性点

Fe-Fe₃C 相图中特性点的温度、含碳量及含义见表 2.4。

表 2.4 Fe-Fe₃C 相图特性点

特性点	温度 $t/℃$	含碳量 $w_C/\%$	含 义
A	1 538	0	纯铁的熔点
C	1 148	4.3	共晶点，发生共晶转变
D	1 227	6.69	渗碳体的熔点
E	1 148	2.11	碳在 γ-Fe 中的最大溶解度；钢与铸铁的分界点
G	912	0	纯铁的同素异晶转变点
P	727	0.021 8	碳在 α-Fe 中的最大溶解度
S	727	0.77	共析点，发生共析转变
Q	600	0.006	600℃时碳在 α-Fe 中的溶解度

C 点为共晶点。具有 C 点成分（$w_C = 4.3\%$）的液态合金在恒温下（1 148℃）将发生共晶转变，即从液相同时结晶出奥氏体和渗碳体组成的机械混合物（共晶体），称为莱氏体（Ld）。其反应式为：

$$Lc \xrightleftharpoons{1\,148℃} A_E + Fe_3C$$

S 点为共析点。具有 S 点成分（$w_C = 0.77\%$）的奥氏体在恒温下（727℃）将发生共析转变，即奥氏体同时生成铁素体和渗碳体片层相间的机械混合物（共析体），称为珠光体（P）。其反应式为：

$$A_s \xrightleftharpoons{727℃} F_P + Fe_3C$$

2. 特性线

Fe-Fe₃C 相图特性线是不同成分合金具有相同意义相变点的连接线。Fe-Fe₃C 相图中各特性线的符号、名称及含义见表 2.5。

表 2.5　Fe-Fe₃C 相图特性线

特性线	名　称	含　义
ACD 线	液相线	任一成分的铁碳合金在此线以上处于液态(L)，液态合金缓冷至 AC 线时，开始结晶出奥氏体(A)；缓冷至 CD 线时，开始结晶出一次渗碳体。
AECF 线	固相线	任一成分的铁碳合金缓冷至此温度线时全部结晶为固相；加热至此温度线时，合金开始熔化。
ECF 水平线	共晶线	所有 $w_C > 2.11\%$ 铁碳合金，缓冷至该线(1 148℃)时，均发生共晶转变，生成莱氏体(Ld)，称为高温莱氏体。
PSK 水平线	共析线(A_1 线)	所有 $w_C > 0.021\,8\%$ 铁碳合金，缓冷至该线(727℃)时，均发生共析转变，生成珠光体(P)。
ES 线	A_{cm} 线	碳在奥氏体中的溶解度曲线，在 1 148℃时，$w_C = 2.11\%$ (E 点)，随着温度的降低，碳的溶解度减小，至 727℃时，$w_C = 0.77\%$ (S 点)。它也是 $w_C > 0.77\%$ 的铁碳合金由高温缓冷时，从奥氏体中析出二次渗碳体 Fe_3C_{II} 的开始温度线。此外，它还是缓慢加热时，二次渗碳体溶入奥氏体的终了温度线。
PQ 线		碳在铁素体中的溶解度曲线。727℃时，$w_C = 0.021\,8\%$ (P 点)，随着温度的降低，碳的溶解度减小，至 600℃时，$w_C = 0.006\%$ (Q 点)。所以，从 727℃缓冷时，铁素体中多余的碳将以三次渗碳体 Fe_3C_{III} 形式析出。
GS 线	A_3 线	$w_C < 0.77\%$ 的铁碳合金，缓冷时，既是奥氏体中析出铁素体的开始线，也是缓慢加热时，铁素体转变为奥氏体的终了线。

3. 相区

(1) 单相区

简化的 Fe-Fe₃C 状态图中有 F、A、L 和 Fe₃C 四个单相区。

(2) 两相区

简化的 Fe-Fe₃C 状态图中有五个两相区：L+A 两相区、L+Fe₃C 两相区、A+Fe₃C 两相区、A+F 两相区、F+Fe₃C 两相区。

(3) 三相区

共晶线 ECF 是 L、A、Fe₃C 三相共存线；共析线 PSK 是 A、F、Fe₃C 三相共存线。

4. 铁碳合金的分类

根据铁碳合金含碳量和室温组织的不同，铁碳合金可分为三类：工业纯铁、钢和白口铸铁。

(1) 工业纯铁

$w_C \leqslant 0.021\,8\%$ 的铁碳合金，其室温组织为铁素体。

（2）钢

0.021 8%＜w_C≤2.11%的铁碳合金。按室温组织不同，又可分为以下三类：

① 共析钢。w_C＝0.77%的合金，室温组织为珠光体。

② 亚共析钢。0.021 8%＜w_C＜0.77%的合金，室温组织为珠光体＋铁素体。

③ 过共析钢。0.77%＜w_C≤2.11%的合金，室温组织为珠光体＋二次渗碳体。

（3）白口铸铁

2.11%＜w_C＜6.69%的铁碳合金。按室温组织不同，白口铸铁又可分为三类：

① 共晶白口铸铁。w_C＝4.3%的合金，室温组织为低温莱氏体。

② 亚共晶白口铸铁。2.11%＜w_C＜4.3%的合金，室温组织为低温莱氏体＋珠光体＋二次渗碳体。

③ 过共晶白口铸铁。4.3%＜w_C＜6.69%的合金，室温组织为低温莱氏体＋一次渗碳体。

5. 典型铁碳合金的结晶过程分析

现以碳钢的几种典型合金为例，分析其结晶过程及在室温下的显微组织。

（1）共析钢

图 2.11 中合金 I 为 w_C＝0.77%的共析钢。当合金在温度 1 点以上全部为液体，缓冷到温度 1 点时，开始从液体中结晶出奥氏体，随着温度的下降，奥氏体量不断增加，其成分沿 AE 线变化，剩余液体逐渐减少，其成分沿 AC 线变化。冷却到 2 点温度时，液体全部结晶为与原合金成分相同的奥氏体。2～3 点之间奥氏体组织不变。当冷却到 3 点（S 点）时，奥氏体在恒温下发生共析转变，析出成分为 P 点的 F 和成分为 K 点的 Fe_3C，形成 F 与 Fe_3C 层片相间的珠光体。珠光体冷却直至室温，所以共析钢缓冷到室温的组织为珠光体。其过程简示如下：

$$液体 \xrightarrow{1点} 液体＋奥氏体 \xrightarrow{2点} 奥氏体 \xrightarrow{S点} 珠光体$$

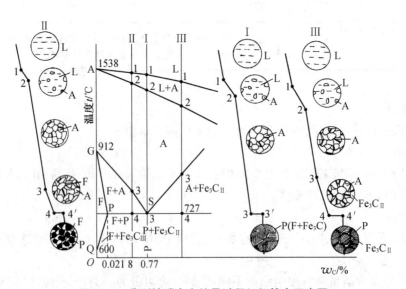

图 2.11　典型铁碳合金结晶过程组织转变示意图

珠光体显微组织一般为层片状，当放大倍数较低时，只能看到白色基体的铁素体和黑色条状的渗碳体,见图 2.12(a);放大倍数较高时,可看到渗碳体是有黑色边缘围绕着的白色条状,见图 2.12(b)。

（2）亚共析钢

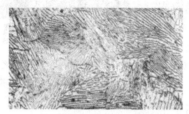

(a) 层状珠光体,500×　　　　　　　　(b) 层状珠光体的电镜形貌,8 000×

图 2.12　共析钢的显微组织

图 2.11 中合金 Ⅱ 为 $w_C < 0.77\%$ 的亚共析钢。亚共析钢在 1 点到 3 点温度间的结晶过程与共析钢相似。当冷却到 3 点温度时,开始从奥氏体中析出铁素体。随着温度的下降,铁素体量不断增加,其成分沿 GP 线变化,而奥氏量逐渐减少,其成分沿 GS 线向共析成分接近。3～4 点间组织为奥氏体和铁素体。当冷却到 4 点(727℃)时,剩余奥氏体的成分正好为共析成分($w_C = 0.77\%$),剩余奥氏体发生共析转变形成珠光体。继续冷却,合金组织不再发生变化。因此,亚共析钢的室温组织为铁素体＋珠光体,其显微组织如图 2.13 所示。其过程可简示如下:

$$液体 \xrightarrow{1点} 液体＋奥氏体 \xrightarrow{2点} 奥氏体 \xrightarrow{3点} 铁素体＋奥氏体 \xrightarrow{4点} 珠光体＋铁素体$$

所有亚共析钢的结晶过程都相似,它们在室温下的显微组织都是铁素体＋珠光体。但是,随着含碳量的增加,组织中铁素体的数量减少,珠光体的数量增加,见图 2.13。图中白色部分为铁素体,黑色部分为珠光体。

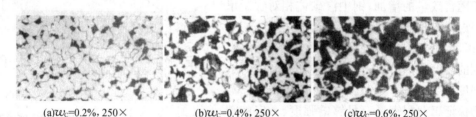

(a)$w_C = 0.2\%$, 250×　　　　(b)$w_C = 0.4\%$, 250×　　　　(c)$w_C = 0.6\%$, 250×

图 2.13　亚共析钢的显微组织(铁素体＋珠光体)

（3）过共析钢

图 2.11 中合金 Ⅲ 为 $w_C > 0.77\%$ 的过共析钢。过共析钢在 1 点到 3 点温度间的结晶过程也与共析钢相似。当合金冷却到 3 点温度时,奥氏体中含碳量达到饱和,开始从奥氏体的晶界处析出网状 Fe_3C_{II};继续冷却,Fe_3C_{II} 量不断增加,剩余奥氏体量不断减少,成分沿 ES 线变化。当缓冷到 4 点(727℃)时,剩余奥氏体的成分正好为共析成分,因此发生共析转变形成珠光体;继续冷却,合金组织基本不变。所以其室温组织为珠光体＋网状二次渗碳体。其过程可简示如下:

$$液体 \xrightarrow{1点} 液体＋奥氏体 \xrightarrow{2点} 奥氏体 \xrightarrow{3点} 奥氏体＋渗碳体 \xrightarrow{4点} 珠光体＋渗碳体$$

所有过共析钢的结晶过程都相似,它们在室温下的显微组织都是珠光体＋网状二次渗碳体。不同的是随着含碳量的增加,组织中珠光体的数量减少,网状二次渗碳体的数量增加,并变得更粗大。过共析钢的显微组织如图 2.14 所示,图中片状黑白相间的组织为珠光体,白色网状组织为二次渗碳体。

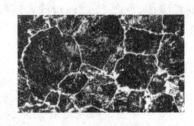

图 2.14 过共析钢的显微组织($w_C=1.2\%$)
层状珠光体＋二次渗碳体,500×

6. 含碳量对铁碳合金平衡组织和力学性能的影响

(1) 含碳量对铁碳合金平衡组织的影响

由上述分析可知,任何成分的铁碳合金在室温下的平衡组织都是由铁素体和渗碳体两相组成。不同的是,随着含碳量的增加,铁素体量逐渐减少,而渗碳体量逐渐增多,并且渗碳体的大小、形态和分布情况也发生变化,即由层状分布在铁素体基体内(如珠光体),进而呈网状分布在晶界上(如 Fe_3C_{II}),最后形成莱氏体时,渗碳体已作为基体出现。其显微组织变化如下:

$$F \longrightarrow F+P \longrightarrow P \longrightarrow P+Fe_3C_{II} \longrightarrow P+Fe_3C_{II}+Ld' \longrightarrow Ld' \longrightarrow Ld'+Fe_3C_1$$

所以,随着含碳量增加,铁碳合金组织不同,因而具有不同的性能。

(2) 含碳量对铁碳合金力学性能的影响

碳的含量和存在形式对铁碳合金的力学性能有直接的影响。铁素体属于软韧相,而渗碳体属于硬脆相。所以铁碳合金的力学性能,取决于铁素体与渗碳体的相对含量和它们的相对分布。如图 2.15 所示,当 $w_C<0.9\%$ 时,随含碳量的增加,钢的强度、硬度上升,而塑性、韧性不断下降。这是由于随含碳量的增加,钢中渗碳体相对含量增多,而铁素体相对含量减少的缘故。当 $w_C>0.9\%$ 以后,由于在晶界处形成二次网状渗碳体,因而钢的硬度仍然升高,但钢的塑性、韧性降低,而且强度也明显下降。

为保证工业用钢具有足够的强度、一定的塑性和韧性,钢中碳的质量分数一般不超过 1.3%。

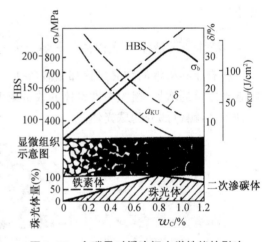

图 2.15 含碳量对缓冷钢力学性能的影响

碳的质量分数大于 2.11% 的白口铸铁,由于组织中有大量的渗碳体,硬度高,塑性和韧性极差,既难以切削加工,又不能用锻压加工,所以机械工程上很少直接应用。

2.2.3 铁碳合金相图的应用

1. 在选材方面的应用

$Fe-Fe_3C$ 相图所反映的铁碳合金的成分、组织和性能之间的关系,为合理选用钢铁材料提供了依据。如对塑性、韧性要求较高的各种型钢及桥梁、船舶、各种建筑结构用钢,一般选用含碳量较低($w_C<0.25\%$)的钢材;对承受冲击载荷,并要求较高的强度、塑性、韧性等综合性能较好的各种机械零件,一般选用碳含量适中($w_C=0.30\%\sim0.55\%$)的钢;对要求硬度高、耐磨性好的各类工具、刃具、量具、模具,则可选用含碳量较高($w_C=0.70\%\sim1.2\%$)的钢;对形

状复杂、不受冲击、要求耐磨的铸件(如冷轧辊、球磨机的铁球、拉丝模、犁铧等),可选用白口铸铁。纯铁的强度低,不宜用作工程材料。

2. 在铸造方面的应用

根据 Fe - Fe₃C 相图的液相线,可以找出不同成分的铁碳合金的熔点,从而确定合金的浇注温度(一般在液相线以上 50℃～100℃)。从 Fe - Fe₃C 相图中还可以看出,共晶成分的合金熔点最低,结晶温度范围最小,所以流动性好,分散缩孔少,偏析小,故铸造性能最好。因此生产上总是将铸铁的成分选在共晶成分附近。此外,在铸钢生产中,含碳量规定在 $w_C = 0.15\%～0.6\%$,因为此成分范围内的钢,其结晶温度范围较小(见图 2.16),铸造性能较好。

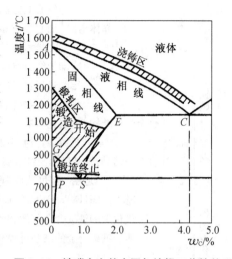

图 2. 16　铁碳合金状态图与铸锻工艺的关系

3. 在锻造方面的应用

碳钢在室温下的组织是铁素体和渗碳体组成的复相组织,塑性较差,变形较困难。当将其加热到单相奥氏体状态时,可获得良好的塑性和较低的强度,易于锻造成形。所以,锻、轧温度通常选在单相奥氏体区内。一般始锻(或始轧)温度控制在固相线以下 100℃～200℃范围内,温度不宜太高,以免钢材严重氧化或发生奥氏体晶界熔化(过烧)。终锻(或终轧)温度,一般亚共析钢控制在稍高于 GS 线,过共析钢控制在稍高于 PSK 线。温度不能太低,以免钢材因塑性变差,导致产生裂纹(见图 2.16)。含碳量越低,其锻造性能越好。白口铸铁不论是在低温还是高温,因组织中含有大量硬而脆的渗碳体,所以不能锻造。

4. 在焊接方面的应用

铁碳合金的焊接性能与含碳量有关。随着含碳量增加,组织中渗碳体含量增加,钢的脆性增加,塑性下降,导致钢的冷裂倾向增加,焊接性能下降。此外,焊接时由焊缝到母材各区域的温度是不同的,根据 Fe - Fe₃C 相图可知,受到不同加热温度的各区域在随后的冷却中可能会出现不同的组织和性能。这需要在焊接之后采用相应的热处理方法加以改善。

5. 在热处理方面的应用

Fe - Fe₃C 相图是制订热处理工艺的依据。应用 Fe - Fe₃C 相图可以正确选择各种碳钢的退火、正火、淬火等热处理的加热温度范围。由于含碳量的不同,各种碳钢热处理的加热温度和组织转变也各不相同,都可从相图中获得。

使用铁碳合金相图时,应注意以下几点。

(1) 相图反映的是在极缓慢加热或冷却的平衡条件下,铁碳合金的相状态,而实际生产中的加热或冷却速度比较快,这时不能用 Fe - Fe₃C 相图分析问题。

(2) Fe - Fe₃C 相图只能给出平衡条件下的相、相的成分以及各相的相对质量,不能给出相的形状、大小和分布。

(3) 相图只能反映铁碳二元合金中的平衡状态,而实际生产中使用的钢和铸铁,除了铁和碳以外,通常还会根据需要加入其他元素。当其他元素含量较高时,相图将发生变化。

【本章小结】

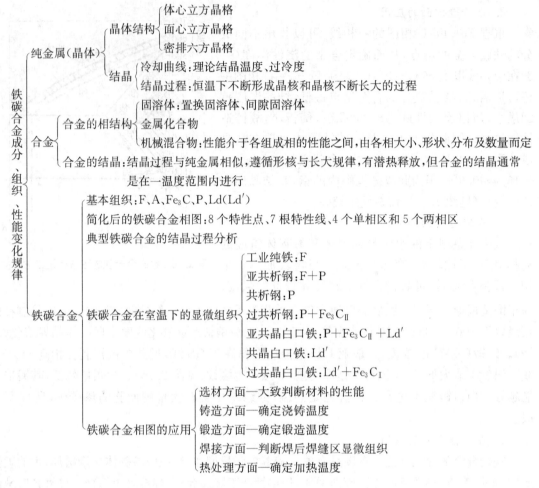

铁碳合金成分、组织、性能变化规律

- 纯金属（晶体）
  - 晶体结构
    - 体心立方晶格
    - 面心立方晶格
    - 密排六方晶格
  - 结晶
    - 冷却曲线：理论结晶温度、过冷度
    - 结晶过程：恒温下不断形成晶核和晶核不断长大的过程
- 合金
  - 合金的相结构
    - 固溶体：置换固溶体、间隙固溶体
    - 金属化合物
    - 机械混合物：性能介于各组成相的性能之间，由各相大小、形状、分布及数量而定
  - 合金的结晶：结晶过程与纯金属相似，遵循形核与长大规律，有潜热释放，但合金的结晶通常是在一温度范围内进行
- 铁碳合金
  - 基本组织：F、A、Fe₃C、P、Ld(Ld′)
  - 简化后的铁碳合金相图：8 个特性点、7 根特性线、4 个单相区和 5 个两相区
  - 典型铁碳合金的结晶过程分析
  - 铁碳合金在室温下的显微组织
    - 工业纯铁：F
    - 亚共析钢：F＋P
    - 共析钢：P
    - 过共析钢：P＋Fe₃C_Ⅱ
    - 亚共晶白口铁：P＋Fe₃C_Ⅱ＋Ld′
    - 共晶白口铁：Ld′
    - 过共晶白口铁：Ld′＋Fe₃C_Ⅰ
  - 铁碳合金相图的应用
    - 选材方面—大致判断材料的性能
    - 铸造方面—确定浇铸温度
    - 锻造方面—确定锻造温度
    - 焊接方面—判断焊后焊缝区显微组织
    - 热处理方面—确定加热温度

【思考与练习题】

1. 解释下列名词

晶体、晶格、晶粒、晶界、合金、相、组织、结晶、过冷度、同素异晶转变、共晶转变、共析转变、固溶体、固溶强化、弥散强化、铁素体、奥氏体、珠光体、渗碳体。

2. 晶粒大小对金属的力学性能有何影响？生产中细化晶粒的方法有哪些？

3. 在其他条件相同的情况下，试比较下列铸造条件下铸件晶粒的大小：

(1) 金属型铸造与砂型铸造；

(2) 高温浇注与低温浇注；

(3) 浇注时采用振动与不采用振动。

4. 确定下列情况时相的数目：

(1) 金和银在高温下呈熔融状态；

(2) 锡正在结晶（232℃）的时候；

(3) 铅和锑形成的两相复合物；

（4）铜和镍构成的固溶体。

5. 金属的同素异晶转变与液态金属结晶有何异同之处？

6. 什么是共晶转变和共析转变？以铁碳合金为例写出其转变表达式。

7. 什么叫亚共析钢、共析钢和过共析钢？他们在室温下的平衡组织有何区别？

8. 下列说法是否正确？为什么？

（1）凡是由液体凝固成固体的过程都叫结晶；

（2）金属结晶时冷却速度越快，晶粒越细小；

（3）薄壁铸件的晶粒比厚壁铸件的晶粒细小。

9. 根据 Fe-Fe_3C 相图，分析下列现象：

（1）$w_C = 1.2\%$ 的钢比 $w_C = 0.45\%$ 的钢硬度高；

（2）$w_C = 1.2\%$ 的钢比 $w_C = 0.8\%$ 的钢强度低；

（3）加热到 $1\,100\,℃$，$w_C = 0.4\%$ 的钢能进行锻造，$w_C = 4\%$ 的铸铁不能锻造；

（4）钳工锯高碳成分（$w_C \geqslant 0.77\%$）的钢材比锯低碳成分（$w_C \leqslant 0.2\%$）的钢料费力，锯条容易磨损；

（5）钢铆钉一般用低碳钢制成；

（6）钢适用于锻压加工成形，而铸铁适宜铸造成形；

（7）绑扎物件一般用铁丝（镀锌低碳钢丝），而起重机吊重物时却用钢丝绳（$w_C = 0.60\%$、$w_C = 0.65\%$、$w_C = 0.70\%$ 的钢等制成）；

（8）为什么铸造用合金常选用接近共晶成分的合金？

10. 在平衡条件下，45 钢、T8 钢、T12 钢的硬度、强度、塑性、韧性哪个大，哪个小？变化规律是什么？原因何在？

11. 根据 Fe-Fe_3C 相图，确定下列四种成分的铁碳合金在给定温度时的显微组织。

$w_C/\%$	温度 $t/℃$	显微组织	$w_C/\%$	温度 $t/℃$	显微组织
0.22	770		0.22	920	
0.45	500		0.45	770	
0.77	650		0.77	790	
1.30	750		1.30	950	

12. 画出简化的 Fe-Fe_3C 相图，说明状态图中各特性点、特性线的含义，并填写各区域组织。

13. 为什么建筑上浇灌钢筋混凝土用的钢筋都用低碳钢，而不用硬度高、耐磨性好的高碳钢或价格便宜的铸件？

14. 同样形状和大小的三块铁碳合金，其碳的质量分数分别为 $w_C = 0.2\%$、$w_C = 0.65\%$、$w_C = 4.0\%$，用何方法可迅速区分出他们？

15. 工业上使用的碳钢，为什么其含碳量不超过 1.4%？

16. 碳的质量分数 $w_C > 0.6\%$ 的碳钢，其铸造性能比 $w_C < 0.6\%$ 的碳钢差，但为什么 $w_C = 4.3\%$ 的铸铁其铸造性能好于碳钢？

第3章 机械零件的热处理

【学习目标】

了解钢在加热和冷却时的组织转变及转变产物的形态与性能,掌握机械零件常用热处理方法的特点,具备根据机械零件的材质和性能要求正确选择热处理方法,并进行热处理操作的能力。

【知识点】

热处理的概念、目的及分类,钢在加热和冷却时的组织转变,退火、正火、淬火、回火等热处理方法的应用及工艺,表面热处理及化学热处理方法的应用及工艺,热处理新技术等。

【技能点】

根据零件的材质、用途选择合适的热处理方法;根据零件的材质、结构制定简单的热处理工艺;掌握简单零件热处理的操作技能。

热处理是指采用适当方式对金属材料或工件进行加热、保温和冷却,获得所需组织结构与性能的一种工艺方法。热处理是强化金属材料、提高产品质量和寿命的主要途径之一,在机械制造中绝大多数的零件都要进行热处理。如机床工业中 60%～70% 的零件要进行热处理,汽车、拖拉机工业中 70%～80% 的零件要经过热处理,各种量具、刃具。模具和滚动轴承几乎100%要进行热处理。因此热处理在机械制造工业中占有十分重要的地位。

热处理按照加热和冷却方式的不同,可分为以下 3 类。

(1) 整体热处理:指对工件整体进行穿透加热的热处理,常用的方法有退火、正火、淬火和回火。

(2) 表面热处理:指对工件表层进行热处理,以改变表层组织和性能的热处理,常用的方法有火焰淬火、感应淬火。

(3) 化学热处理:指改变工件表层的化学成分、组织和性能的热处理,常用的方法有渗碳、渗氮、碳氮共渗、渗金属等。

热处理的种类和方法很多,但其基本过程都由加热、保温和冷却三个阶段组成,通常用“温度-时间”为坐标的热处理工艺曲线来表示,如图 3.1 所示。改变加热温度、保温时间和冷却速度等参数,都会在一定程度上发生相应的组织转变,进而

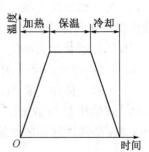

图 3.1 热处理工艺曲线示意图

影响材料的性能。所以,要了解各种热处理工艺方法,必须首先研究钢在加热(包括保温)和冷却过程中组织变化的规律。

3.1　钢在加热与冷却时的组织转变

由 Fe - Fe$_3$C 相图可知,A_1、A_3、A_{cm} 线是碳钢在极其缓慢加热和冷却时的相变温度线。因而这些线上的点都是平衡条件下的相变点。但在实际生产中,加热或冷却速度都比较快,实际发生组织转变的温度与 A_1、A_3、A_{cm} 都有不同程度的过热度或过冷度,如图 3.2 所示。通常将加热时的各相变点用 Ac_1、Ac_3、Ac_{cm} 表示,冷却时的各相变点用 Ar_1、Ar_3、Ar_{cm} 表示。钢的相变点是制定热处理工艺参数的重要依据,可通过查热处理手册或有关手册得到。

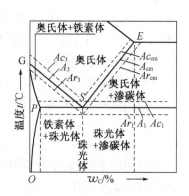

图 3.2　钢的相变点在 Fe - Fe$_3$C 相图上的位置

3.1.1　钢在加热时的组织转变

将钢加热到 Ac_3 或 Ac_1 温度以上,以获得全部或部分奥氏体组织为目的的操作,称为奥氏体化。

1. 奥氏体的形成

以共析钢为例,室温时组织为珠光体,它是片层相间的铁素体和渗碳体交替而组成的机械混合物。当加热到 Ac_1 以上时,珠光体转变为面心立方晶格的奥氏体。其转变必须进行晶格的改组和铁、碳原子的扩散,转变过程遵循形核和核长大的基本规律。奥氏体形成过程可分为3 个阶段,如图 3.3 所示。

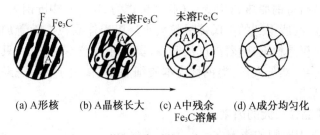

(a) A形核　　(b) A晶核长大　　(c) A中残余　　(d) A成分均匀化
Fe$_3$C溶解

图 3.3　共析钢奥氏体形成过程示意图

(1)奥氏体晶核的形成和长大

奥氏体晶核优先在铁素体和渗碳体的相界面上形成。奥氏体晶核形成后,通过铁、碳原子的扩散,使相邻体心立方晶格的铁素体不断改组为面心立方晶格的奥氏体,同时与其相邻的渗碳体又不断溶入奥氏体中,促使奥氏体晶核逐渐长大,直至铁素体全部消失。

(2)剩余渗碳体的溶解

由于渗碳体的晶体结构和碳含量都与奥氏体相差很大,所以当铁素体全部消失后,仍有部分渗碳体尚未溶解。随着保温时间的延长,剩余渗碳体通过碳原子的扩散,不断溶解到奥氏体中,直到全部消失为止。

(3)奥氏体成分均匀化

当剩余渗碳体全部溶解时,奥氏体的成分是不均匀的。原渗碳体处的碳浓度高于铁素体处的碳浓度。必须延长保温时间，使碳原子充分扩散，直至得到成分均匀的奥氏体。所以热处理加热后保温的目的，一是使工件热透，组织转变完全；二是获得成分均匀的奥氏体，以便冷却后获得良好的组织与性能。

亚共析钢和过共析钢加热时的奥氏体的形成过程，与共析钢基本相同。但是由于这两类钢的室温组织中除了珠光体以外，亚共析钢中还有先共析铁素体，过共析钢中还有先共析二次渗碳体。所以要想得到单一奥氏体组织，亚共析钢必须要加热到 Ac_3 线以上，过共析钢必须要加热到 Ac_{cm} 线以上，以使先共析铁素体或先共析二次渗碳体完成向奥氏体的转变或溶解。

2. 影响奥氏体转变的因素

（1）加热温度

加热温度越高，铁、碳原子扩散速度越快，且铁的晶格改组也越快，因而加速了奥氏体的形成。

（2）加热速度

加热速度越快，转变开始温度越高，转变终了温度也越高，完成转变所需的时间越短，从而奥氏体转变速度越快。

（3）钢的原始组织

如果钢的成分相同，其原始组织越细，相界面越多，奥氏体形成速度就越快。如相同成分的钢，由于细片状珠光体比粗片状珠光体的相界面积大，所以细片状珠光体的奥氏体形成速度快。

3. 奥氏体晶粒长大及其控制措施

钢在加热时，奥氏体晶粒大小将直接影响冷却后钢的组织和性能。

（1）奥氏体晶粒度（奥氏体晶粒大小）

奥氏体晶粒度是指将钢加热到相变点（亚共析钢为 Ac_3，过共析钢为 Ac_1 或 Ac_{cm}）以上某一温度，并保温给定时间所得到的奥氏体晶粒大小。奥氏体晶粒度随着加热温度的升高而迅速长大的钢称为本质粗晶粒钢；随着温度的升高，奥氏体晶粒不易长大，只有当温度超过一定值时，奥氏体晶粒才会突然长大，这类钢称为本质细晶粒钢。生产中，需经热处理的工件一般采用本质细晶粒钢制造。

（2）影响奥氏体晶粒长大的因素

① 加热温度和保温时间的影响

加热温度越高，保温时间越长，奥氏体晶粒就长得越大。通常加热温度对奥氏体晶粒长大的影响比保温时间更显著。

② 加热速度的影响

当加热温度一定时，加热速度越快，奥氏体晶粒就越细小。所以，快速高温加热和短时保温，是生产中常用的一种细化晶粒方法。

③ 合金元素的影响

大多数合金元素均能不同程度地阻碍奥氏体晶粒的长大，特别是与碳结合力较强的合金元素（如铬、钼、钨、钒等），由于它们在钢中形成难溶于奥氏体的碳化物，并弥散分布在奥氏体晶界上，能阻碍奥氏体晶粒长大。锰、磷等元素则促使奥氏体晶粒长大。

3.1.2　钢在冷却时的组织转变

钢经加热奥氏体化后，可以采用不同方式冷却，获得所需要的组织和性能。从表 3.1 可看出，45 钢加热到 840℃ 保温后，由于采用不同的冷却方式，其力学性能有明显的差别。冷却速度越快，钢的强度、硬度越大，而塑性却下降。所以奥氏体的冷却过程是钢热处理的关键工序。

表 3.1　45 钢不同冷却方式的力学性能

冷却方法	随炉冷	空　冷	油　冷	水　冷
冷却速度	$10℃/min$	$10℃/s$	$150℃/s$	$600℃/s$
抗拉强度 σ_b/MPa	519	$657\sim706$	882	1 078
硬度（HRC）	$15\sim18$	$18\sim24$	$40\sim50$	$52\sim60$
伸长率 $\psi/\%$	49	$45\sim50$	48	$12\sim14$

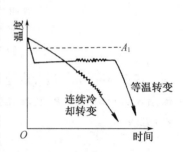

图 3.4　等温转变与连续
冷却转变示意图

实际生产中，奥氏体冷却速度较快，必须过冷到 A_1 温度以下才开始转变。在相变温度 A_1 以下还没有发生转变而处于不稳定状态的奥氏体称过冷奥氏体。

过冷奥氏体有两种冷却转变方式：一种是等温冷却转变，即将工件奥氏体化后，迅速冷却到临界点（Ar_1 或 Ar_3）以下的一定温度进行保温，使过冷奥氏体发生等温转变（见图 3.4，波浪线表示相转变）；另一种是连续冷却转变，即指工件奥氏体化后，以不同的冷却速度连续冷却时过冷奥氏体发生的转变。

1. 过冷奥氏体的等温转变

以共析钢为例，介绍等温转变曲线及转变产物。

1）过冷奥氏体等温转变曲线（C 曲线）

过冷奥氏体等温转变曲线是通过实验的方法求得的。将共析钢制成若干小圆形薄片试样，加热至 Ac_1 以上使其奥氏体化后，分别迅速放入到 A_1 以下不同温度（如 700℃、650℃、600℃、550℃……）的恒温盐浴槽中，进行等温转变，分别测出在各温度下过冷奥氏体的开始转变时间、终止时间以及转变产物量，并将结果在温度-时间坐标图上绘制成曲线，称为过冷奥氏体等温转变图（或称为 TTT 图）。因曲线形状与英文字母"C"相似，故又常称为"C 曲线"，如图 3.5 所示。图中左边曲线为过冷奥氏体转变开始线，右边曲线为过冷奥氏体等温转变终了线。A_1 线以上是奥氏体稳定区；A_1 线以下，转变开始线的左边为过冷奥氏体区，转变终了线的右边是转变产物区，转变开始线和终了线之间为过冷奥氏体和转变产物共存区。过冷奥氏体在各个温度等温时，都要停留一段时间才开始转变。通常把这一停留时间（即转变开始线与纵坐标轴之间的距离）称为孕育期。在 C 曲线拐弯的"鼻尖"处（约 550℃），孕育期最短，过冷奥氏体最不稳定，最容易分解，转变速度最快。水平线 M_s 为马氏体转变开始线（约 230℃），水平线 M_f 为马氏体转变终了线（约 −50℃）。图中 A' 表示残余奥氏体，即淬火冷却到室温后残留的奥氏体。

2）过冷奥氏体等温转变产物的组织和性能

过冷奥氏体等温转变可分为珠光体型转变、贝氏体型转变。

（1）珠光体型转变（$A_1\sim550℃$），也称高温转变。共析钢过冷奥氏体在 $A_1\sim550℃$ 范围内等温转变，由于在该范围内转变温度比较高，奥氏体能全部分解，最后得到铁素体和渗碳体所组成的机械混合物。在此温度范围内，由于过冷度不同，铁素体和渗碳体的片层间距也不相

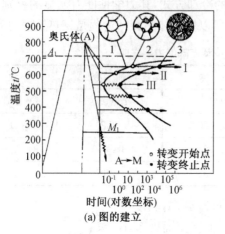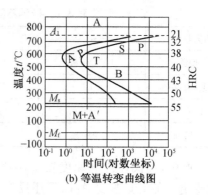

(a) 图的建立　　　　　　(b) 等温转变曲线图

图 3.5　共析钢过冷奥氏体的等温转变曲线图

同。转变温度越低,过冷度越大,片层间距越小,其强度和硬度就越高,塑性、韧性也有所改善。根据片层间距的大小,将珠光体型转变产物通常又分为珠光体、索氏体和托氏体(屈氏体)三种,见表 3.2。

表 3.2　共析钢珠光体型产物的特性比较

转变 产物	符号	组织形态	转变温度/℃	大致片层 间距/μm	清晰鉴别的 放大倍数	硬　度	显微组织 照片
珠光体	P	粗片状	$A_1 \sim 650$	>0.3	<500	160～250 HBS	见图 2.12
索氏体	S	细片状	650～600	0.1～0.3	1 000～1 500	25～35 HRC	见图 3.6
托氏体	T	极细片状	600～550	<0.1	$10^4 \sim 10^5$	35～40 HRC	见图 3.7

(a) 索氏体,1 000×　　　　　　(b) 索氏体的电镜形貌,19 000×

图 3.6　T8 钢正火显微组织

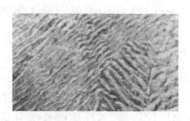

图 3.7　45 钢 860℃ 油淬试样心部,托氏体的电镜形貌,19 000×

（2）贝氏体转变（550℃～M_s），也称中温转变。共析钢过冷奥氏体在 550℃～M_s 范围内（即从 C 曲线"鼻尖"处到 M_s 线）等温转变成贝氏体，用符号"B"表示。由于在该范围内转变温度比较低，过冷度比较大，因而形成过饱和碳的铁素体与碳化物组成的两相机械混合物，即贝氏体。根据等温转变温度和产物的组织形态不同，贝氏体又分为上贝氏体和下贝氏体两种，分别用"$B_上$"和"$B_下$"表示。上贝氏体的等温转变温度为 550℃～350℃，其组织呈羽毛状，强度、塑性、韧性较差，基本无实用价值。下贝氏体的等温转变温度为 350℃～M_s，其组织呈黑色针片状，具有较高的硬度、强度和耐磨性，同时塑性、韧性也良好，生产上常采用等温淬火获得高韧性的下贝氏体组织。贝氏体转变产物的组织、性能见表 3.3。

表 3.3　共析钢贝氏体转变产物的特性比较

转变产物	符号	组织形态	转变温度/℃	清晰鉴别的放大倍数	硬度	显微组织照片
上贝氏体	$B_上$	羽毛状	550～350	＞400	40～45HRC	见图 3.8
下贝氏体	$B_下$	黑色针状	350～M_s	＞400	45～55HRC	见图 3.9

图 3.8　上贝氏体显微组织，600×

图 3.9　下贝氏体显微组织，500×

（3）亚共析钢和过共析钢的等温转变

因亚共析钢和过共析钢的碳含量低于或高于共析成分，故亚共析钢等温转变曲线，多一条先共析铁素体析出线；过共析钢等温转变曲线，多一条二次渗碳体析出线，见图 3.10。所以亚共析钢在珠光体型转变区等温时，先析出铁素体，然后发生珠光体转变，得到铁素体和珠光体组织；过共析钢先析出渗碳体，然后发生珠光体转变，得到渗碳体和珠光体组织。

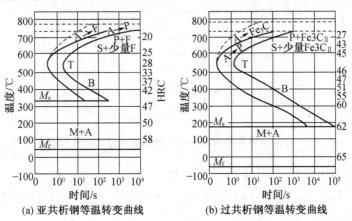

（a）亚共析钢等温转变曲线　　　　　（b）过共析钢等温转变曲线

图 3.10　亚共析钢和过共析钢的等温转变曲线

（4）影响 C 曲线的因素

① 含碳量

奥氏体含碳量不同，C 曲线位置不同。在正常热处理加热条件下，亚共析钢随奥氏体含碳量增加，C 曲线逐渐右移，过冷奥氏体稳定性增高；过共析钢随奥氏体含碳量增加，C 曲线逐渐左移，过冷奥氏体稳定性减小；共析钢 C 曲线最靠右，过冷奥氏体最稳定。

② 合金元素

除钴外，所有合金元素溶入奥氏体后均能增大过冷奥氏体的稳定性，使 C 曲线右移。其中一些碳化物形成元素（如铬、钼、钨、钒等）不仅使 C 曲线右移，而且还使 C 曲线的形状发生改变。

③ 加热温度和保温时间

加热温度越高，保温时间越长，奥氏体成分越均匀，其晶粒也越粗大，晶界面积越少，使过冷奥氏体稳定性提高，C 曲线右移。

2. 过冷奥氏体的连续冷却转变

在热处理的实际生产中，大多采用连续冷却的方式，如空冷、油冷、水冷等。由于连续冷却转变曲线的测定较困难，且 C 曲线相近似，可用等温转变 C 曲线来近似地分析同一种钢的过冷奥氏体连续冷却转变过程，见图 3.11。

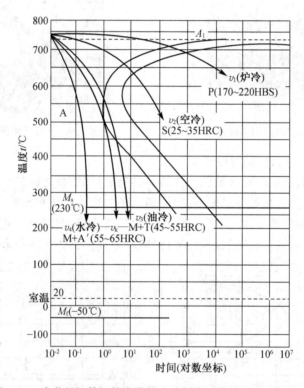

图 3.11　在共析钢等温转变曲线上分析奥氏体连续冷却转变产物

（1）等温转变曲线在连续冷却转变中的应用

将冷却速度曲线 v_1，v_2，v_3，…画在 C 曲线上，根据它与 C 曲线相交的位置，就可估计出连续冷却转变的产物。

冷却速度 v_1（10℃/min）：冷却速度极缓慢，相当于炉冷（退火），与 C 曲线相交于 700℃～

670℃,估计转变产物为珠光体组织,硬度为 170～220 HBW。

冷却速度 v_2(10℃/s):冷却速度稍大于冷却速度 v_1,相当于空冷(正火),与 C 曲线相交于 650℃～600℃,估计转变产物为索氏体组织,硬度为 25～35 HRC。

冷却速度 v_3(150℃/s):冷却速度较快,相当于油冷(油淬),只与 C 曲线转变开始线相交于 550℃左右处,不与转变终了线相交,随后又与 M_s 线相交,估计转变产物为托氏体和马氏体的混合组织,硬度为 45～55 HRC。

冷却速度 v_4(600℃/s):冷却速度很快,相当于水冷(淬火),不与 C 曲线相交,只与 M_s 相交并继续冷却,估计转变产物为马氏体和少量残余奥氏体组织,硬度为 55～65 HRC。

冷却速度 v_k:与冷却曲线相切,称临界冷却速度,是获得全部马氏体转变的最小冷却速度。

(2) 马氏体转变(M_s～M_f)

冷却速度大于 v_k 时,奥氏体会很快冷却到 M_s 温度以下,在 M_s 至 M_f 之间发生马氏体转变。由于转变温度低,碳均不能扩散,只能依靠铁原子作短距离移动来完成 γ-Fe 向 α-Fe 的晶格改组,原来固溶在奥氏体的碳仍全部保留在 α-Fe 晶格,从而形成碳在 α-Fe 中的过饱和固溶体,称为马氏体,用"M"表示。

马氏体的组织形态有板条状和片状两种类型(见图 3.12)。

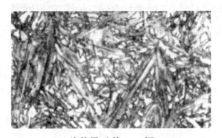

(a) 片状马氏体,T12钢　　　　　　　　(b) 板条状马氏体,20钢

图 3.12　马氏体显微组织,400×

当奥氏体中碳含量 w_C<0.2% 时,马氏体的形态为板条状,故板条状马氏体又称为低碳马氏体,有较好的强韧性;当 w_C>1.0% 时,马氏体的形态为片状,故片状马氏体又称为高碳马氏体,其性能硬而脆;当 w_C 介于二者之间时,形成片状和板条状马氏体的混合组织。马氏体的强度、硬度随碳含量增加而增大,当碳含量超过 0.6%,强度和硬度增加不明显(见图3.13),这主要是由于奥氏体中碳含量增加,导致淬火后的残余奥氏体增多的缘故。

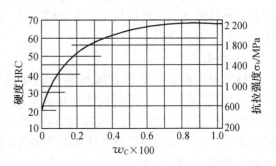

图 3.13　马氏体强度、硬度与含碳量的关系

马氏体转变是在 M_s～M_f 温度范围内连续冷却时进行的,并且马氏体的数量随转变温度的下降而不断增多,如果冷却停止,则转变也停止。此外,马氏体转变不能进行到底,即使过冷到 M_f 以下温度,仍有一定量的残余奥氏体存在。奥氏体的碳含量越高,钢淬火后残余奥氏体的量就越多。由于残余奥氏体的存在,会降低淬火钢的硬度和耐磨性,并且在工件长期使用过程中残余奥氏体会逐步转变为马氏体,使工件变形而引起尺寸的不稳定。所以,对高精度的工

件淬火后要进行冷处理,即把淬火后的工件继续冷却到室温以下$-80℃$～$-50℃$,以尽可能减少残余奥氏体的含量。

3.2　钢的退火与正火

3.2.1　钢的退火

退火就是将工件加热到适当温度,保温一定时间,然后缓慢冷却的热处理工艺。退火主要用于铸、锻、焊毛坯或半成品零件。

退火可以降低钢的硬度,提高塑性,改善其切削加工性能;均匀钢的成分,细化晶粒,改善组织与性能;消除工件的内应力,防止变形与开裂;为最终热处理作准备。

根据钢的成分和退火目的不同,退火可分为完全退火、等温退火、球化退火、均匀化退火和去应力退火等。

1. 完全退火

完全退火是将工件完全奥氏体化(加热至 Ac_3 以上 $30℃$～$50℃$),保温后缓慢冷却,获得接近平衡组织的退火工艺。其目的是降低钢的硬度,以利于切削加工;消除残留应力,稳定工件的尺寸,防止变形或开裂;细化晶粒,改善组织,以提高工件的力学性能和改善工艺性能,为最终热处理(淬火、回火)作组织准备。完全退火的主要缺点是时间长,特别是对于一些奥氏体比较稳定的合金钢,退火一般需要几十个小时。

完全退火主要适用于亚共析碳钢和合金钢的铸件、锻件、焊接件及热轧型材等。过共析钢不宜采用完全退火,因为加热到 Ac_{cm} 以上缓冷,沿奥氏体晶界会析出网状 Fe_3C_{II},使钢的韧性显著降低。

生产中,为提高完全退火生产效率,一般随炉冷却至 $600℃$ 左右时,将工件出炉空冷。

2. 等温退火

等温退火是将工件加热到 Ac_3 或 Ac_1 以上 $30℃$～$50℃$,保温适当时间后,较快地冷却到珠光体温度区间的某一温度,等温一定时间,使奥氏体转变为珠光体组织,然后出炉空冷的退火工艺。其目的和应用范围与完全退火相同,但所用时间比完全退火缩短约 1/3,并能得到均匀的组织和性能。

3. 球化退火

球化退火是指将共析钢或过共析钢加热到 Ac_1 以上 $20℃$～$40℃$,保温一定时间后,随炉缓冷至室温,或快冷至略低于 Ar_1 温度,保温后出炉空冷,使钢中碳化物球状化的退火工艺。退火后的组织是球状渗碳体和铁素体所组成的球状珠光体,见图 3.14。

球化退火的目的是使网状 Fe_3C_{II} 或片状渗碳体转变为球状渗碳体,降低硬度,便于切削加工,为淬火作好组织准备。

球化退火适用于过共析钢和合金工具钢、轴承钢等。过共析钢及合金工具钢热加工后,组织中常出现粗片状珠光体和网状二次渗碳体,硬度高,钢的切削加工性能变差,且淬火时易产生变形和开裂。为消除上述缺陷,可采用球化退火,使珠光体中的片状渗碳体和钢中的网状二次渗碳体均呈颗粒状。对网状 Fe_3C_{II} 比较严重的钢,在球化退火前先进行一次正火处理,使网状渗碳体破碎,以

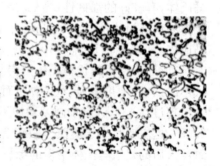

图 3.14　球状珠光体显微组织,
T8 钢球化退火,550×

提高渗碳体的球化效果。

4. 去应力退火

去应力退火又称低温退火,是将工件加热到 Ac_1 以下(一般为 500℃～650℃),保温一定时间,然后随炉冷却的退火工艺。其目的是消除工件(铸件、锻件、焊接件、热轧件、冷拉件及切削加工过程中的工件)的内应力,稳定工件尺寸,减少变形。一般可消除 50%～80% 应力,对形状复杂及壁厚不均匀的工件尤为重要。

去应力退火因加热温度低于 A_1,故不发生组织转变,只消除内应力。

5. 均匀化退火

均匀化退火是将工件加热到高温(一般为 1 050℃～1 150℃),并长时间保温,然后缓慢冷却的退火工艺。其目的是减少化学成分偏析和组织不均匀性,主要用于质量要求高的合金钢铸锭和铸件等。均匀化退火时间长,耗费能量大,成本较高。均匀化退火后,钢件晶粒粗大,应进行完全退火或正火。

3.2.2　钢的正火

正火是指将工件加热到 Ac_3 或 Ac_{cm} 以上 30℃～50℃,保温适当时间后在空气中冷却的热处理工艺。

正火的目的和退火目的基本相同。与退火相比,正火的冷却速度较快,过冷度较大,得到的珠光体组织晶粒较细,其强度、硬度比退火高一些;操作简便,生产周期短,节约能源,生产效率高,成本较低。生产中常优先采用正火。

正火的应用与退火基本一样,一般作为预备热处理,安排在毛坯生产之后、粗加工(或半精加工)之前。低碳钢、中碳钢或低碳合金钢经正火处理,可细化晶粒,提高硬度,改善其切削加工性能(一般硬度在 170～230 HBW 切削加工性能较好),可代替退火处理;中碳合金钢,经正火处理可获得均匀而细密的组织,为调质处理作组织准备;对性能要求不高的零件,以及一些大型或形状复杂的零件,淬火容易开裂时,常用正火作为最终热处理;对过共析钢,正火可消除网状渗碳体,为球化退火作组织准备。

各种退火与正火的加热温度范围和工艺曲线如图 3.15 所示。

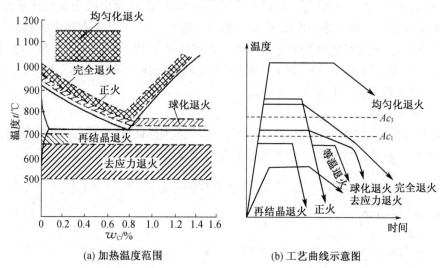

(a) 加热温度范围　　　　(b) 工艺曲线示意图

图 3.15　各种退火与正火温度的工艺示意图

3.3 钢的淬火

淬火是将工件加热到 Ac_3（亚共析钢）或 Ac_1（共析钢和过共析钢）以上 30℃～50℃，保温一定时间，然后以适当速度冷却而获得马氏体或贝氏体组织的热处理工艺。淬火的目的就是为了得到马氏体（或贝氏体）组织、提高钢的硬度、强度和耐磨性，并与适当的回火工艺相配合，获得所要求的力学性能，以满足各类零件或工、模具的使用要求。

3.3.1 淬火工艺

1. 淬火加热温度

钢的含碳量是决定其淬火加热温度的主要因素，因此碳钢的淬火加热温度可根据 Fe-Fe$_3$C 相图来确定。亚共析钢的淬火加热温度一般为 Ac_3 以上 30℃～50℃，共析钢和过共析钢的淬火加热温度为 Ac_1 以上 30℃～50℃，见图 3.16。

对亚共析钢，在 Ac_3 以上 30℃～50℃加热，得到全部细晶粒的奥氏体，淬火后为均匀细小的马氏体和少量的残余奥氏体。若加热温度在 Ac_1 和 Ac_3 之间，此时组织为铁素体和奥氏体，则淬火后组织为铁素体、马氏体和少量残余奥氏体。由于铁素体的存在，使钢的强度和硬度降低。若加热温度超过 Ac_3 以上 30℃～50℃，奥氏体晶粒粗大，淬火后得到粗大的马氏体，将使钢的性能变差，且淬火应力增大，容易导致变形和开裂。

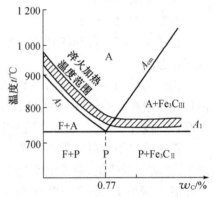

图 3.16 碳钢淬火加热温度范围

对共析钢和过共析钢，在 Ac_1 以上 30℃～50℃加热，此时组织为奥氏体和粒状渗碳体。淬火后，奥氏体转变为马氏体，渗碳体保留在组织中，形成细小马氏体基体上均匀分布着细小碳化物颗粒的组织，不仅有利于提高钢的硬度和耐磨性，而且脆性也小。若加热到 Ac_{cm} 以上进行完全奥氏体化淬火，不仅奥氏体晶粒粗大，淬火后马氏体粗大，增加脆性，工件氧化、脱碳严重，增大淬火应力，增加变形与开裂倾向，而且钢中残余奥氏体量增多，使钢的硬度和耐磨性下降。若加热温度低于 Ac_1，组织没有发生相变，达不到淬火的目的。

实际生产中，淬火加热温度的确定还需要考虑工件的形状、尺寸、淬火介质和技术要求等因素。合金钢中大多数合金元素（Mn、P 除外）有阻碍奥氏体晶粒长大的作用，所以淬火温度比碳钢高，一般为相变点以上 50℃～100℃。

2. 淬火加热时间

加热时间包括升温时间和保温时间两部分。时间长短与加热介质、加热速度、钢的种类、工件形状和尺寸、装炉方式及装炉量有关。通常可用下述经验公式确定。

$$t = \alpha D$$

式中：t——加热时间，min；

α——加热系数，min/mm；

D——工件有效厚度，mm。

式中 α 和 D 的数值可查阅有关资料确定。

3. 淬火冷却介质

工件进行淬火冷却所用的介质称为淬火冷却介质。为保证工件淬火后获得马氏体，又要减少工件变形和防止工件开裂，必须正确选用冷却介质。由 C 曲线可知，理想淬火冷却介质的冷却速度在 C 曲线鼻尖附近温度范围（约 650℃～550℃）要快冷，而在此范围以上或以下，应慢冷，特别是在 300℃～200℃ 以下发生马氏体转变时，应缓慢冷却，以免工件变形和开裂。理想的冷却速度，见图 3.17 所示，但这样理想的冷却介质目前还未找到。生产上常用的冷却介质有水、矿物油、盐水、碱水等。他们的冷却性能见表 3.4。

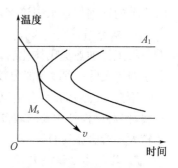

图 3.17 理想的淬火冷却速度

（1）水及水溶液

水是最常用的冷却介质。它具有冷却能力快，使用方便，价格低廉等特点。但是在 300℃～200℃ 范围内冷却速度仍然很快，易造成工件变形和开裂。因此仅适用于形状简单的碳钢工件。水温一般低于 40℃。

为了提高水的冷却能力，在水中加入少量（5%～10%）的盐或碱，即可得到盐水或碱水。盐水和碱水对零件有锈蚀作用，零件淬火后要很好清洗。主要用于形状简单的中、低碳钢零件。

（2）油

常用的淬火用油有柴油、机油、变压器油等，油在 300℃～200℃ 间的冷却能力比水小，对减少工件的变形和开裂很有利，但油在 650℃～400℃ 间的冷却能力也比水小，易碰到 C 曲线，得到非马氏体组织。故油只能用于过冷奥氏体稳定性较好（即淬透性较好）的低合金钢和合金钢的淬火。

表 3.4 常用淬火介质的冷却能力

淬火介质	在下列温度范围内的冷却速度/（℃/s）		淬火介质	在下列温度范围内的冷却速度/（℃/s）	
	650℃～550℃	300℃～200℃		650℃～550℃	300℃～200℃
水（18℃）	600	270	10%NaOH 水溶液（18℃）	1 200	300
水（26℃）	500	270	菜油（50℃）	200	35
水（50℃）	100	270	机油（18℃）	100	20
水（74℃）	30	200	机油（50℃）	150	30
10%NaCl 水溶液（18℃）	1 100	300	水玻璃苛性钠水溶液	310	70

3.3.2 淬火方法

目前常用的淬火方法有：单介质淬火、双介质淬火、马氏体分级淬火和贝氏体等温淬火。

1. 单介质淬火

将工件加热奥氏体化后，保温一定时间，然后放入一种介质中进行冷却的淬火方法称为单介质淬火，如图 3.18①。此法是最常用最简便的淬火工艺，如碳钢在水中淬火，合金钢在油中淬火等。其优点是操作简单，易实现机械化、自动化；不足之处是水中淬火

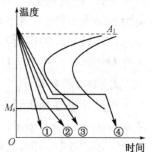

图 3.18 淬火冷却曲线示意图

易产生变形和开裂,油中淬火易产生硬度不足或硬度不均匀等现象。单介质淬火主要用于形状简单的碳钢件在水中淬火,合金钢件及尺寸较小的碳钢件在油中淬火。

2. 双介质淬火

将工件加热奥氏体化后,先浸入一种冷却能力较强的介质中,在组织即将发生马氏体转变时立即转入另一种冷却能力较弱的介质中缓慢冷却的淬火工艺称为双介质淬火,如图3.18②。如碳钢先水冷后油冷,合金钢先油冷后空冷等。这种方法可减小淬火应力,减小工件的变形和开裂,但对操作技术要求较高,不易掌握。双介质淬火主要适用于形状复杂的高碳钢工件、尺寸较大的合金钢工件。

3. 马氏体分级淬火

将工件加热奥氏体化后,先浸入温度在 M_s 点附近(150℃～260℃)的盐浴或碱浴中,保温一定时间,待工件整体达到介质温度后,再取出空冷,以获得马氏体组织的淬火工艺,称为马氏体分级淬火,如图3.18③。此方法比双介质淬火容易操作,可显著地减小工件淬火的内应力,降低工件变形和开裂,硬度也比较均匀。主要适用于尺寸较小,形状复杂或截面不均匀的碳钢和合金钢工件。

4. 贝氏体等温淬火

将工件加热奥氏体化后,快速冷却到贝氏体转变温度区间(260℃～240℃)等温保持,使奥氏体转变为下贝氏体的淬火工艺称为贝氏体等温淬火,如图3.18④。此方法可显著地减少淬火应力和变形,工件经贝氏体等温淬火后强度、韧性和耐磨性较好,但生产周期长,效率低。适用于形状复杂、尺寸精度要求较高,并且硬度和韧性都要求较高的工件,如各种小型冷、热冲模,成型刀具和弹簧等。

3.3.3　钢的淬透性和淬硬性

1. 钢的淬透性

钢的淬透性是指在规定条件下(工件尺寸、淬火介质),钢在淬火时获得淬硬层深度的能力,即钢在规定条件下淬火时获得马氏体组织深度的能力。淬透性是钢的主要热处理工艺性能。淬硬层深度是指从淬硬的工件表面到规定硬度值(一般为550 HV)处的垂直距离。淬硬层深度越深,淬透性越好。

影响钢的淬透性的主要因素是钢的化学成分,含碳量为0.77%的共析钢在碳钢中淬透性最好,大多数合金元素(除 Co 外)都能显著提高钢的淬透性。此外,淬火加热温度、钢的原始组织也会影响钢的淬透性。

钢的淬透性是钢的基本属性,是合理选材和正确制定热处理工艺的重要依据。对于承受较大负荷(特别是受拉、压、剪切力)的结构零件,应选用淬透性较好的钢;对于承受弯曲和扭转应力的轴类零件,因表层承受应力大,心部承受应力小,故可选用淬透性低的钢。焊接件一般不选用淬透性高的钢,否则易在焊缝及热影响区出现淬火组织,造成工件变形和开裂。钢的淬透性对提高零件的力学性能,发挥钢材的潜力,具有重要意义。

2. 钢的淬硬性

钢的淬硬性是指钢在理想条件下进行淬火硬化所能达到的最高硬度的能力。钢的淬硬性主要取决于钢中含碳量。钢中含碳量越高,淬硬性越好。淬硬性与淬透性是两个截然不同的概念。淬硬性好的钢,其淬透性不一定好;反之,淬透性好的钢,其淬硬性不一定好。如碳素工具钢的淬火后的硬度虽然很高(淬硬性好),但淬透性却很低;而某些低合金钢,淬火后的硬度虽然不高,但淬透性却很好。

3.4 钢的回火

回火是将淬硬后的工件加热到 Ac_1 点以下某一温度,保温一定时间,然后冷却到室温的热处理工艺。它是紧接淬火之后的热处理工序,淬火与回火常作为零件的最终热处理。

回火可以获得工件所需的力学性能;消除或减少内应力,降低钢的脆性,防止工件变形和开裂;稳定工件组织和尺寸,保证精度。

3.4.1 回火方法

回火时回火温度是决定钢的组织和性能的主要因素,随着回火温度升高,强度、硬度降低(图 3.19),塑性、韧性提高。温度越高,其变化越明显。按回火温度范围的不同,回火可分为低温回火、中温回火和高温回火。

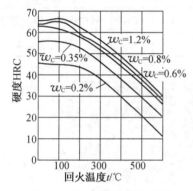

图 3.19 淬火钢回火硬度与回火温度的关系

图 3.20 T12 钢 780℃ 水淬,180℃ 回火回火马氏体＋二次渗碳体,400×

1. 低温回火

加热温度在 250℃ 以下进行的回火。其目的是保持淬火工件高硬度和高耐磨性的情况下,降低淬火残留应力和脆性。回火后的组织为回火马氏体,硬度为 58~64 HRC,见图 3.20。主要适用于各种刃具、模具、滚动轴承以及渗碳及表面淬火等要求硬而耐磨的零件。

2. 中温回火

加热温度在 350℃~500℃ 之间进行的回火。其目的是使工件获得较高的弹性和强度,适当的韧性和硬度。回火后的组织为回火托氏体,硬度为 35~45 HRC,见图 3.21。主要适用于处理各种弹性元件及热锻模等。

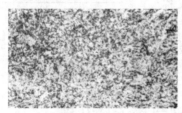

(a) 回火托氏体,500×

(b) 回火托氏体的电镜形貌,7 500×
基体为铁素体,颗粒为渗碳体

图 3.21 45 钢 860℃ 水淬,500℃ 回火显微组织

3. 高温回火

加热温度在500℃以上进行的回火。其目的是使工件获得强度、塑性和韧性都较好的综合力学性能。回火后的组织为回火索氏体,硬度为200～350 HBW,见图3.22。主要适用于各种较重要的受力结构件,如连杆、螺栓、齿轮及轴类零件等。

将工件淬火后高温回火的复合热处理工艺称调质处理。调质处理不仅可作为某些重要零件,如轴、齿轮、连杆、螺栓等零件的最终热处理,而且也作为一些精密零件,如丝杠、量具、模具等的预先热处理,使其获得均匀细小的组织,以减少最终热处理过程中的变形。

在抗拉强度、硬度大致相同的情况下,调质后的塑性、韧性均显著高于正火,见表3.5。这是因为钢经调质处理后的组织为回火索氏体,其渗碳体呈粒状(图3.22(b)),而正火得到的组织为层片状索氏体。

表 3.5　45 钢(ϕ20 mm～ϕ40 mm)经调质和正火后的力学性能比较

热处理工艺	σ_b/MPa	δ/%	A_K/J	HBS	组　织
正　火	700～800	12～20	40～64	163～220	细片状珠光体+铁素体
调　质	750～850	20～25	64～96	210～250	回火索氏体

(a) 回火索氏体,500×

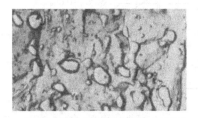
(b) 回火索氏体的电镜形貌,7 500×
基体为铁素体,颗粒为渗碳体

图 3.22　45 钢 860℃水淬,600℃回火显微组织

3.4.2　回火脆性

回火脆性是指工件淬火后在某些温度区间回火时出现韧性显著下降的现象,见图3.23。回火脆性分两种:在250℃～350℃范围内出现的回火脆性称第一类回火脆性,又称"低温回火脆性"或"不可逆回火脆性",不管是碳素钢还是合金钢,都应避免这种回火脆性。含铬、镍、锰等元素的合金钢淬火后,在450℃～650℃范围内回火,缓冷易产生第二类回火脆性,又称"高温回火脆性"或"可逆回火脆性"。为防止第二类回火脆性的出现,小零件可采用回火时快冷,大零件可选用含钨或钼的合金钢。

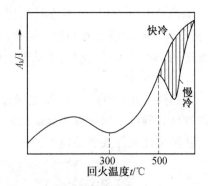

图 3.23　回火温度与合金钢韧性的关系

3.5　钢的表面热处理与化学热处理

许多机械零件,如齿轮、轴、凸轮等,是在摩擦、冲击载荷及交变载荷作用下工作,要求零件

表面具有高的硬度和耐磨性,心部需有足够的强度和韧性。这时采用整体热处理方法是不能达到要求的,生产中广泛采用表面热处理或渗碳、渗氮等化学热处理方法。

3.5.1　钢的表面热处理

表面热处理是指对工件表层进行热处理以改变其组织和性能的热处理工艺。表面淬火是最常用的一种表面热处理,它是指仅对工件表层进行淬火的热处理工艺。表面淬火不改变零件表层的化学成分,只改变表层的组织,并且心部仍保留原来退火、正火或调质状态的组织。其目的是使工件表层具有高硬度、耐磨性,而心部具有足够的强度和韧性。工业上常用的表面淬火方法有火焰淬火和感应淬火。

1.感应淬火

感应淬火是指利用感应电流通过工件所产生的热效应,使工件表层、局部或整体加热,并快速冷却的淬火工艺,见图 3.24。把工件放入空心铜管绕成的感应器内,感应器中通入一定频率的交流电,使工件内产生与线圈电流频率相同的感应电流,使工件表层迅速被加热到淬火温度(心部的温度仍接近室温),然后立即喷水快速冷却,将工件表层淬硬成马氏体,而心部仍保持原始组织。

感应电流透入工件表层的深度主要取决于交流电频率的高低。频率越高,淬硬层深度越小。生产中常用的电流频率与淬硬层深度的关系如表 3.6 所示。

与普通淬火相比,感应加热表面淬火加热速度极快(一般仅需几秒到几十秒),加热温度高(高频感应淬火为 Ac_3 以上 $100℃\sim200℃$);奥氏体晶粒均匀、细小,淬火后可在工件表面获得极细马氏体,硬度比普通淬火高 $2\sim3$ HRC,且脆性低;因马氏体体积膨胀,工件表层产生残余压应力,疲劳强度提高 $20\%\sim30\%$;工件表层不易氧化和脱

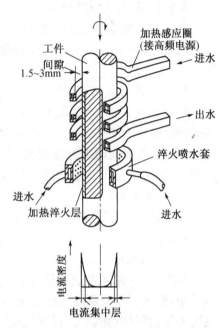

图 3.24　感应加热表面淬火示意图

碳,变形小,淬硬层深度容易控制;易实现机械化和自动化操作,劳动生产率高。但感应加热设备昂贵,维修调整较难,故不宜用于形状复杂的零件及单件生产。主要用于中碳钢或中碳低合金钢,也可用于高碳工具钢、含合金元素较少的合金工具钢及铸铁等。目前应用最广的是汽车、拖拉机和工程机械中的齿轮、轴类等零件。零件在表面淬火前一般先进行正火或调质处理,以保证心部具有良好的力学性能,并为表层加热做好组织准备。表面淬火后需进行低温回火,以减少淬火应力和降低脆性。

表 3.6　感应加热表面淬火种类及应用

类　别	频率范围/kHz	淬硬层深度/mm	应用举例
高频感应加热	100~500	0.5~2.5	要求淬硬层较薄的中、小型零件,如小模数齿轮、小轴等
中频感应加热	1~10	3~10	承受较大载荷和磨损的零件,如大模数齿轮、尺寸较大的凸轮等
工频感应加热	0.05	10~20	要求硬层深的大型零件和钢材的穿透加热,如轧辊、火车车轮等

2. 火焰表面淬火

火焰表面淬火是利用氧－乙炔（或其他可燃气体）火焰，对零件表面加热，然后快速冷却的淬火，见图 3.25。其淬硬层深度一般为 2～6 mm。火焰加热表面淬火设备简单，成本低，灵活性大。但加热温度不易控制，工件表面易过热，质量不太稳定，生产效率低。适用于单件、小批量生产或用于中碳钢、中碳低合金钢制造的大型工件，如大齿轮、轴等零件的表面淬火。

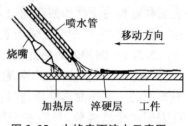

图 3.25 火焰表面淬火示意图

3.5.2 钢的化学热处理

化学热处理是指将工件放入一定温度的活性介质中加热并保温，使一种或几种元素渗入其表层，以改变其化学成分、组织和性能的热处理工艺。化学热处理种类很多，最常用的是渗碳和渗氮。

1. 钢的渗碳

渗碳是将工件放入渗碳介质中加热到高温，使碳原子渗入工件表层的化学热处理工艺。渗碳的目的是为了提高工件表层的含碳量并在其中形成一定的碳含量梯度，经淬火和低温回火后提高工件表面硬度和耐磨性，使心部保持良好的韧性。渗碳一般采用 w_C 为 0.15%～0.20% 的低碳钢或低碳合金钢。渗碳主要用于承受较大冲击力和在严重磨损下工作的零件，如齿轮、活塞销等。

按渗碳剂的不同，渗碳可分为固体渗碳、气体渗碳、液体渗碳三种。液体渗碳应用很少，气体渗碳应用最广。

(1) 气体渗碳

如图 3.26 所示，气体渗碳是将工件放置在密闭的井式渗碳炉中，滴入易于分解和气化的液体（如煤油、甲醇等），或直接通入渗碳气体（如煤气、石油液化气、丙烷等），加热到渗碳温度 900℃～950℃，保温一段时间，上述渗碳气体或有机液体在高温下分解产生活性碳原子，活性碳原子逐渐渗入工件表面，并向心部扩散，形成一定深度的渗碳层。渗碳层深度可通过控制保温时间来达到，一般为 0.5～2.5 mm。低碳钢渗碳后表层的 w_C 在 0.85%～1.05% 之间为最佳。

工件渗碳后必须进行淬火和低温回火。最终表层为细小片状的高碳回火马氏体、粒状渗碳体及少量残余奥氏体，获得高的硬度（58～64 HRC）、耐磨性及疲劳强度；心部组织取决于钢的淬透性，一般低碳钢心部组织为铁素体和珠光体，硬度为 110～180 HBW，低合金钢（20CrMnTi 钢）通常心部组织为

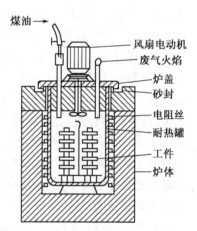

图 3.26 气体渗碳示意图

低碳回火马氏体、铁素体和少量托氏体，硬度为 35～45 HRC，具有较高的强度和韧性以及一定的塑性。

气体渗碳生产率高，渗碳过程易于控制，渗碳层质量高，劳动条件好，易于实现机械化和自动化；但设备成本较高，不适宜单件、小批生产，适于成批或大量生产。主要用于受磨损和较大冲击载荷的零件，如齿轮、活塞销、凸轮、轴类等。

（2）固体渗碳

将工件放在填充渗碳剂的密封箱中，然后放入炉中加热至 900℃～950℃，保温渗碳。渗碳剂采用颗粒状的木炭和 15％～20％的碳酸盐（$BaCO_3$ 或 Na_2CO_3）的混合物。木炭提供活性碳原子，碳酸盐可加速渗碳速度。在渗碳温度下形成不稳定的 CO，CO 与工件表面接触发生分解，生成活性碳原子[C]被工件表面吸收，并逐渐向内部扩散形成渗碳层。

固体渗碳设备简单，成本低。但劳动条件差，质量不易控制，生产效率低。主要用于单件、小批生产。

2. 钢的渗氮（氮化）

渗氮是指在一定温度下于一定介质中使活性氮原子渗入工件表面的化学热处理工艺。渗氮的目的是提高工件表面硬度、耐磨性、耐腐蚀性和疲劳强度。常用的渗氮方法有气体渗氮和离子渗氮。

（1）气体渗氮

气体渗氮是将工件置于通有氨气（NH_3）的密闭炉内，加热到 500℃～560℃，氨分解产生的活性氮离子[N]被工件表面吸收，并逐渐向心部扩散，从而形成渗氮层。渗氮层的深度一般为 0.1～0.6 mm。渗氮最常用的钢是 38CrMoAl，渗氮前应进行调质处理。

因渗氮后表面形成一层坚硬的氮化物，渗氮层硬度高达 1 000～1 200 HV，耐磨性好；渗氮温度低，工件变形小；渗氮层存在压应力，耐疲劳性好；渗氮层致密，耐蚀性较好。所以，渗氮主要用于耐磨性和精度要求高的精密零件、承受交变载荷的重要零件及较高温度下工作的耐磨零件，如精密丝杠、镗床主轴、汽轮机阀门、高精度传动齿轮、高速柴油机曲轴等。但渗氮生产周期长，成本高，渗氮层薄而脆，因而不宜承受集中重载荷。

（2）离子渗氮

离子渗氮是指在低于 $1×10^5$ Pa（通常是 $10～10^3$ Pa）的渗氮气氛中，利用工件（阴极）和阳极之间产生的辉光放电进行渗氮的工艺。具体方法是将工件放入离子渗氮炉的真空器内，通入氨气或氮、氢混合气体，保持一定的压力，在阳极（真空器）与阴极（工件）间通入高压（400～700 V）直流电，迫使电离后的氮离子以高速轰击工件表面，将表面加热到渗氮所需温度（500℃～570℃），氮离子在阴极上夺取电子后，还原成氮原子，被工件表面吸收，并逐渐向内部扩散形成渗氮层。

离子渗氮的特点是渗氮速度快，时间短（仅为气体渗氮的 1/5～1/2）；渗氮层质量好，脆性小，工件变形小；省电，无公害，操作条件好；对材料适应性强，如碳钢、合金钢、铸铁等均可进行离子渗氮。缺点是对于形状复杂或截面相差悬殊的零件，渗氮后很难同时达到相同的硬度和渗氮层深度；设备复杂，操作要求严格。

3.6　热处理工艺的应用

在机械零件制造过程中，确定零件热处理方法和合理安排零件加工工艺路线中的热处理工序位置，直接关系到产品质量和经济效益。因此，掌握热处理技术条件的相关内容、正确制定和实施热处理工艺规范是非常重要的。

3.6.1　热处理技术条件

根据零件的性能要求，在零件图上应标出热处理技术条件，其内容包括最终热处理方法

（如调质淬火、回火、渗碳等）及热处理后应达到的力学性能，供热处理生产及检验时用。

力学性能指标一般只标出硬度值（硬度值有一定允许范围：布氏硬度值为 30～40 个单位，洛氏硬度值为 5 个单位）。如调质 220～250 HBW，淬火回火 45～50 HRC。对于力学性能要求较高的重要件，如主轴、齿轮、曲轴、连杆等，还要标出强度、塑性和韧性等指标，有时还要对金相组织提出要求。对于化学热处理零件，还应标注渗层部位和渗层深度，渗碳淬火回火或渗氮后的硬度等。表面淬火零件还应标明淬硬层深度、硬度和部位等。

标注热处理技术条件时，可用文字在图样标题栏上方作简要说明。建议参照《金属热处理工艺分类及代号》(GB/T 12603 - 2005)的规定标注热处理工艺。具体如下：

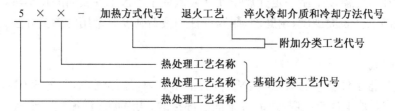

热处理工艺代号中的基础分类工艺代号由三位数字组成：第一位数字 5 表示热处理工艺的总代号；第二、三位数字分别表示工艺类型、工艺名称的代号；附加分类工艺代号中的加热方式代号采用两位数字；淬火冷却介质和冷却方法代号采用英文字头。热处理工艺分类及代号详见表 3.7。

表 3.7 热处理工艺分类及代号

工艺总称（代号）	工艺类型（代号）	工艺名称（代号）		加热方式（代号）		淬火冷却介质和冷却方法（代号）		退火工艺（代号）	
热处理（5）	整体热处理（1）	退火	(1)	可控气氛(气体)		空气	(A)	去应力退火	(St)
		正火	(2)		(01)	油	(O)	均匀化退火	(H)
		淬火	(3)	真空	(02)	水	(W)	再结晶退火	(R)
		淬火和回火	(4)	盐浴(液体)	(03)	盐水	(B)	石墨化退火	(G)
		调质	(5)	感应	(04)	有机聚合物水		脱氢处理	(D)
		稳定化处理	(6)	火焰	(05)		(Po)	球化退火	(Sp)
		固溶处理、水韧处理	(7)	激光	(06)	盐浴	(H)	等温退火	(I)
		固溶处理＋时效	(8)	电子束	(07)	加压淬火	(Pr)	完全退火	(F)
	表面热处理（2）	表面淬火和回火	(1)	等离子体	(08)	双介质淬火	(I)	不完全退火	(P)
		物理气相沉积	(2)	固体装箱	(09)	分级淬火	(M)		
		化学气相沉积	(3)	液态床	(10)	等温淬火	(At)		
		等离子体增强化学气相沉积	(4)	电接触	(11)	形变淬火	(Af)		
		离子注入	(5)			气冷淬火	(G)		
	化学热处理（3）	渗碳	(1)			冷处理	(C)		
		碳氮共渗	(2)						
		渗氮(氮化)	(3)						
		氮碳共渗	(4)						
		渗其他金属	(5)						
		渗金属	(6)						
		多元共渗	(7)						

3.6.2　热处理工艺位置

根据热处理的目的和工序位置的不同,热处理可分为预先热处理和最终热处理两大类。其工序顺序应按照如下位置安排。

1. 预先热处理

预先热处理包括退火、正火和调质等。其工序位置一般安排在毛坯生产之后,切削加工之前,或粗加工之后,精加工之前。

1) 退火、正火的工序位置

退火和正火作为预先热处理通常安排在毛坯生产之后,粗加工之前。其作用是消除毛坯的内应力,细化晶粒,均匀组织,改善切削加工性,为最终热处理作好组织准备。对某些精密零件,可在切削加工工序之间安排去应力退火;对一些性能要求不高的中碳钢零件,正火可作为最终热处理。

2) 调质处理的工序位置

一般安排在粗加工之后,半精加工或精加工之前,其目的是提高零件的综合力学性能。调质处理可为表面淬火零件和易变形零件的淬火作组织准备;氮化零件在氮化前,一般先进行调质处理,以提高零件整体的力学性能;对于性能要求不高的一般零件,调质也可作为最终热处理。

2. 最终热处理

最终热处理包括各种淬火、回火及化学热处理。零件经这类热处理后硬度较高或处理层较浅,除磨削外,一般不再进行其他切削加工。所以其工序位置一般安排在半精加工之后,磨削之前。

1) 淬火工序位置

(1) 整体淬火工艺路线一般为:下料→锻造→退火(正火)→粗加工、半精加工→淬火、回火→磨削。

(2) 表面淬火工艺路线一般为:下料→锻造→退火(正火)→粗加工→调质→半精加工→表面淬火→低温回火→磨削。

2) 渗碳工序位置

(1) 整体渗碳的工艺路线一般为:下料→锻造→退火(正火)→粗加工、半精加工→渗碳→淬火、低温回火→磨削。

(2) 局部渗碳的工艺路线一般为:下料→锻造→退火(正火)→粗加工、半精加工→保护非渗碳部位→渗碳→切除防渗余量→淬火、低温回火→磨削。

3) 渗氮工序位置

渗氮零件(38CrMoAlA 钢)的工艺路线一般为:下料→锻造→退火→粗加工→调质→半精加工→去应力退火→粗磨→渗氮→精磨或研磨。

3.6.3　热处理零件结构的工艺性

热处理零件结构工艺性是指在设计需要进行热处理零件时,特别是需淬火的零件,既要考虑保证零件的使用性能要求,又要考虑热处理工艺对零件结构的要求。如果零件结构工艺性不合理,则可能造成淬火变形、开裂等热处理缺陷,从而使零件报废,造成不必要的损失。一般应注意以下几点。

1. 避免尖角与棱角

零件的尖角与棱角是淬火应力集中的地方,容易成为淬火裂纹源。一般尽量将其设计成圆角、倒角,如图 3.27 所示。

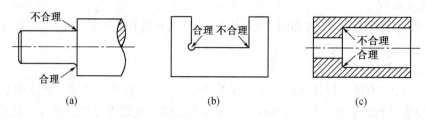

图 3.27　避免尖角和棱角

2. 避免截面厚薄悬殊,合理安排空洞和键槽

截面厚薄悬殊的零件,淬火冷却时,由于冷却不均匀容易造成零件变形和开裂。一般采用将零件薄处加厚,或采用开工艺孔、变不通孔为通孔等方法,如图 3.28 所示。

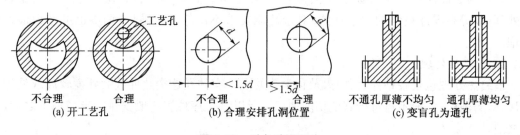

图 3.28　避免壁厚悬殊

3. 采用封闭、对称结构

由于开口或不对称结构零件淬火时应力分布不均匀,容易引起变形,故应改为封闭或对称结构,如图 3.29 所示。

4. 采用组合结构

对某些有淬裂倾向而各部分工作条件要求不同的零件或形状复杂的零件,尽可能采用组合结构或镶拼结构,如图 3.30 所示。

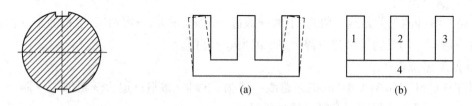

图 3.29　镗杆对称结构　　　　图 3.30　山字形硅钢片冲模

3.6.4　热处理工艺应用举例

1. 压板

如图 3.31 所示,压板用于在机床工作台或夹具上夹紧工件,要求有较高强度、硬度和一定弹性。

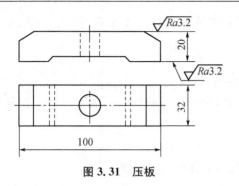

图 3.31 压板

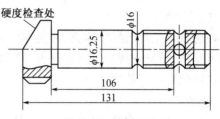

图 3.32 连杆螺栓

材料:45 钢。

热处理技术条件:淬火、回火,40～45 HRC。

加工路线:下料→锻造→正火→机加工→淬火、回火。

2. 连杆螺栓

如图 3.32 所示,连杆螺栓用于连接紧固,要求有较高抗拉强度,良好塑性、韧性和低的缺口敏感性,以及较高的抗弯强度,以避免产生松弛现象。

材料:40Cr 钢。

热处理技术条件:260～300 HBW,组织为回火索氏体,不允许有块状铁素体。

加工路线:下料→锻造→退火(正火)→粗加工→调质→精加工。

3. 蜗杆

如图 3.33 所示,蜗杆主要用于传递运动和动力,要求齿部有较高的硬度、耐磨性和精度保持性,其余各部位要求有足够的强度和韧性。

材料:45 钢。

热处理技术条件:齿部 45～50 HRC,其余部位调质 220～250 HBW。

加工路线:下料→锻造→正火→粗加工→调质→精加工→表面淬火→精加工。

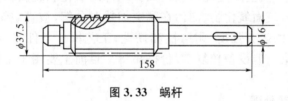

图 3.33 蜗杆

4. 锥度塞规

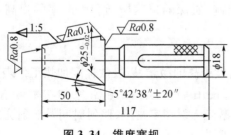

图 3.34 锥度塞规

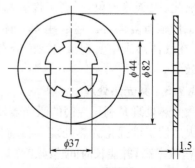

图 3.35 摩擦片

如图 3.34 所示,锥度塞规是用于检查锥孔尺寸的量具,要求锥部具有高的耐磨性、尺寸稳定性和良好的切削加工性。

材料:T12A 钢。

热处理技术条件:锥部,淬火、回火 60～64 HRC。

加工路线:下料→锻造→球化退火→粗加工、半精加工→锥部淬火、回火→稳定化处理→粗磨→稳定化处理→精磨。

5. 摩擦片

如图 3.35 所示,摩擦片用于传动或刹车,要求高的弹性和耐磨性。

材料:Q235 钢。

热处理技术条件:渗碳层深度 0.4～0.5 mm,40～45 HRC,平面度≤0.10 mm。

加工路线:下料→锻造→正火→机加工→渗碳→淬火、回火→机加工→去应力退火(380℃～420℃)。

3.7 热处理新技术

随着工业和科学技术的飞速发展,对各种产品的性能、质量、可靠性等方面的要求越来越高,传统的热处理技术已难以满足这些要求。近年来,随着热处理新工艺、新设备、新技术的不断创新以及计算机的应用,使热处理生产的机械化、自动化水平不断提高,其产品的质量和性能不断改进。目前,热处理技术一方面是对常规热处理方法进行工艺改进,另一方面是在新能源、新工艺方面的突破,从而达到既节约能源,提高经济效益,减少或防止环境污染,又能获得优异的性能的目的。

3.7.1 真空热处理

在真空环境(低于一个大气压)中进行的热处理称为真空热处理。主要有:真空淬火、真空退火、真空回火等。真空热处理可大大减少工件的氧化和脱碳;升温速度慢,工件截面温差小,热处理变形小;表面氧化物、油污在真空加热时分解,被真空泵排出,使得工件表面光洁美观,提高了工件的疲劳强度、耐磨性和韧性;工艺操作条件好,易实现机械化和自动化,节约能源,减少污染。但设备较复杂,价格昂贵。目前主要用于工模具和精密零件的热处理。

3.7.2 可控气氛热处理

可控气氛热处理是指在成分可控的炉气中进行的热处理。其目的是防止工件加热时产生氧化、脱碳等现象,提高工件表面质量;有效地进行渗碳、碳氮共渗等化学热处理;对脱碳的工件施行复碳等。通过建立气体渗碳数学模型和计算机碳势优化控制以及碳势动态控制,在气体渗碳中实现渗层浓度分布的优化控制、层深的精确控制和生产率的提高,取得重大效益。

3.7.3 激光热处理

激光热处理是利用专门的激光器发生能量密度极高的激光,以极快速度加热工件表面,自冷淬火后使工件强化的热处理。目前生产中大都使用 CO_2 气体激光器,它的功率可达 10～15 kW,效率高,并能长时间连续工作。通过控制激光入射功率密度、照射时间及照射方式,即可达到不同的淬硬层深度、硬度、组织及其他性能要求。

　　激光热处理具有加热速度快,加热到相变温度以上仅需要百分之几秒;淬火不用冷却介质,而是靠工件自身的热传导自冷淬火;光斑小,能量集中,可控性好,可对复杂的零件进行选择加热淬火;能细化晶粒,显著提高表面硬度和耐磨性;淬火后,几乎无变形,且表面质量好等优点。主要用于精密零件的局部表面淬火,也可对微孔、沟槽、盲孔等部位进行淬火。

3.7.4　形变热处理

　　形变热处理是将塑性变形和热处理有机结合起来,获得形变强化和相变强化综合效果的工艺方法。此工艺能获得单一强化方法所不能得到的优异性能(强韧性),此外还能简化工艺,节约能源、设备,减少工件氧化和脱碳,提高经济效益和产品质量。形变热处理方式很多,有低温形变热处理、高温形变热处理、等温形变热处理、形变化学热处理等。以低温形变热处理为例,将工件加热至奥氏体状态,保温一定时间后,迅速冷至 Ar_1 至 M_s 点之间的某一温度进行形变,然后立即淬火、回火。与普通热处理相比,可以显著提高钢的强度和疲劳强度,提高钢的抗磨损和抗回火的能力。它主要用于强度要求极高的工件,如高速钢刀具、模具、轴承、飞机起落架及重要弹簧等。

3.7.5　计算机在热处理中的应用

　　计算机首先用于热处理工艺基本参数(如炉温、时间和真空度等)及设备动作的程序控制;而后扩展到整条生产线(如包括渗碳、淬火、清洗及回火的整条生产线)的控制;进而发展到计算机辅助热处理工艺最优化设计和在线控制,以及建立热处理数据库,为热处理计算机辅助设计及性能预测提供了重要支持。

【本章小结】

　　本章主要介绍了热处理的基本原理和常用的热处理工艺方法,小结如下。

　　1.　热处理基本原理

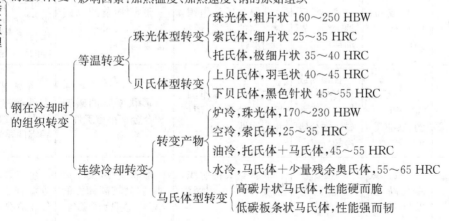

2. 常用热处理方法(见表 3.8)

表 3.8　常用热处理方法的特点及应用

名　称		加热温度	冷却方式	目　的	应用范围	说　明
退火	完全退火	Ac_3 以上 30℃~50℃	随炉冷却	降低硬度,细化晶粒,消除应力,为最终热处理作组织准备	亚共析碳钢和合金钢的铸件、锻件、热轧型材、焊件等	不能用于过共析钢
	等温退火	Ac_3(或 Ac_1)以上 30℃~50℃	在珠光体转变区等温冷却	同完全退火,但可提高生产效率,得到均匀的组织和性能	同完全退火和球化退火	—
	球化退火	Ac_3 以上 20℃~40℃	随炉冷却	使网状和片状渗碳体球化,降低硬度,便于切削加工,为淬火作组织准备	过共析碳钢和合金工具钢、轴承钢等	网状渗碳体严重的钢,在球化退火前应先进行正火
	去应力退火	Ac_1 以下温度,一般 500℃~600℃	随炉冷却	消除应力,稳定尺寸,减少变形	铸件、锻压件、焊件、切削加工件等	加热温度低于 Ac_1,不发生相变
	均匀化退火	1 050℃~1 150℃	随炉冷却	减少化学成分偏析和组织不均匀性	质量要求高的合金钢铸锭、铸件和锻坯等	加热温度高,晶粒粗大
正火		Ac_3 或 Ac_{cm} 以上 30~50℃	空气中冷却	与退火基本相同	低碳钢和中碳钢的预先热处理;对合金调质钢,为调质处理作组织准备;对过共析钢,为球化退火作组织准备	对性能要求不高的零件、大型或形状复杂的零件,可用作最终热处理
淬火	单介质淬火	Ac_3 或 Ac_1 以上 20℃~40℃	水或油中冷却	获得马氏体组织,提高钢的强度、硬度和耐磨性	一般碳钢水淬,合金钢及尺寸较小的碳钢件油淬	操作简便,易机械化和自动化;淬油后需清洗
	双介质淬火	Ac_3 或 Ac_1 以上 20℃~40℃	先水后油冷或先油后空冷	获得马氏体组织,提高钢的强度、硬度和耐磨性	形状复杂的高碳钢工件,尺寸较大的合金钢工件	可有效减少淬火应力,但对操作技术要求高;淬油后需清洗
	马氏体分级淬火	Ac_3 或 Ac_1 以上 20℃~40℃	在稍高或稍低于 M_s 点的盐浴或碱浴中分级冷却	获得马氏体组织,提高钢的强度、硬度和耐磨性	形状复杂的碳钢和合金钢小型工件	可显著减少零件的变形和开裂;分级淬火后零件要清洗
	贝氏体等温淬火	Ac_3 或 Ac_1 以上 20℃~40℃	在贝氏体温区等温冷却	获得贝氏体组织,强度、韧性和耐磨性较好	形状复杂,要求尺寸精确、较高韧性的小型工模具和弹簧等	生产效率低;等温淬火后零件要清洗

（续表）

名　称		加热温度	冷却方式	目　的	应用范围	说　明
回火	低温回火	250℃以下	—	保持淬火工件高的硬度和耐磨性,降低淬火残留应力和脆性	刃具、量具、模具、滚动轴承、渗碳及表面淬火的零件等	回火后的组织是回火马氏体,58～64 HRC,高的硬度和耐磨性
	中温回火	350℃～500℃	—	得到较高的弹性和屈服点,适当的韧性	弹簧、锻模、冲击工具等	回火后的组织是回火托氏体,35～50 HRC,较高的弹性极屈服点和一定的韧性
	高温回火	500℃以上	—	得到强度、塑性和韧性都较好的综合力学性能	广泛用于各种较重要的受力构件,如齿轮、轴、连杆、螺栓等	回火后的组织是回火索氏体,具有较好的综合力学性能,硬度200～350 HBS
表面热处理	感应淬火	Ac_3以上100℃～200℃	喷水或乳化液	使工件表层具有高硬度（52～58 HRC)、耐磨性,心部具有足够的强度和韧性。	主要适用于中碳结构钢和中碳低合金钢,也可用于工具钢制作承受小载荷冲击和交变载荷的工具、量具等	表层获得极细马氏体,比普通淬火高出2～3 HRC,心部为原始组织。生产率高,适于大批生产
	火焰淬火	Ac_3以上100℃～200℃	喷水		用于单件小批生产、局部淬硬的工具、大型轴、齿轮类零件	设备简单、成本低,生产效率低,质量控制比较困难
化学热处理	渗碳	900℃～950℃	渗碳后必须淬火、低温回火处理	提高工件表面的硬度(58～64 HRC)、耐磨性和疲劳强度,心部良好的塑性、韧性和足够的强度	主要适用于低碳钢及低碳合金钢,制作承受较大冲击载荷和严重磨损条件下工作的零件。	渗碳后表层的 w_c 可达0.85%～1.05%
	渗氮	500℃～600℃	—	提高工件表面的硬度(1 000～1 200 HV)、耐磨性、热硬性、疲劳强度和耐蚀性	主要用于耐磨性和精度要求高的精密零件、承受交变载荷的重要零件和较高温度下工作的耐磨零件	渗氮层很薄,脆性大,不宜承受集中重载荷。氮化时间长,成本高

【思考与习题】

1. 什么是热处理？常用热处理方法有哪些？其目的是什么？它由几个阶段组成？

2. 指出 Ac_1、Ac_3、Ac_{cm}、Ar_1、Ar_3、Ar_{cm} 各相变点的意义。

3. 以共析钢为例，说明过冷奥氏体等温转变图中各条线的含义，并指出影响等温转变曲线（C 曲线）的主要因素。

4. 什么叫马氏体？马氏体转变有何特点？

5. 画出 T8 钢的过冷奥氏体等温转变曲线。为了获得以下组织，应采用什么冷却方法？并在等温转变曲线上画出冷却曲线示意图。

(1) 索氏体＋珠光体；

(2) 全部下贝氏体；

(3) 托氏体＋马氏体＋残余奥氏体；

(4) 马氏体＋残余奥氏体。

6. 将共析钢加热到 760℃，保温足够时间，试问按图 3.36 所示①、②、③、④、⑤的冷却速度冷至室温，各获得什么组织？并估计各组织的大致硬度。

7. 把 45 钢和 T8 钢分别加热到 600℃、760℃、840℃，然后在水中冷却，问分别得到什么组织？其硬度如何？

8. 正火和退火的主要区别是什么？生产中如何正确选择正火和退火？

9. 指出下列零件正火的主要目的及正火后的组织。

(1) 20 钢齿轮；

(2) 45 钢小轴；

(3) T12 钢锉刀。

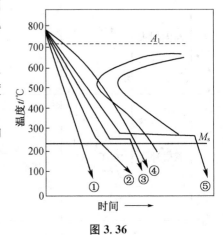

图 3.36

10. 确定下列工件的退火工艺，并说明其退火的目的和退火后的组织。

(1) 经冷轧后的 15 钢板；

(2) ZG270～500 的铸钢齿轮；

(3) 锻造过热的 60 钢坯；

(4) 具有片状珠光体的 T12 钢坯。

11. 一批 45 钢试件（尺寸 ϕ15 mm×10 mm），因晶粒大小不均匀，需采用下列退火处理。

(1) 缓慢加热到 700℃，保温后随炉冷至室温；

(2) 缓慢加热到 840℃，保温后随炉冷至室温；

(3) 缓慢加热到 1 100℃，保温后随炉冷至室温。

试问上述三种工艺各得到什么组织？如果想得到大小均匀的细小晶粒，哪种工艺比较合适？并说明原因。

12. 常用淬火方法有哪些？试简要说明它们的主要特点和应用范围。

13. 试分析以下几种说法是否正确？为什么？

（1）过冷奥氏体的冷却速度越快,钢冷却后的硬度越高;

（2）钢中合金元素越多,则淬火后硬度就越高;

（3）淬火钢回火后的性能主要取决于回火时的冷却速度;

（4）为了改善碳素工具钢的切削加工性,其预先热处理应采用完全退火;

（6）淬透性好的钢,其淬硬性也一定好。

14. 将 45 钢和 T12 钢分别加热至 700℃、770℃、840℃淬火,试问这些淬火温度是否正确? 为什么 45 钢在 770℃淬火后的硬度远低于 T12 钢在 770℃淬火后的硬度?

15. 指出下列工件的淬火和回火温度,并说明其回火后获得的组织和大致硬度。

（1）45 钢小轴(要求综合力学性能);

（2）60 钢弹簧;

（3）T12 钢锉刀。

16. 什么是回火? 回火的目的和作用是什么?

17. 45 钢经调质处理后,硬度为 240 HBW,若再进行 180℃回火,能否使其硬度提高? 为什么? 钢经淬火、低温回火后,若进行 560℃回火,能否使其硬度降低? 为什么?

18. 在砂轮上磨削经过淬火、回火的高硬度工具时,为什么要经常用水冷却?

19. 现有一批螺钉,原定由 35 钢制成,要求其头部热处理后硬度为 35～40 HRC。现材料中混入了 T10 钢和 10 钢,若仍按 35 钢进行热处理(淬火、回火),问能否达到要求? 为什么?

20. 现有 20 钢和 45 钢制造的齿轮各一个,为使齿面具有高的硬度和耐磨性,问应该采用何种热处理工艺? 热处理后在组织和性能上有什么不同?

21. 现有三个形状、尺寸、材质(低碳钢)完全相同的齿轮,分别进行普通整体淬火、渗碳淬火和高频感应淬火,试用最简单的办法将它们区分开来。

22. 用 T10 钢制造刀具,要求淬火硬度达到 60～64 HRC。生产时误将 45 钢当成 T10 钢,按 T10 钢加热淬火,试问能否达到要求? 为什么?

23. 甲、乙两厂同时生产一种 45 钢零件,硬度要求为 220～250 HBW。甲厂将零件加热奥氏体化后用风吹冷却,乙厂将零件粗加工后进行调质处理,二者均达到要求。试分析甲、乙两厂产品的组织和性能的差异?

24. 什么是化学热处理? 常用的化学热处理方法有哪几种?

25. 渗碳的目的是什么? 渗碳后为什么要进行淬火加低温回火处理?

26. 根据下列零件的性能要求及技术条件选择热处理工艺方法。

（1）用 45 钢制作的某机床主轴,其轴颈部分和轴承接触要求耐磨,52～56 HRC,硬化层深 1 mm;

（2）用 45 钢制作的直径为 18 mm 的传动轴,要求有良好的综合力学性能,22～25 HRC,回火索氏体组织;

（3）用 20CrMnTi 制作的汽车传动齿轮,要求表面高硬度、高耐磨性,58～63 HRC,硬化层深 0.8 mm。

27. 某厂用 45 钢制造零件,其加工路线如下:备料→锻造→正火→机械粗加工→调质→机械精加工→感应淬火、低温回火→磨削。试说明各热处理工序的目的及热处理后的组织。

28. 某柴油机凸轮轴要求表面有高硬度(>50 HRC),心部有良好韧性(A_k>40 J)。原来采用 45 钢经调质后,再在凸轮表面进行高频淬火、低温回火。现拟改用 20 钢代替 45 钢,试问：

（1）原 45 钢各热处理工序的作用；

（2）改用 20 钢后，其热处理工序是否应该进行修改？应采用何种热处理工艺最合适？

29．某厂用 20 钢制造齿轮，其加工路线为：下料→锻造→正火→粗加工、半精加工→渗碳→淬火、低温回火→磨削。试问：

（1）说明各热处理工序的作用；

（2）制订最终热处理工艺的规范（温度、冷却介质）；

（3）最终热处理后表面的组织和性能。

30．用 T10 钢制造形状简单的刀具，其加工路线为：下料→锻造→热处理→切削加工→热处理→磨削。试问：

（1）各热处理工序的名称及其作用；

（2）制订最终热处理工艺的规范（温度、冷却介质）；

（3）各热处理后的显微组织。

第 4 章　典型机械零件材料的选用

【学习目标】

　　了解铸钢、铸铁、有色金属及其合金、粉末冶金材料和非金属材料的性能及其应用,掌握碳钢、低合金钢、合金钢的性能及其应用,初步了解典型机械零件选材的方法和步骤。

【知识点】

　　碳钢、低合金钢、合金钢、铸钢、铸铁、有色金属及其合金的性能特点及应用。粉末冶金材料和非金属材料的基本概念及其应用。

【技能点】

　　典型机械零件选材的基本方法和步骤。

　　机械工程材料是指用于制造各类机械零件、构件的材料及在机械制造过程中所应用的工艺材料。

　　机械工程材料涉及面很广,按属性可分为金属材料和非金属材料两大类。金属材料包括黑色金属和有色金属。黑色金属主要指铁、锰、铬及其合金,如钢、生铁、铁合金、铸铁等。黑色金属以外的金属称为有色金属,有色金属用量虽只占金属材料的 5%,但因具有良好的导热性、导电性,以及优异的化学稳定性和高的比强度等,在机械工程中占有重要的地位。非金属材料又可分为无机非金属材料和有机高分子材料。前者除传统的陶瓷、玻璃、水泥和耐火材料外,还包括氮化硅、碳化硅等新型材料以及碳素材料等。后者除了天然有机材料如木材、橡胶等外,较重要的还有人工合成的高分子材料。此外,还有由两种或多种不同材料组合而成的复合材料。这种材料由于复合效应,具有比单一材料优越的综合性能,成为一类新型的工程材料。

4.1　工业用钢的分类与编号

　　碳钢(或称非合金钢)是指以铁为主要元素,碳的质量分数 $w_c < 2.11\%$ 并含有少量硅、锰、磷、硫等杂质元素的铁碳合金。碳钢价格低廉,容易加工,具有一定的力学性能,能满足一般工程结构和机械零件的使用性能要求,工业中应用广泛。但由于碳钢的淬透性低,强度较低,且不能满足某些特殊性能要求(如耐蚀性、耐热性、耐磨性等)。为改善钢的性能,在碳钢的基础上,有目的地加入某些元素所形成的钢种称为合金钢。常加入的合金元素有锰、硅、铬、

镍、钨、钼、钒、钛、硼、铝、铌、锆、铜、稀土元素等。

4.1.1　钢的分类

依据国标 GB/T 13304.1 - 2008 的规定，为便于生产、使用、管理品种繁多的钢材，常按以下方法分类。

1. 按化学成分分类

钢按化学成分可分为碳钢和合金钢两类。

1) 碳钢

碳钢按其碳的质量分数不同分为：低碳钢（$0.0218\% < w_C < 0.25\%$）、中碳钢（$0.25\% \leqslant w_C \leqslant 0.60\%$）和高碳钢（$0.60\% < w_C \leqslant 2.11\%$）。

2) 合金钢

合金钢按钢中合金元素总量不同分为：低合金钢（合金元素总的质量分数$<5\%$）、中合金钢（合金元素总的质量分数为 $5\% \sim 10\%$）和高合金钢（合金元素总的质量分数$>10\%$）。

合金钢还可按钢中主要合金元素的名称分为铬钢、锰钢、铬镍钢等。

2. 按质量等级分类

依据钢中主要杂质元素硫、磷的质量分数将钢的质量等级分为普通质量钢、优质钢、高级优质钢和特级优质钢四个级别。

1) 普通质量钢：硫和磷的质量分数均低于 0.045%。

2) 优质钢：硫和磷的质量分数均低于 0.035%。

3) 高级优质钢：在碳钢中硫和磷的质量分数均低于 0.030%，在合金钢中硫和磷的质量分数均低于 0.025%。

4) 特级优质钢：在碳钢中硫的质量分数低于 0.020%、磷的质量分数低于 0.025%，在合金钢中硫的质量分数低于 0.015%、磷的质量分数低于 0.025%。

3. 按用途分类

钢按用途不同可分为结构钢、工具钢和特殊性能钢。

1) 结构钢

结构钢包括各种工程构件用钢和机器用钢。工程构件用钢主要用于船舶、桥梁、建筑、石油、化工等；机器用钢包括渗碳钢、调质钢、弹簧钢、滚动轴承钢和耐磨钢等。

2) 工具钢

工具钢包括模具钢、刃具钢和量具钢，主要用于制造各种模具、刃具、量具等。

3) 特殊性能钢

特殊性能钢是指除了要求力学性能外，还要求具有其他一些特殊性能的钢，常见的有不锈钢、耐热钢、低温用钢等。

4.1.2　钢的编号

1. 钢材编号的表示方法

我国现行的钢材编号一般采用汉语拼音字母、化学元素符号和阿拉伯数字相结合的方法表示。质量等级由 A 到 E，硫、磷含量降低，质量提高。

1) 碳素结构钢和低合金高强度结构钢

通用结构钢的牌号由代表屈服点的字母 Q、屈服点数值（单位为 MPa）、质量等级符号、脱氧方法等四部分顺序组成。例如：碳素结构钢 Q235AF，表示 $\sigma_s \geqslant 235$ MPa，质量等级为 A 级的沸腾钢；低合金高强度结构钢 Q345C，表示 $\sigma_s \geqslant 345\,\mathrm{MPa}$，质量等级为 C 级的镇静钢。

钢的脱氧方法有 F（沸腾钢）、b（半镇静钢）、Z（镇静钢）、TZ（特殊镇静钢）四种，通常碳素结构钢牌号中表示镇静钢和特殊镇静钢的符号"Z"和"TZ"可省略。低合金高强度结构钢均为镇静钢和特殊镇静钢，牌号中没有表示脱氧方法的符号。

专用结构钢一般采用在通用结构钢的牌号后面加产品用途符号表示（详见 GB/T221 - 2000），如：焊接气瓶用钢 Q295HP、压力容器用钢 Q345R、桥梁用钢 Q420q 等。

2）优质碳素结构钢

优质碳素结构钢的牌号用两位数字表示，两位数字表示钢中平均含碳量的万分数。如 45 钢，表示其平均含碳量为 0.45%。

优质碳素结构钢又分为普通含锰量（$w_{Mn} \leqslant 0.7\%$）和较高含锰量（$w_{Mn} = 0.7\% \sim 1.2\%$）两类。含锰量较高的优质碳素结构钢在两位数字后面加"Mn"字。脱氧方法表示法同碳素结构钢。如 65Mn 钢，表示钢中平均含碳量为 0.65%，并含有较高的锰（$w_{Mn} = 0.7\% \sim 1.2\%$）。

在两位数字后面加"A"表示高级优质钢，加"E"表示特级优质钢，加"F"表示沸腾钢，加"b"表示半镇静钢。

3）碳素工具钢

碳素工具钢的牌号用"碳"的汉语拼音首字母"T"后加数字组成。数字表示钢中的平均含碳量的千分数。如 T9 钢，表示钢中平均含碳量为 0.9% 的优质碳素工具钢。

高级优质钢牌号的末尾加"A"，如：T12A 表示钢中硫、磷含量比 T12 少。

含锰量较高的碳素工具钢在数字后面加符号"Mn"，如：T8Mn 表示平均碳含量 0.8%、锰含量较高的碳素工具钢。

4）合金结构钢

合金结构钢的牌号用"两位数字＋元素符号＋数字"表示。为首的两位数字表示碳含量的万分数，其后的元素符号表示钢中所含的合金元素，随后的数字表示该合金元素含量的百分数（若 $w_{Mn} < 1.5\%$，其后不标出数字；若 $1.5\% \leqslant w_{Mn} < 2.49\%$，其后标注 2；若 $2.5\% \leqslant w_{Mn} < 3.49\%$，其后标注 3；…）。例如，18Cr2Ni4W 表示 $w_C = 0.18\%$、$w_{Cr} = 2\%$、$w_{Ni} = 4\%$、$w_W < 1.5\%$ 的合金结构钢。高级优质钢牌号后加 A，如 60SiZMnA；特级优质钢牌号后加 E，如：30CrMnSiE。

5）轴承钢

轴承钢的牌号用"G＋Cr＋数字＋（其他元素＋数字）"表示。式中"G"是"滚"的汉语拼音字首，铬后面的数字表示平均含铬量的千分数，若还含其他元素时，表示方法和合金结构钢相同。例如，GCr15SiMn 表示 $w_{Cr} = 1.5\%$，$w_{Si} < 1.5\%$，$w_{Mn} < 1.5\%$ 的轴承钢。轴承钢均为高级优质钢，但牌号后边不加"A"。

6）合金工具钢

合金工具钢主要有量具刃具用钢、冷作模具钢、热作模具钢，其牌号表示方法与合金结构钢类似，差别在于：若钢中的 $w_C < 1\%$ 时，牌号前的数字表示平均含碳量的千分之几；若钢中的 $w_C \geqslant 1\%$ 时，牌号前不标出含碳量。例如，9Mn2V 表示 $w_C = 0.9\%$、$w_{Mn} = 2\%$、$w_V < 1.5\%$ 的合金工具钢；CrWMn 表示 $w_C \geqslant 1\%$、$w_{Cr} < 1.5\%$、$w_W < 1.5\%$、$w_{Mn} < 1.5\%$ 的合金工

具钢。

7) 高速工具钢

高速工具钢的牌号表示方法与合金工具钢类似,主要差别是无论钢中的含碳量多少,均不在牌号前标出数字。例如,W18Cr4V 表示 $w_W \leqslant 18\%$、$w_{Cr} = 4\%$、$w_V < 1.5\%$ 的高速工具钢,其 $w_C = 0.7\% \sim 0.8\%$ 不标出。

8) 不锈钢和耐热钢

不锈钢和耐热钢的表示方法与合金工具钢类似,只是当 $w_C \leqslant 0.03\%$ 或 $w_C \leqslant 0.08\%$ 时,其牌号前的数字分别用"00"或"0"代替。例如,3Cr13 表示平均 $w_C = 0.3\%$、$w_{Cr} = 13\%$ 的不锈钢;00Cr17Ni14Mo2 表示平均 $w_C \leqslant 0.03\%$、$w_{Cr} = 17\%$、$w_{Ni} = 14\%$、$w_{Mo} = 2\%$ 的不锈钢。

9) 铸钢

铸钢的代号是用"铸"和"钢"两字的汉语拼音的首字母"ZG"表示。一般工程用铸造碳钢、一般工程与结构用高强度铸钢,以强度表示,在"ZG"后面加两组数字组成,第一组数字表示其屈服强度的最低值,第二组数字表示其抗拉强度的最低值。如 ZG230－450 表示屈服强度不小于 230 MPa、抗拉强度不小于 450 MPa 的铸钢。

高合金铸钢以化学成分表示铸钢,在"ZG"后面的一组数字表示铸钢平均含碳量的万分数。平均碳含量 $w_C > 1\%$ 时不标出,平均碳含量 $w_C < 0.1\%$ 时,其第一位数字为"0"。在含碳量后面排列各主要合金元素符号,每个元素符号后面用整数标出含量的百分数。如 ZG15Cr1Mo1V,表示平均 $w_C = 0.15\%$、$w_{Cr} = 1.0\%$、$w_{Mo} = 1\%$、$w_V < 0.9\%$($w_V < 0.9\%$ 时只标元素符号,不标含量)的合金铸钢。

高锰耐磨钢的牌号用"ZG+Mn+数字"表示。式中"ZG"是"铸钢"的汉语拼音字首,数字表示平均含锰量的百分数。例如,ZGMn13-1 表示 $w_{Mn} = 13\%$,序号为 1 的高锰耐磨钢。

4.1.3　常存杂质元素对钢性能的影响

钢中常存杂质元素是钢冶炼时进入的,它们对钢的性能有一定的影响。

1. 锰的影响

锰是炼钢时加入锰铁脱氧而残留在钢中的。作为杂质存在时,其质量分数一般约为 $0.25\% \sim 0.80\%$。锰是一种有益元素,可强化铁素体,提高钢的强度和硬度,还能与硫形成 MnS,以减轻硫的危害。

2. 硅的影响

硅是炼钢时加入硅铁脱氧而残留在钢中的,碳钢中硅的质量分数一般约为 $0.10\% \sim 0.40\%$。硅的脱氧能力比锰强,与钢液中的 FeO 生成炉渣,清除 FeO 对钢质量的不良影响,也能溶于铁素体中产生固溶强化,提高钢的强度和硬度。硅在钢中也是一种有益元素。

3. 磷的影响

磷是炼钢时由矿石带入钢中的。磷可使钢的强度、硬度增加,但塑性和韧性显著降低,特别在低温时更为严重,这种现象称为"冷脆"。所以,磷是有害元素,其质量分数必须严格控制在 $0.035\% \sim 0.045\%$ 以下。

4. 硫的影响

硫和磷虽是钢中的有害元素,但适当提高它在钢中的含量(一般 $w_S = 0.08\% \sim 0.35\%$、$w_p = 0.05\% \sim 0.15\%$),可以改善钢的切削加工性能,降低工件表面粗糙度。

硫是炼钢时由矿石和燃料带入钢中的,不溶于铁,与铁形成化合物 FeS。FeS 与铁则形成低熔点(985℃)的共晶体分布在奥氏体晶界上。当钢材加热到 1 100℃～1 200℃进行锻压加工时,晶界上的共晶体会熔化而造成钢材在锻压加工过程中开裂,这种现象称为"热脆"。所以,硫是有害元素,其质量分数一般应严格控制在 0.03%～0.05% 以下。

4.2　碳素钢

4.2.1　碳素结构钢

这类碳钢在冶炼时要求不高,碳的质量分数一般在 0.06%～0.38% 之间,含杂质相对较多,但价格便宜。大多用于要求不高的机械零件和一般工程构件。通常轧制成钢板或各种型材(圆钢、方钢、工字钢、角钢、钢筋等)供应。

碳素结构钢的牌号、性能特点及用途见表 4.1,碳素结构钢的牌号、成分和力学性能见 GB/T 700-2006。

碳素结构钢价格低廉,焊接性能和冷成形性能优良,主要用于一般工程结构和普通机械零件。碳素结构钢通常热轧成如圆钢、方钢、工字钢等各种型材,一般不经热处理而直接使用。碳素结构钢中的 Q195、Q215,通常轧制成薄板、钢筋供应市场,也可用于制作铆钉、螺钉、轻负荷的冲压零件和焊接结构件等;Q235、Q255 强度相对于 Q195、Q215 稍高,可制作螺栓、螺母、销子、吊钩和不太重要的机械零件以及建筑结构中的螺纹钢、型钢、钢筋等;质量较好的 Q235C、Q235D 钢可作为重要焊接结构用材;Q275 钢可部分代替优质碳素结构钢 25、30、35 钢使用。

表 4.1　碳素结构钢牌号、性能特点及用途

牌号	等级	相当于旧牌号	性能特点	用途举例
Q195		A_1、B_1	塑性好,有一定的强度	用于载荷较小的钢丝、垫圈、铆钉、开口销、拉杆、地脚螺栓、冲压件、焊接件等
Q215	A	A_2	塑性好,焊接性好	用于钢丝、垫圈、铆钉、拉杆、短轴、金属结构件、渗碳件、焊接件等
	B	C_2		
Q235	A	A_3	有一定的强度、塑性、韧性、焊接性好,易于冲压,可满足钢结构的要求,应用广泛	应用最广,用于制作薄板、中板、钢筋、各种型材、一般工程构件、受力不大的机器零件,如小轴、拉杆、螺栓、连杆等,C 级、D 级用于较重要的焊接件
	B	C_3		
	C	—		
	D	—		
Q255	A	A_4	强度较高,塑性、焊接性好,应用不如 Q235 广泛	可用于制作承受中等载荷的普通机械零件,如链轮、拉杆、心轴、键、螺栓等
	B	C_4		
Q275		C_5	较高的强度,塑性、焊接性较差	可用于强度要求较高的机械零件,如轴、齿轮、连杆、键、金属构件等

4.2.2　优质碳素结构钢

优质碳素结构钢硫、磷等有害杂质含量较少,因而质量较高,其强度、塑性、韧性均比碳素结构钢好。主要用于制造较重要的机械零件。

　　常用优质碳素结构钢的牌号、主要成分、力学性能见表 4.2;牌号、性能特点及用途见表 4.3。

表 4.2　常用优质碳素结构钢的牌号、主要成分、力学性能

(摘自 GB/T 699－1999)

牌号	主要成分 $w/\%$			力学性能					HBW	
	C	Si	Mn	σ_b	σ_S	$\delta_5/\%$	$\psi/\%$	A_{KU2}/J	热轧	退火
				不小于					不大于	
08F	0.05～0.11	≤0.03	0.25～0.05	295	175	35	60		131	
08	0.05～0.12	0.17～0.37	0.35～.65	325	195	33	60		131	
10	0.07～0.14	0.17～0.37	0.35～0.65	335	225	27	55		137	
15	0.12～0.19	0.17～0.37	0.35～0.65	375	225	27	55		143	
20	0.17～0.24	0.17～0.37	0.35～0.65	410	245	25	55		156	
25	0.22～0.29	0.17～0.37	0.50～0.80	450	275	23	50	71	170	
30	0.27～0.35	0.17～0.37	0.50～0.80	490	295	21	50	63	179	
35	0.32～0.40	0.17～0.37	0.50～0.80	530	315	20	45	55	197	
40	0.37～0.45	0.17～0.37	0.50～0.80	570	335	19	45	47	217	187
45	0.42～0.50	0.17～0.37	0.50～0.80	600	355	16	40	39	229	197
50	0.47～0.55	0.17～0.37	0.50～0.80	630	378	14	40	31	241	207
55	0.52～0.60	0.17～0.37	0.50～0.80	645	380	13	35		255	217
60	0.57～0.65	0.17～0.37	0.50～0.80	675	400	12	35		255	229
65	0.62～0.70	0.17～0.37	0.50～0.80	695	410	10	30		255	229
65Mn	0.62～0.79	0.17～0.37	0.90～1.20	735	430	9	30		285	229
70	0.67～0.75	0.17～0.37	0.50～0.80	715	420	9	30		269	229
75	0.72～0.80	0.17～0.37	0.50～0.80	1080	880	7	30		285	241

注:1. 锰含量较高的钢(15Mn～70Mn),其性能和用途与相应钢号的钢基本相同,但淬透性稍好,可制作截面稍大或
　　要求强度稍高的零件。
　2. 试样毛坯尺寸 25 mm。

表 4.3　优质碳素结构钢牌号、性能特点及用途

牌　号	性能特点	用途举例
08F、08、10	塑性、韧性好、强度不高	冷轧薄板、钢带、钢丝、钢板、冲压制品,如外壳、容器、罩子、弹壳、垫片、垫圈等

牌　号	性能特点	用途举例
15、20、25、15Mn、20Mn	塑性、韧性好,有一定的强度	不需热处理的低负荷零件,如螺栓、螺钉、螺母、拉杆、法兰盘,渗碳、淬火、低温回火后可制作齿轮、轴、凸轮等
30、35、40、45、50、55、30Mn、40Mn、50Mn	综合力学性能较好	主要制作齿轮、连杆、轴类等零件,其中 40 钢、45 钢应用最广
60、65、70、60Mn、65Mn	高的弹性和屈服强度	常制作弹性零件和易磨损零件,如弹簧、弹簧垫圈、轧辊、犁镜等

优质碳素结构钢一般都要经过热处理之后使用,以充分发挥其性能潜力。此类钢中的 08F,碳的质量分数低,塑性好,强度低,主要用于冷冲压件如汽车和仪表仪器外壳;10～25 钢冷塑性变形和焊接性好可用于强度要求不高的零件及渗碳零件,例如机罩、焊接容器、小轴、螺母、垫圈及渗碳齿轮等;30～55 钢、40Mn、50Mn 钢经调质后可获得良好的综合力学性能,主要用于受力较大的机械零件,如齿轮、连杆、机床主轴等;60～85 钢、60Mn、65Mn 钢具有较高的强度,可用于制造各种弹簧、机车轮缘、低速车轮等。

4.2.3　碳素工具钢

碳素工具钢含碳量比较高($w_C=0.65\%～1.35\%$),硫、磷杂质含量较少,一般经淬火,低温回火后硬度比较高,耐磨性好,但塑性较低。主要用于要求不很高的刃具、量具和模具。

碳素工具钢的牌号、主要成分、力学性能见表 4.4,牌号、性能特点及用途见表 4.5。由表可知,随着钢号的增大,含碳量增加,钢的硬度和耐磨性也增加,而韧性却降低。

表 4.4　碳素工具钢的牌号、主要成分和性能（摘自 GB/T 1298 - 2008）

牌　号	主要成分 $w/\%$					退火后硬度 HBW 不大于	淬火温度/℃ 及冷却剂	淬火后硬度 HRC 不小于
	C	Mn	Si	S	P			
				不大于				
T7 T7A	0.65～0.74	≤0.40	≤0.35	0.030 0.020	0.035 0.030	187	800～820 水	62
T8 T8A	0.75～0.84	≤0.40	≤0.35	0.030 0.020	0.035 0.030	187	780～800 水	62
T8Mn T8MnA	0.8～0.9	0.40～0.60	≤0.35	0.030 0.020	0.035 0.030	187	780～800 水	62
T9 T9A	0.85～0.94	≤0.40	≤0.35	0.030 0.020	0.035 0.030	192	760～780 水	62
T10 T10A	0.95～1.04	≤0.40	≤0.35	0.030 0.020	0.035 0.030	197	760～780 水	62

（续表）

牌号	主要成分 w/%					退火后硬度 HBW 不大于	淬火温度/℃ 及冷却剂	淬火后硬度 HRC 不小于
	C	Mn	Si	S	P			
				不大于				
T11 T11A	1.05～1.14	≤0.40	≤0.35	0.030 0.020	0.035 0.030	207	760～780 水	62
T12 T12A	1.15～1.24	≤0.40	≤0.35	0.030 0.020	0.035 0.030	207	760～780 水	62
T13 T13A	1.25～1.35	≤0.40	≤0.35	0.030 0.020	0.035 0.030	217	760～780 水	62

表 4.5　碳素工具钢牌号、性能特点及用途

牌号	性能特点	用途举例
T7、T7A、T8、T8A、T8Mn	韧性较好，一定的硬度	木工工具、钳工工具，如锤子、錾子、模具、剪刀等，T8Mn 可制作截面较大的工具
T9、T9A、T10、T10A、T11、T11A	较高硬度、耐磨性，一定韧性	低速刀具，如刨刀、丝锥、板牙、锯条、卡尺、冲模、拉丝模等
T12、T12A、T13、T13A	硬度高、耐磨性高，韧性差	不受振动的低速刀具，如锉刀、刮刀、外科用刀具和钻头等

碳素工具钢（非合金工具钢）的 $w_c = 0.65\% \sim 1.35\%$，特点是生产成本低，加工性能优良、强度、硬度较高，耐磨性好，但塑性、韧性较差，适用于制造各种低速切削刀具。此类钢一般以退火状态供应市场，使用时再进行适当的热处理。

4.3　低合金钢和合金钢

4.3.1　合金元素在钢中的作用

1. 合金元素在钢中的存在形式及作用

1) 合金元素与铁作用形成固溶体

合金元素可以溶入 α-Fe 或 γ-Fe 中，形成含合金元素的铁素体或奥氏体。合金元素的溶入将导致铁素体或奥氏体的晶格畸变，产生固溶强化。硅、锰、镍等元素对铁素体的强化效果显著，但超过某一数值后，将降低铁素体的韧性，因此在常用的低合金钢和合金钢中，对合金元素的含量有一定的限制。

2) 合金元素与碳作用形成合金碳化物

大多数合金元素能与碳作用形成合金碳化物，如 TiC、VC、Cr_7C_3、Fe_3W_3C、$(Fe,Mn)_3C$ 等。与渗碳体相比，合金碳化物具有熔点高、硬度高、不易分解，通常呈颗粒状分布在晶界上，可细化晶粒，提高钢的强度和硬度。

2. 合金元素对钢热处理的影响

1) 合金元素对奥氏体化温度和时间的影响

由于合金元素、铁、碳的相互作用,改变了相区的大小、S 点和 E 点的碳的质量分数,这些变化均将影响到钢的热处理及其相关的热加工工艺。

低合金钢和合金钢的奥氏体化过程与碳钢基本相同,由于大多数合金(除锰、磷外)碳化物稳定、难溶解,会显著减慢碳及合金元素的扩散速度,故减慢了奥氏体化过程。因此,大多数低合金钢和合金钢与相同含碳量的碳钢相比,需要更高的加热温度、更长的保温时间。这些合金碳化物分布在奥氏体的晶界上,能有效阻止奥氏体晶粒的长大,起到细化奥氏体晶粒的作用。

2) 合金元素对冷却时奥氏体转变的影响

由于合金元素增加了过冷奥氏体的稳定性,固溶于奥氏体中的合金元素(除钴以外),均程度不同地增加过冷奥氏体的稳定性(C 曲线右移),使钢的淬透性增加。

除钴、铝以外,大多数合金元素均会降低马氏体点(M_s),使合金钢淬火后的残余奥氏体量增加,高合金钢尤为突出。

3) 合金元素对回火转变的影响

耐回火性是工件回火时抵抗软化的能力。大多数合金元素有延缓回火转变的作用,因此,在同样的回火温度下,低合金钢和合金钢与相同含碳量的碳钢相比,具有较高的强度和硬度;在相同的强度和硬度条件下,低合金钢和合金钢可以在更高的温度下回火,具有更好的塑性和韧性,如图 4.1 所示。所以低合金钢和合金钢的综合力学性能比碳钢好。

对一些含有较多量钨、钼、钒、钛等合金元素的高合金钢,在 500℃～600℃ 回火时,高硬度的特殊碳化物以高度弥散的颗粒析出,使钢的硬度出现再次升高的现象(称为二次硬化),如图 4.2 所示。对有较高热硬性的工具钢,二次硬化具有重要的意义。

4.3.2　低合金钢的性能及其应用

1. 低合金高强度结构钢的成分和性能特点

低合金高强度结构钢是在低碳钢($w_C < 0.2\%$)的基础上加入少量的锰、硅、钛、钒、铌等合金元素而制成的钢,钢中合金元素总量不超过 3%。

低碳是为了获得好的塑性、韧性和冷变形能力。加入的合金元素起固溶强化、细晶强化和

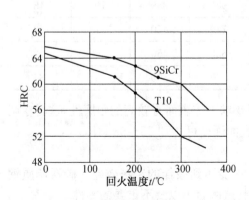

图 4.1　合金钢和碳钢的硬度与
　　　　回火温度的关系

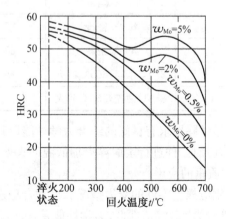

图 4.2　合金钢($w_C = 0.35\%$)
　　　　的二次硬化示意图

弥散强化作用。因此,低合金高强度结构钢具有强度高,塑性、韧性好、焊接性好、冷成形性好、耐蚀性好、冷脆转变温度低、成本低等性能特点。

2. 低合金高强度结构钢的应用

低合金高强度结构钢的强度比低碳钢高出 10%~30%,在某些情况下,代替碳素结构钢,可大大减轻机件或结构件的重量。例如,南京长江大桥的桥梁采用 Q345 比用 Q235 节省钢材 15% 以上;载重汽车的大梁采用 Q345 后,载重比由 1.05 提高到 1.25。

低合金高强度结构钢广泛用于船舶、车辆、桥梁、压力容器、锅炉等工程结构件以及低温下工作的构件等。有关常用低合金结构钢的数据见附表 4.1 和附表 4.2。

4.3.3　合金钢的性能及其应用

1. 合金调质钢的性能及其应用

1) 用途及性能要求

在汽车、拖拉机、机床等机器中,重要的机械零件如重要的轴、齿轮、高强度连接螺栓等是在多种性质外力作用下工作,要求具有良好的综合力学性能,不但要求有很高的强度,而且要求有很好的塑性和韧性。这类零件选用碳素调质钢难以满足要求,应选用合金调质钢制造。合金调质钢又称调质处理合金结构钢。

2) 成分、性能和热处理特点

合金调质钢的 $w_C = 0.25\% \sim 0.50\%$,典型的中碳钢,这是由于含碳量太低,调质处理后强度不足;含碳量过高,则塑性和韧性较差。钢中加入的合金元素主要有锰、硅、铬、镍、硼、钼、钒、钨等,起到细化晶粒、强化铁素体、提高淬透性、提高回火稳定性等作用。

合金调质钢一般都要经过热处理之后,才能充分发挥其性能潜力,获得优于碳钢的性能。预先热处理常采用正火或退火,以改善毛坯的切削加工性。最终热处理是调质处理。

合金调质钢在正火状态下使用时,其力学性能和相同含碳量的碳钢差不多,见表 4.6 所示。

表 4.6　40 和 40Cr 调质钢正火、调质后的力学性能对比

热处理方法	牌号	热处理工艺	试样尺寸/mm	力学性能			
				σ_b/MPa	σ_s/MPa	δ_5/%	A_k/J
正火	40	870℃空冷	25	580	340	19	48
	40Cr	860℃空冷	25	740	450	21	72
调质	40	870℃水淬,600℃回火	25	620	450	20	72
	40Cr	850℃油淬,550℃回火	25	960	800	13	68

一些零件除要求有良好的综合力学性能以外,还要求工作表面有较高的耐磨性,这时在调质处理后,应对工件进行表面淬火加低温回火处理,表面硬度可达到 55~58 HRC。

3) 调质钢的应用

调质钢应根据零件的受力情况和尺寸合理选用,才能达到最佳的经济效益。碳素调质钢(常用的牌号为 45)淬透性低,力学性能差,一般用来制造截面小以及不重要的零件。

低淬透性合金调质钢(常用的牌号为 40Cr)具有比碳钢高的回火稳定性,油淬临界直径在 20~30 mm,常用作汽车半轴、蜗杆、花键轴等零件。

中淬透性合金调质钢(常用的牌号为 35CrMo、38CrMoAl)具有较高的回火稳定性,油淬临界直径在 40～60 mm,用来制造强度要求高、截面大的调质零件,如尺寸较大、受负荷很大的齿轮、汽轮发电机主轴、连杆等。

高淬透性合金调质钢(常用的牌号为 40CrNiMo、40CrMnMo)具有更高的回火稳定性,油淬临界直径在 60～100 mm,用来制作截面积大、高强度和高韧性的零件,如大型重载汽车的半轴等。

常用合金调质钢的有关数据见附表 4.3。

2. 合金渗碳钢的性能及其应用

1) 用途及性能要求

在汽车发动机、变速箱中的齿轮、内燃机凸轮、活塞销等许多机械零件的工作条件比较复杂,一方面工作表面承受强烈的摩擦、磨损和交变应力的作用,另一方面又承受较高的载荷,特别是冲击载荷的作用。渗碳钢就是适应这种要求而发展起来的一种重要钢种。满足这种要求的零件表面具有高的硬度、高的耐磨性和耐疲劳性能,心部要有高的韧性和足够的强度。

2) 成分、性能和热处理特点

合金渗碳钢属于表面硬化合金结构钢,$w_C = 0.10\% \sim 0.25\%$(低碳)。这对于保证零件心部有良好的塑性和韧性是非常必要的,渗碳钢的韧性要求比调质钢高,因而含碳量更低些。

加入提高淬透性的合金元素,如铬、镍、锰、硼等;加入少量强碳化物形成元素钛、钒、钨、钼等,形成稳定的合金碳化物,以阻碍加热保温时奥氏体晶粒的长大。

合金渗碳钢必须要经过正确热处理之后,才能充分发挥其性能潜力,才能获得表硬心韧的性能特点。预先热处理一般采用正火,以改善毛坯的切削加工性能。渗碳后一般采用淬火、低温回火。这样渗层的 $w_C = 0.85\% \sim 1.0\%$,经淬火、低温回火后的组织是高碳回火马氏体、合金碳化物和少量的残余奥氏体,硬度可达到 60～62 HRC。心部组织和性能与钢的淬透性及零件截面尺寸有关,如淬透,为低碳回火马氏体,硬度为 40～48 HRC;若未淬透,大多数情况是托氏体、少量低碳回火马氏体和铁素体的复相组织,硬度为 25～40 HRC,韧性 $A_K \geqslant 48$ J。

3) 渗碳钢的应用

渗碳钢因淬透性问题,应根据零件的受力情况和尺寸合理选用。碳素渗碳钢(常用的牌号为 15 和 20 钢)中,经渗碳和热处理后表面硬度可达 56～62 HRC,由于淬透性较低,适用于心部强度要求不高、受力小、承受磨损的小型零件,如轴套、链条等。

低淬透性合金渗碳钢(常用的牌号为 20Cr、20MnV)水中临界直径不超过 20～35 mm,淬透性和心部强度均较低,适用于制造受冲击载荷较小的耐磨件,如小轴、小齿轮、活塞销等。

中淬透性合金渗碳钢(常用的牌号为 20CrMnTi)油中临界直径约为 25～60 mm,淬透性较高,力学性能和工艺性能良好,大量用于制造承受高速中载、抗冲击和耐磨损的零件,如汽车、拖拉机的变速齿轮、离合器轴等。

高淬透性合金渗碳钢(常用的牌号为 18Cr2Ni4WA)油中临界直径大于 100 mm,且具有良好的韧性,主要用于制造大截面、高载荷的重要耐磨件,如飞机、坦克的曲轴和齿轮等。

常用合金渗碳钢的有关数据见附表 4.4。

3. 合金弹簧钢的性能及其应用

1) 用途及性能要求

合金弹簧钢主要用来制造机械和仪表中各种弹性元件,如圈簧、板簧等。弹簧是利用弹性变形来储存弹性能的零件,可以缓和震动和冲击。弹簧一般在交变载荷下工作,受到反复弯曲或拉、压应力,常产生疲劳破坏。因此,要求弹簧钢应具有高的弹性极限和屈强比、较高的疲劳强度、足够的塑性和韧性。

2) 成分、性能及加工处理方法

合金弹簧钢的 $w_C = 0.5\% \sim 0.7\%$。高的弹性极限是弹簧钢的主要要求,因此弹簧钢的含碳量比调质钢高,控制在中、高碳水平。含碳量过高时,将导致塑性、韧性和疲劳强度降低。

钢中加入的合金元素主要有锰、硅、铬、钒、钨、钼、硼等,以提高钢的淬透性、细化晶粒、耐回火性、强化铁素体、提高弹性和屈强比。但硅增加了钢的脱碳倾向,锰易使钢过热,加入钒、铬、钨可克服这些弱点。

弹簧钢的加工处理方法有以下两种。

(1) 冷成形弹簧。当弹簧直径或板簧厚度小于 $8 \sim 10 \text{ mm}$ 时,一般用弹簧钢丝或弹簧钢带在冷态下制成。在成形前,弹簧钢丝需进行铅浴索氏体化处理,获得索氏体后再经多次拉拔至所需尺寸。这种钢丝有很高的强度和足够的韧性,制成弹簧后只进行消除应力的退火。另一部分冷成形弹簧是用退火状态的弹簧钢丝冷成形制成,随后必须进行淬火、中温回火,以获得所要求的性能。

(2) 热成形弹簧。当弹簧钢丝直径或板簧厚度大于 10 mm 时,一般采用热轧钢丝或钢板制成,然后淬火、中温回火。经这种处理可获得回火托氏体,具有很高的屈服强度和弹性极限、一定的塑性和韧性,硬度为 $40 \sim 48 \text{ HRC}$。

3) 弹簧钢的应用

碳素弹簧钢(常用的牌号为 65、70)有高的强度、硬度、屈强比,但淬透性小,耐热性不好,承受动载和疲劳载荷的能力低,主要用于工作温度不高的小型弹簧或不太重要的较大弹簧,如一般机械用的弹簧。

硅锰系合金弹簧钢(常用的牌号为 60Si2Mn)强度高、弹性好、抗回火稳定性好、易脱碳和石墨化,这是主要的弹簧钢,用途很广,可制造各种弹簧,如汽车、机车、拖拉机的板簧、螺旋弹簧,汽缸安全阀簧及一些在高应力下工作的重要弹簧,磨损严重的弹簧。

铬钒系合金弹簧钢(常用的牌号为 50CrVA)具有更高的弹性、强度、屈强比,塑性、韧性较其他弹簧钢好,淬透性高、疲劳性能好、耐回火性好,特别适宜做工作应力振幅高、疲劳性能要求严格的弹簧,如阀门弹簧、喷油嘴弹簧、气缸胀圈、安全阀簧等。

常用合金弹簧钢的有关数据见附表 4.5。

4. 高锰耐磨钢

1) 用途及性能要求

高锰耐磨钢是指在巨大压力作用下和强烈冲击下才发生硬化的钢,主要用于制造受强烈冲击和巨大压力,并要求耐磨的零件,如坦克及拖拉机的履带板、铁道道岔、防弹板等。

2) 成分、性能和热处理特点

高锰耐磨钢的 $w_C = 0.90\% \sim 1.50\%$, $w_{Mn} = 11\% \sim 14\%$。这类钢由于含有大量的碳和锰,铸态组织为奥氏体和大量的碳化物,性能硬而脆。当加热到 $1\,060 \sim 1\,100\,℃$ 的高温时,碳

化物全部溶入奥氏体,水冷可得到单一的奥氏体,这种处理称为水韧处理。经过水韧处理的高锰钢强度、硬度(180~230 HBW)不高,塑性、韧性好。使用时,受到强烈摩擦、巨大压力和冲击时,表面层产生加工硬化,同时还发生奥氏体向马氏体的转变,硬度(52~56 HRC)和耐磨性大大提高,而心部仍保持奥氏体的良好的韧性和塑性,有较高的抗冲能力。

这类钢由于极易产生加工硬化,难以切削加工和压力加工成形,故采用铸造成形。

3) 高锰耐磨钢的应用

高锰耐磨钢必须有剧烈的冲击或较大压力时,才能使表面产生加工硬化,使其显示出其高的耐磨性,不然高锰耐磨钢是不耐磨的。常用的钢种有,ZGMn13 - 1、ZGMn13 - 2、ZGMn13 - 3、ZGMn13 - 4、ZGMn13 - 5,主要用于坦克或拖拉机履带板、球磨机滚筒衬板、破碎机牙板、挖掘机的铲齿及铁路上的道岔等,也可制用保险箱钢板、防弹板。

常用的高锰耐磨钢的有关数据见附表 4.6。

5. 轴承钢

1) 用途及性能要求

轴承钢是专用结构钢,主要用来制造各种滚动轴承的元件,如滚珠、滚柱和内外套圈等。滚动轴承是在高速转动和强烈摩擦的情况下工作,同时承受很大的局部交变应力,要求轴承钢具有很高的强度、硬度、耐磨性,很高的接触疲劳强度,一定的韧性和耐润滑剂腐蚀的能力。

2) 成分、性能和热处理特点

轴承钢的 $w_C = 0.95\% \sim 1.15\%$,属高碳,这是保证淬火后具有高硬度、高耐磨性必不可少的条件。

钢中加入的合金元素主要有铬、硅、锰、钼、钒等,以提高钢的淬透性、耐磨性和接触疲劳强度。

轴承钢的预先热处理是球化退火,不仅仅是为了降低硬度,便于机械加工,更重要的是要获得颗粒细小、分布均匀的碳化物,为淬火作组织准备。淬火和低温回火后的组织是回火马氏体、均匀细小的碳化物及少量残余奥氏体,硬度 62~64 HRC,达到使用要求。

3) 轴承钢的应用

轴承钢种类很多,主要有高碳铬轴承钢(GCr15 应用最广)和无铬轴承钢,用于制造滚动轴承的滚珠、轴承套圈等,也可用来制造工具,如冲模、量具、丝锥等。常用的轴承钢的有关数据见附表 4.7。

6. 低合金刃具钢

1) 用途及性能要求

低合金刃具钢属低合金工具钢,主要用来制造各种金属切削刃具,如钻头、车刀、丝锥等。刃具工作时受强烈地摩擦、磨损、冲击和振动;同时因摩擦发热,还要承受一定的工作温度。因此合金刃具钢应具有高的硬度、耐磨性、热硬性和足够的强度和韧性。

2) 成分、性能和热处理特点

低合金刃具钢的 $w_C = 0.8\% \sim 1.50\%$,高碳是保证高硬度和高耐磨性的必要条件。

钢中加入的合金元素主要有铬、硅、锰、钨、钒等,以提高淬透性、耐磨性、耐回火性。

低合金刃具钢的热处理与轴承钢类似,经淬火低温回火后,硬度为 60~65 HRC,达到使用要求。

3) 低合金刃具钢的应用

低合金刃具钢红硬性虽比碳素刃具钢有所提高,但其工作温度不能超过 250℃~300℃,否则硬度下降,使刃具丧失切削能力,它只能用于制造低速切削且耐磨性要求较高的刃具。

常用的低合金刃具钢为 9SiCr,淬透性很高,ϕ40~50 mm 的工件可在油中淬透,淬火加低温回火后的硬度在 60 HRC 以上。和碳素刃具钢相比,在相同的回火硬度下,9SiCr 的回火温度可提高 100℃以上,故切削寿命提高 10%~30%。可用于制造各种低速切削的刀具和一些冷作模具,如:板牙、丝锥、搓丝板等精度及耐磨性要求较高的薄刃刀具。

CrWMn 钢具有高淬透性、高硬度和高耐磨性、淬火变形小,适于制造截面较大、要求耐磨和淬火变形小的刃具,如:拉刀、长丝锥、长铰刀等。一些精密量具(如游标卡尺、块规等)和形状复杂的冷作模具也常使用该钢种。

常用合金刃具钢的有关数据见附表 4.8。

7. 量具用钢简介

量具用钢主要用来制造各种测量工具,如千分尺、游标卡尺、块规等。量具工作时,受力不大,主要是摩擦和磨损,但为保证测量精度,不能有变形和尺寸变化,因此量具用钢应具有较高的硬度、耐磨性和尺寸稳定性。

量具没有专用钢种,对尺寸小、精度低、形状简单的量具,可用低碳钢(10 钢、15 钢),经渗碳、淬火、低温回火;也可用中碳钢(50 钢),经表面淬火、低温回火;也可用碳素工具钢(T10 钢、T12A 钢),经淬火、低温回火。但对形状复杂、高精度的量具,可选用 CrWMn 钢、9SiCr 钢、CrMn 钢制造,经淬火和低温回火。淬火后应立即进行冷处理,减少残余奥氏体量,在精磨后或研磨前还要进行一次长时间低温时效处理,以进一步稳定组织,消除残余应力,确保尺寸稳定。

8. 冷作模具钢

1) 用途及性能要求

冷作模具钢是用于制造金属在冷态下成形的模具,如冷冲模、冷挤压模、拉丝模等。这类模具工作时要求具有高的硬度、高的耐磨性以及足够的强度和韧性。

2) 成分、性能和热处理特点

冷作模具钢的 $w_C = 1.0\% \sim 2.0\%$,这是确保冷作模具具有很高的耐磨性必不可少的条件。

钢中加入的合金元素主要有铬、钼、钨、钒等,以提高钢的淬透性、耐磨性、耐回火性和热硬性。

冷作模具钢的最终热处理一般为淬火、低温回火,组织为回火马氏体、粒状碳化物和少量残余奥氏体,硬度为 60~64 HRC。由于高碳、高铬冷作模具钢回火时有二次硬化现象,对个别热硬性要求高的冷作模具可采用二次硬化法(见高速工具钢部分)进行最终热处理(Cr12MoV 钢为 1 100℃~1 120℃淬火,510℃~520℃二至三次回火),这种冷作模具热硬性高,适用于在 400℃~450℃条件下工作。

3) 冷作模具钢的应用

常用的是 Cr12 型冷作模具钢,典型牌号是 Cr12 和 Cr12MoV,相关数据见附表 4.9。Cr12 主要用于制造受冲击荷载较小,且要求高耐磨性的冷冲模和冲头,剪切硬且薄的金属的冷切剪刀、钻套、量规、拉丝模、压印模、搓丝板、拉延模和螺丝滚模等。Cr12MoV 主要用于制造断面较大、形状复杂、耐磨性要求高、承受较大冲击负荷的冷作模具,如冷切剪刀、切边模、滚边模、量规、拉丝模、搓丝板、螺纹滚模、形状复杂的冲孔凹模、钢板深拉伸模,以及要求高耐磨的冷冲模和冲头等。

9. 热作模具钢

1) 用途及性能要求

热作模具钢是用于制造使金属在热态下或液态下成形的模具,如热锻模、热挤压模、压铸模等。这类模具工作时要求具有较高的强度和韧性,良好的导热性、耐热疲劳性、高的热硬性和高温耐磨性。

2) 成分、性能和热处理特点

热作模具钢的 $w_c = 0.3\% \sim 0.6\%$,中碳是确保较高的韧性和耐热疲劳性必不可少的条件;含碳量过低,又会导致硬度和耐磨性不足。

钢中加入的合金元素主要有铬、镍、锰、钼、钨、钒等,以提高钢的淬透性、耐回火性、耐热疲劳性和防止回火脆性。

热锻模的最终热处理和调质钢类似,淬火后在 550℃ 回火,可获得回火索氏体或回火托氏体组织,硬度约为 40 HRC。对压铸模和热挤压模,热硬性要求高,要利用二次硬化现象,其最终热处理与高速钢类似,硬度约为 45 HRC。

3) 热作模具钢的应用

5CrNiMo、5CrMnMo 是最常用的热锻模具钢,对压铸模和热挤压模一般选用 3Cr2W8V,其相关数据见附表 4.10。

10. 高速工具钢

1) 用途及性能要求

高速工具钢简称高速钢,俗称锋钢,属高合金工具钢。主要用来制作各种复杂刀具,如钻头、拉刀、成形刀具、齿轮刀具等。与低合金刃具钢相比应具有更高的热硬性,在切削温度达到 500℃～600℃ 时,仍能进行切削加工。

2) 成分、性能、加工、热处理特点

高速工具钢的 $w_c = 0.7\% \sim 1.60\%$,高碳一方面是保证钢的淬硬性,另一方面是与合金元素配合保证二次硬化的效果。

钢中需加入大量(≥10%)的合金元素,主要有钨、铬、钼、钒等,以提高钢的淬透性、耐磨性和热硬性。

高速工具钢属于莱氏体钢,在铸态组织中含有鱼骨状共晶碳化物(图 4.3),使钢脆性增加,这种碳化物的分布状态不能用热处理改变,只能通过反复锻打将其打碎,使其呈颗粒状均匀分布在基体上。

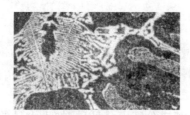

图 4.3　高速工具钢的铸态组织

图 4.4　高速工具钢的退火组织

锻打后,为消除残余应力,降低硬度,便于切削加工,并为淬火作组织准备,应进行退火处理。退火后的组织为索氏体和粒状碳化物(图4.4),硬度为207~255 HBW。

　　高速工具钢的最终热处理为淬火、回火,其工艺曲线见图4.5所示。分级加热或等温淬火,是为减少变形,防止工件开裂。淬火加热温度高(1 200℃以上),接近熔点,其目的是使合金碳化物更多的溶入基体中,使钢具有更好的二次硬化能力。高速工具钢淬火后硬度升高,此为第一次硬化。回火温度选择在出现二次硬化峰值的温度,三次回火是为了将残余奥氏体降到1%~2%。高速工具钢淬火后组织是马氏体、粒状碳化物和残余奥氏(20%~30%),见图4.6,硬度为61~63 HRC。回火后组织是回火马氏体、粒状碳化物和少量残余奥氏体,见图4.7,硬度为63~65 HRC。

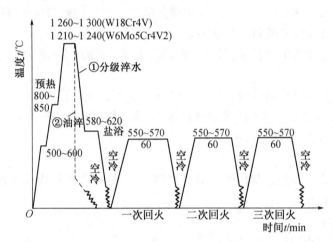

图4.5　高速工具钢热处理工艺曲线

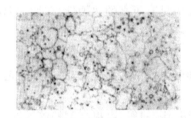

图4.6　W18Cr4V钢的淬火组织

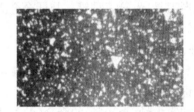

图4.7　W18Cr4V钢的淬火、回火后组织

　　3) 高速工具钢的应用

　　高速钢主要用途是制造高速切削工具,除具有高硬度、高耐磨性和足够韧性外,还要有高的热硬性。常用高速工具钢的有关数据见附表4.11,其典型牌号是W18Cr4V。

　　11. 不锈钢和耐热钢

　　1) 不锈钢

　　将具有抵抗大气、蒸汽、水等弱腐蚀介质和酸、碱、盐等化学侵蚀性介质腐蚀的钢称为不锈钢。实际应用中,常将耐弱腐蚀介质腐蚀的钢称为不锈钢,而将耐化学介质腐蚀的钢称为耐酸钢。

　　不锈钢的耐蚀性取决于钢中所含的合金元素。其成分特点是低碳,加入大量的铬和镍等合金元素。合金元素的作用是提高钢中铁素体的电极电位,以减缓微电池的电化学腐蚀过程;使钢获得单相组织,以阻止引起电化学腐蚀的微电池的形成;在钢的表面形成一层致密的氧化膜,防止内部金属进一步被腐蚀。

马氏体不锈钢。这类不锈钢的 $w_C = 0.10\% \sim 1.0\%$、$w_{Cr} = 12\% \sim 18\%$,属铬不锈钢,典型牌号是 1Cr13、3Cr13。这类钢需经淬火、回火后使用,强度高,但塑性和可焊性较差,耐蚀性不高,主要用作力学性能要求较高的耐蚀零件。

铁素体型不锈钢。这类不锈钢的 $w_C < 0.12\%$、$w_{Cr} = 12\% \sim 30\%$,属铬不锈钢,典型牌号是 1Cr17,显微组织是单相铁素体,其耐蚀性、塑性、焊接性均优于马氏体不锈钢,且随含铬量的增加而提高。耐氯化物应力腐蚀性能优于其他种类不锈钢。常用作化工设备、容器及管道。

奥氏体型不锈钢。这类不锈钢的 $w_C < 0.15\%$、$w_{Cr} = 15\% \sim 26\%$、$w_{Ni} = 6\% \sim 14\%$ 及少量钼、钛、氮等元素,常用的是 18-8 型不锈钢,典型牌号有 1Cr18Ni9,经固溶处理后,可获得单相奥氏体组织,综合性能好(塑性、韧性、焊接性、耐蚀性和耐热性均较好),可耐多种介质腐蚀,常用作耐蚀性要求高及冷变形成形的受力不大的零件。

奥氏体-铁素体型不锈钢。这类钢是在铁素体型铬不锈钢中加入镍、钼、硅等,形成双相组织,兼有奥氏体和铁素体不锈钢的优点,主要用作有耐蚀要求的受力零件。

常用不锈钢的有关数据见附表 4.12。

2) 耐热钢

耐热钢是指在高温下具有较高的强度和良好的化学稳定性的合金钢,分为抗氧化钢和热强钢两类。抗氧化钢一般要求较好的化学稳定性,但承受的载荷较低。热强钢则要求较高的高温强度和相应的抗氧化性。

耐热钢的成分特点是低碳并加入能形成致密保护膜的合金元素,如铬、铝、硅等,加入能增加高温强度的合金元素,如钛、钒、钼、钨等。抗氧化钢主要用于长期在高温下不起氧化皮、强度要求不高的零件,如炉底板。热强钢主要用要求有高温强度又有较好抗氧化性的零件,如柴油机排气阀、汽轮机叶片等。常用耐热钢见附表 4.13。

4.4　铸钢和铸铁

有许多形状复杂机械零件难以用锻压或切削加工的方法制造,通常采用铸造方法生产毛坯。

4.4.1　铸钢

铸钢主要用于制造形状复杂,力学性能要求高,而在工艺上又很难用锻压等方法成形的比较重要的机械零件,例如汽车的变速箱壳、机车车辆的车钩和联轴器等。

铸钢中含碳量一般在 0.15%～0.6% 范围内。碳含量过高,则钢的塑性差,铸造时易产生裂纹。

常用铸钢的牌号、主要成分、力学性能及用途见表 4.7。

表 4.7　铸钢的牌号、主要成分、性能及用途举例(摘自 GB 1132 - 1989)

牌　号	主要成分 w/%					室温力学性能					性能特点	用途举例
	C	Si	Mn	P	S	$\sigma_s(\sigma_{r0.2})$ /MPa	σ_b /MPa	δ/%	ψ/%	A_{KV}/J		
	不大于					不小于						
ZG200 - 400	0.20	0.50	0.80	0.04		200	400	25	40	30(60)	有良好的塑性,韧性和焊接性,焊补不需预热	用于受力不大、要求韧性较好的各种机械零件,如机座、变速箱壳等
ZG230 - 450	0.30	0.50	0.90	0.04		230	450	22	32	25(45)	有一定的强度和较好的塑性、韧性,良好的焊接性,焊补可不预热,切削性尚好	用物受力不大、要求韧性较好的各种机械零件,如砧座、外壳、轴承盖、底析、阀门、犁柱等
ZG270 - 500	0.40	0.50	0.90	0.04		270	500	18	25	22(35)	有较好的强度、塑性、焊接性能尚好	用途广泛,常用作轧钢机机架、轴承座。连杆、箱体、曲拐、缸体等
ZG310 - 270	0.50	0.60	0.90	0.04		310	570	15	21	15(30)	强度和切削性较好,焊接性差,焊补要预热	用于受力较大的耐磨零件。如大齿轮圈、制动轮、辊子等
ZG340 - 640	0.60	0.60	0.90	0.04		340	640	10	18	10(20)	有较高硬度、强度和耐磨性,切削性能中等,焊接性差,焊补需预热	用于承受重载荷、要求耐磨的零件,如起重机齿轮、轧辊、棘轮、联轴器等

4.4.2　铸铁

铸铁是 $w_C > 2.11\%$ 的铸造铁、碳、硅合金。工业上常用铸铁的成分范围是:$w_C = 2.5\% \sim 4.0\%$,$w_{Si} = 1.0\% \sim 2.5\%$,$w_{Mn} = 0.5\% \sim 1.4\%$,$w_P \leqslant 0.3\%$,$w_S \leqslant 0.15\%$。可见,与非合金钢相比,铸铁含 C、Si 量较高,含杂质元素 S、P 较多。成分的不同导致铸铁的力学性能(特别是抗拉强度及塑性、韧性)较钢低许多,但铸铁具有优良的铸造性、减振性、耐磨性以及切削加工性等,而且生产工艺和设备简单,成本低廉,因此在工业生产中得到普遍应用。

1. 铸铁的分类及石墨化

1) 铸铁的分类

在铸铁中,碳有渗碳体(Fe_3C)和石墨(G)这两种存在形式。按其存在形式不同,铸铁可分为下列几种。

（1）白口铸铁。碳主要以渗碳体形式存在的铸铁，断口呈银白色。因其硬度高、脆性大而难以切削加工，故很少直接用来制造机械零件。白口铸铁主要用作炼钢的原料、可锻铸铁的毛坯，以及不受冲击、要求硬度高和耐磨性好的零件，如轧辊、犁铧、球磨机的磨球等。

（2）灰口铸铁。碳主要以石墨形式出现的铸铁，断口呈灰色。这类铸铁有很多优良的性能，生产设备、生产工艺简单，成本低廉，广泛用于机械制造业。在一般机械中，灰口铸铁件约占机器重量的 40%～70%，在机床和重型机械中高达 80%～90%。根据石墨的形态不同，灰口铸铁又分为以下四种：

① 灰铸铁，碳主要以片状石墨的形式出现。

② 球墨铸铁，碳主要以球状石墨的形式出现。

③ 可锻铸铁，碳主要以团絮状石墨的形式出现。

④ 蠕墨铸铁，碳主要以蠕虫状石墨的形式出现。

（3）麻口铸铁。碳部分以渗碳体、部分以石墨形式存在的铸铁，断口呈灰白色相间。这类铸铁硬度高、脆性大，工业很少使用。此外，为满足耐热、耐蚀、耐磨等特殊性能的需求，在铸铁中加入铬、钼、铜、铝、硅等合金元素就得到合金铸铁。

2）铸铁的石墨化

石墨的存在形态（即形状、大小、数量及分布）是决定铸铁组织和性能的关键。因此，了解铸铁中石墨的形成过程及其影响因素是十分重要的。

铸铁中碳以石墨形态析出的过程叫作铸铁的石墨化。影响铸铁石墨化的主要因素是化学成分和冷却速度。

（1）化学成分的影响

碳和硅是强烈促进石墨化的元素。铸铁中碳、硅的含量越高，越容易进行石墨化，得到灰口铸铁组织。但是，碳、硅的含量过高，会导致石墨片粗大，降低力学性能。

S 是强烈阻碍石墨化的元素。S 使 C 以渗碳体的形式存在，促使铸铁白口化。此外，S 还会降低铸铁的力学性能和流动性。因此，铸铁中含 S 越少越好。

Mn 是阻止石墨化的元素，它促进白口化。但 Mn 与 S 化合形成 MnS，减弱了 S 对石墨化的不利影响，故铸铁中允许有适量的 Mn。

P 是微弱促进石墨化的元素，它能提高铸铁的流动性。但含量过高会增加铸铁的冷裂倾向，因此通常要限制 P 的含量。

生产中一般用碳当量 w_{CE} 来评价铸铁成分的石墨化能力：

$$w_{CE} = w_C + \frac{1}{3}(w_{Si} + w_p)$$

式中 w_C、w_{Si}、w_P 均为百分含量。

碳当量表示铸铁中硅、磷对铁碳共晶综合影响的指标，一般应控制在共晶成分附近。

（2）冷却速度的影响

冷却速度越慢越有利于石墨化的进行；反之，冷却速度越快越有利于渗碳体的析出。

影响铸铁冷却速度的因素主要有铸型材料、铸件壁厚、浇注温度等。如铸铁在砂型中冷却比在金属型中冷却慢；铸件壁越厚，冷却越慢；浇注温度越高，冷却速度越慢。

实际生产中,通过选择适当的铸铁成分和必要的工艺措施来控制铸铁的组织和性能。图 4.8 是砂型铸造时铸件壁厚(冷却速度)和化学成分对组织的影响。

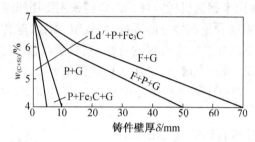

图 4.8 铸件壁厚和化学成分对铸铁组织的影响

2. 灰铸铁

1) 灰铸铁的成分、组织与性能

灰铸铁的化学成分一般为:$w_C = 2.5\% \sim 4.0\%$,$w_{Si} = 1.0\% \sim 2.5\%$,$w_{Mn} = 0.5\% \sim 1.4\%$,$w_S \leqslant 0.15\%$,$w_P \leqslant 0.3\%$。

灰铸铁的组织可看成是碳钢的基体加片状石墨,按基体组织不同分为三类:铁素体基体灰铸铁;铁素体-珠光体基体灰铸铁;珠光体基体灰铸铁。其显微组织如图 4.9 所示。

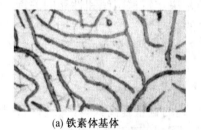

(a) 铁素体基体

(b) 铁素体-珠光体基体

(c) 珠光体基体

图 4.9 灰铸铁的显微组织

灰铸铁的性能主要取决于基体组织和石墨的形态、数量、大小和分布。由于石墨的强度、硬度、塑性极低,可以把石墨看成是在钢的基体中存在的孔洞和裂纹。灰铸铁中的片状石墨分割和破坏了基体的连续性,减少了承受载荷的有效截面尺寸,且石墨的两端尖角处易产生应力集中,所以,灰铸铁的抗拉强度、塑性、韧性比钢低很多。石墨片越粗大,数量越多,分布越不均匀,灰铸铁的力学性能就越差。由于石墨对抗压强度和硬度影响不大,故灰铸铁的抗压强度和硬度接近于相同基体的钢。当石墨的形态、数量、大小和分布一定时,铸铁的力学性能取决于基体组织。基体中珠光体越多,强度、硬度越高,塑性、韧性越差。

正是由于片状石墨的存在,使灰铸铁具有优良的铸造性能、优良的切削加工性能、良好的减振性、减摩性和低的缺口敏感性。

2）灰铸铁的孕育处理

孕育处理是提高灰铸铁力学性能的一种有效办法。它是在浇注前向铁水中加入少量孕育剂,使大量高度弥散的难熔质点成为石墨的结晶核心,以获得细小均匀的石墨片和细片珠光体。常用孕育剂是含硅量为 75% 的硅铁合金或硅钙合金。

通过孕育处理得到的铸铁称为孕育铸铁。孕育铸铁有较高的强度,且铸件各部位截面上的组织和性能比较均匀,常用于力学性能要求较高、截面尺寸变化较大的零件,如发动机曲轴、齿轮、机床床身等。

3）灰铸铁的牌号、性能及用途

灰铸铁的牌号用"HT+数字"表示,HT 是"灰铁"两字的汉语拼音字首;数字表示最低的抗拉强度值(MPa)。例如 HT150,代表抗拉强度 $\sigma_b \geqslant 150$ MPa 的灰铸铁。

灰铸铁的性能特点是生产简单,应用广泛,其产量占整个铸铁产量的 80% 以上。常用灰铸铁的牌号、性能及用途见表 4.8。

表 4.8　灰铸铁的牌号、性能及用途(摘自 GB/T 9439－1988)

铸铁类别	牌　号	抗拉强度 σ_b/MPa$\geqslant$	用途举例
铁素体灰铸铁	HT100	100	受力很小、不重要的铸件,如防护罩、盖、手轮、支架、底板等
铁素体-珠光体灰铸铁	HT150	150	受力中等的铸件,如机座、支架、罩壳、床身、轴承座、阀体、泵体、飞轮等
珠光体灰铸铁	HT200 HT250	200 250	受力较大的铸件,如汽缸、齿轮、机床床身、齿轮箱、冷冲模上托、底座等
孕育铸铁	HT300 HT350	300 350	受力大、耐磨和高气密性的重要铸件,如中型机床床身、机架、高压油缸、泵体、曲轴、汽缸体等

注:抗拉强度用 φ30 mm 的单铸试棒加工成试样进行测定。

4）灰铸铁的热处理

灰铸铁的力学性能在很大程度上受到石墨相的支配,而热处理只能改变基体的组织,不能改变石墨的形态,因而通过热处理方法不可能明显提高灰铸铁件的力学性能。灰铸铁的热处理主要用于消除铸件内应力和白口组织,稳定尺寸,提高表面硬度和耐磨性等。灰铸铁常用的热处理方法有以下几种。

(1) 去应力退火。将铸件加热到 500℃~600℃,保温一段时间后随炉缓冷至 150℃~200℃以下出炉空冷,用以消除铸件在凝固过程中因冷却不均匀而产生的铸造应力,防止铸件产生变形和裂纹。有时把铸件在露天场地放置很长一段时间,使铸件内应力得到松弛,这种方法叫"自然时效",灰铸铁件可以采用此法来消除铸造应力。

(2) 消除白口组织的高温退火。将铸件加热到 850℃~900℃,保温 2~5 小时,然后随炉缓冷至 400℃~500℃,再出炉空冷,使渗碳体在保温和缓冷过程中分解而形成石墨,以消除白口组织,降低硬度,改善切削加工性能。

(3) 表面淬火。对于机床导轨表面和内燃机汽缸套内壁等灰铸铁件的工作表面,需要有较高的硬度和耐磨损性能,可以采用表面淬火的方法来提高表面硬度和延长使用寿命。常用的方法有高(中)频感应加热表面淬火和接触电阻加热表面淬火。

3. 球墨铸铁

球墨铸铁是在铁水浇注前,加入一定量的球化剂(稀土镁合金等)和少量的孕育剂(硅铁或硅钙合金),凝固后得到球状石墨的铸铁。它是 20 世纪 50 年代发展起来的一种铸铁材料,是力学性能最好的铸铁。

1) 球墨铸铁的成分、组织与性能

球墨铸铁的化学成分一般为：$w_C = 3.6\% \sim 4.0\%$，$w_{Si} = 2.0\% \sim 2.8\%$，$w_{Mn} = 0.6\% \sim 0.8\%$，$w_S \leqslant 0.04\%$，$w_P < 0.1\%$，$w_{Mg} = 0.03\% \sim 0.05\%$，$w_{RE} = 0.03\% \sim 0.05\%$。

球墨铸铁按基体组织的不同分为四类:铁素体球墨铸铁、铁素体-珠光体球墨铸铁、珠光体球墨铸铁和贝氏体球墨铸铁,其显微组织见图 4.10 所示。

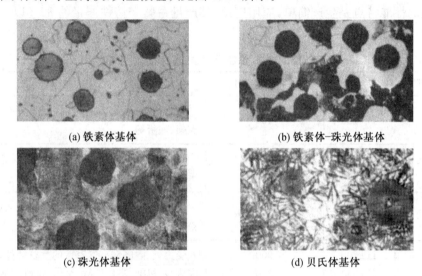

(a) 铁素体基体　　　　　　　　(b) 铁素体-珠光体基体

(c) 珠光体基体　　　　　　　　(d) 贝氏体基体

图 4.10　球墨铸铁的显微组织

球墨铸铁中由于石墨呈球状,对基体的割裂作用和引起应力集中现象明显减小,使得基体强度的利用率高达 $70\% \sim 90\%$,基体对铸铁的性能影响就起到了支配性的作用。因而,球墨铸铁的强度、塑性与韧性都大大优于灰铸铁,可和相应组织的铸钢相媲美。球墨铸铁中石墨球越圆整、球径越小、分布越均匀,其力学性能越好。

球墨铸铁不仅力学性能远远超过灰铸铁,而且同样具有灰铸铁的一系列优点,如良好的铸造性、减振性、减摩性、切削加工性及较低的缺口敏感性等。球墨铸铁的缺点是凝固收缩较大,容易出现缩松与缩孔,熔铸工艺要求高,铁液成分要求严格。此外,它的消震能力也比灰口铸铁低。

2) 球墨铸铁的牌号、性能及用途

球墨铸铁的牌号用"QT+A 组数字- B 组数字"表示,QT 是"球铁"两字的汉语拼音字首;A 组数字表示最低的抗拉强度值(MPa);B 组数字表示最低伸长率。例如 QT600 - 3,代表抗拉强度 $\sigma_b \geqslant 600$ MPa、$\delta \geqslant 3\%$ 的球墨铸铁。

由于球墨铸铁具有优良的力学性能,可用它代替铸钢和锻钢制造各种载荷较大、受力较复杂和耐磨损的零件。如珠光体球墨铸铁常用于制造汽车、拖拉机或柴油机中的曲轴、连杆、凸轮轴、齿轮,机床中的主轴、蜗杆、蜗轮等。而铁素体球墨铸铁多用于制造受压阀门、机器底座、汽车后桥壳等。球墨铸铁的牌号、力学性能及用途见表 4.9 所示。

表 4.9　球墨铸铁的牌号、性能及用途（摘自 GB/T 1348 - 1988）

牌　号	基体组织	力学性能				用途举例
		σ_b/MPa	$\sigma_{r0.2}$/MPa	δ/%	HBW	
		不小于				
QT400 - 18	铁素体	400	250	18	130～180	承受冲击、振动的零件，如汽车、拖拉机的轮毂、驱动桥壳、差速器壳、拔叉、农机具零件、中低压阀门，上、下水及输气管道，压缩机上高低压气缸，电机机壳，齿轮箱，飞轮壳等
QT400 - 15	铁素体	400	250	15	130～180	
QT450 - 10	铁素体	450	310	10	160～210	
QT500 - 7	铁素体＋珠光体	500	320	7	170～230	机器座架、传动轴、飞轮、电动机架，内燃机的机油泵齿轮、铁路机车车辆轴瓦等
QT600 - 3	铁素体＋珠光体	600	370	3	190～270	载荷大、受力复杂的零件，如汽车、拖拉机的曲轴、连杆、凸轮轴、气缸套，部分磨床、铣床、车床的主轴，机床的蜗杆、蜗轮、轧钢机轧辊、大齿轮、小型水轮机主轴，气缸体，桥式起重机大小滚轮等
QT700 - 2	珠光体	700	420	2	225～305	
QT800 - 2	珠光体或回火组织	800	480	2	245～335	
QT900 - 2	贝氏体或回火马氏体	900	460	2	280～360	高强度齿轮，如汽车后桥螺旋锥齿轮、大减速器齿轮、内燃机曲轴、凸轮轴等

3）球墨铸铁的热处理

球墨铸铁的热处理与钢相似，但因含碳、硅量较高，有石墨存在，因此热处理的加热温度略高些、保温时间长些、加热速度和冷却速度要慢些。常用的热处理方法有以下几种。

（1）退火

球墨铸铁的退火是为了获得铁素体基体，提高塑性和韧性。根据铸铁的铸造组织不同，采用的退火方法有以下三种。

去应力退火。将铸件加热到 500℃～600℃，保温 2～8 小时，缓慢冷却后，铸件内应力基本可以消除。

低温退火和高温退火。低温退火和高温退火的目的是使组织中的渗碳体分解，获得铁素体球墨铸铁，提高塑性与韧性，改善切削加工性能。低温退火适用于铸铁组织为"铁素体＋珠光体＋石墨"的情况，其工艺过程为：将铸件加热至 700℃～760℃，保温 2～8 小时，使珠光体中渗碳体分解，然后随炉缓冷至 600℃左右，出炉空冷。高温退火适用于铸铁组织中既有珠光体，又有自由渗碳体的情况，其工艺过程为：将铸件加热到 900℃～950℃，保温 2～5 小时，使渗碳体分解，然后随炉缓冷至 600℃左右，出炉空冷。

（2）正火

球墨铸铁的正火是为了增加基体组织中的珠光体的数量，细化组织，提高球墨铸铁的强度和耐磨性。正火后，常采用消除应力的回火。

低温正火：将铸件加热到820℃～860℃，保温1～4小时，使基体组织部分奥氏体化，然后出炉空冷，获得以铁素体-珠光体为基体组织的球墨铸铁，铸件塑性与韧性较好，但强度较低。

高温正火：高温正火又称完全奥氏体化正火，其工艺是将铸件加热至880℃～950℃，保温1～3小时（使基体组织全奥氏体化），然后出炉空冷，以得到珠光体基体的球墨铸铁，提高强度、硬度和耐磨性。

（3）调质处理

将铸件加热到860℃～920℃，保温2～4小时后油中淬火，然后在550℃～600℃回火2～4小时，得到回火索氏体加球状石墨的组织，具有良好的综合力学性能，用于受力复杂和综合力学性能要求高的重要铸件，如曲轴与连杆等。

（4）等温淬火

将铸件加热到850℃～900℃，保温后迅速放入250℃～350℃的盐浴中等温60～90分钟，然后出炉空冷，获得下贝氏体加球状石墨的组织，综合力学性能较高，用于形状复杂，热处理易变形开裂，要求强度高、塑性和韧性好、截面尺寸不大的零件。

4. 其他铸铁简介

1）可锻铸铁

可锻铸铁的生产是先浇注成白口铸铁，然后再经高温长时间石墨化退火。

（1）可锻铸铁的成分、组织与性能

可锻铸铁的化学成分具有较低的碳、硅含量，以保证在浇注冷却后得到白口组织，一般为：$w_C = 2.2\% \sim 2.8\%, w_{Si} = 1.2\% \sim 1.8\%, w_{Mn} = 0.4\% \sim 0.8\%, w_P < 0.1\%, w_S < 0.2\%$。

按石墨化退火的方法不同，可锻铸铁分为以下两种类型。一类是黑心可锻铸铁和珠光体可锻铸铁，这类铸铁是在中性介质中经石墨化退火制得，黑心可锻铸铁又称铁素体可锻铸铁，基体组织是铁素体，见图4.11。珠光体可锻铸铁的基体组织是珠光体，见图4.12。另一类是白心可锻铸铁，这类铸铁是在氧化性介质中经石墨化退火制得，在我国很少使用。

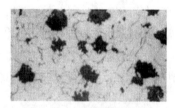 

图4.11 黑心可锻铸铁铁　　　　图4.12 珠光体可锻铸铁

在可锻铸铁中，由于石墨呈团絮状，与片状石墨相比，对基体的割裂作用和应力集中大为减轻，故强度和韧性比灰铸铁提高很多。但必须指出，可锻铸铁并不可锻。

（2）可锻铸铁的牌号、性能及用途

可锻铸铁的牌号用"KT＋表示类别的字母＋A组数字-B组数字"表示。KT是"可铁"两字的汉语拼音字首；表示类别的字母有H、B、Z，分别代表"黑心"、"白心"、"珠光体基体"；A组数字表示最低的抗拉强度值（MPa），B组数字表示最低伸长率。例如KTH370-12，代表$\sigma_b \geqslant 370\,MPa$、$\delta \geqslant 12\%$的黑心可锻铸铁。

可锻铸铁用于制作形状复杂、要求强度、韧性较高的薄壁零件。可锻铸铁的常用牌号、性能及用途见表 4.10。

表 4.10　可锻铸铁的牌号、性能及用途（摘自 GB/T 9440 - 1988）

种　类	牌　号	试样直径/mm	力学性能				用途举例
			σ_b/MPa	$\sigma_{r0.2}$/MPa	δ/%	HBW	
			不小于				
黑心可锻铸铁	KTH300 - 06	12或15	300		6	不大于 150	弯头、三通管件、中低压阀门等
	KTH300 - 08		330		8		扳手、犁刀、犁柱、车轮壳等
	KTH350 - 10		350	200	10		汽车、拖拉机前后轮壳、减速器壳、转向节壳、制动器及铁道零件等
	KTH370 - 12		370		12		
珠光体可锻铸铁	KTZ450 - 06	12或15	450	270	6	150~200	载荷较高和耐磨损零件,如曲轴、凸轮轴、连杆、齿轮、活塞环、轴套、耙片、万向节头、颗轮、扳手、传动链条等
	KTZ550 - 04		550	340	4	180~250	
	KTZ650 - 02		650	430	2	210~260	
	KTZ700 - 02		700	530	2	240~290	

2）蠕墨铸铁

蠕墨铸铁是近 30 年发展起来的新型铸铁材料,生产方法与球墨铸铁相似,是通过在一定成分的铁水中加入适量的蠕化剂和孕育剂而生产制得的。蠕化剂有镁钛合金、稀土镁钛合金、稀土镁钙合金等。

（1）蠕墨铸铁的成分、组织与性能

蠕墨铸铁的化学成分一般为: $w_C = 3.5\% \sim 3.9\%$, $w_{Si} = 2.2\% \sim 2.8\%$, $w_{Mn} = 0.4\% \sim 0.8\%$, $w_P < 0.1\%$, $w_S < 0.1\%$。

由于蠕虫状石墨的形态介于球状和片状之间,比片状短、粗、端部呈球状,见图 4.13。所以,蠕墨铸铁的力学性能介于灰铸铁和球墨铸铁之间。减震性、铸造性能、导热性优于球墨铸铁,切削加工性比灰铸铁差。

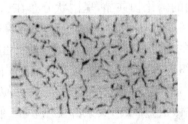

图 4.13　铁素体蠕墨铸铁的显微组织

蠕墨铸铁的基体组织有铁素体、铁素体-珠光体和珠光体三种,一般为铁素体蠕墨铸铁。

（2）蠕墨铸铁的牌号、性能及用途

蠕墨铸铁的牌号用"RuT＋一组数字"表示,RuT 是"蠕铁"两字的汉语拼音字首,一组数字表示最低的抗拉强度值（MPa）。例如 RuT420,代表 $\sigma_b \geqslant 420$ MPa 的蠕墨铸铁。蠕墨铸铁的牌号、性能及用途见表 4.11。

表 4.11　蠕墨铸铁的牌号、性能及用途(摘自 JB 4403 - 1999)

牌　号	基体组织	力学性能				用途举例
		σ_b/MPa	$\sigma_{r0.2}$/MPa	δ/%	HBW	
		不小于				
RuT260	铁素体	260	195	3	121～197	增压器废气进气壳体,汽车底盘零件等
RuT300	铁素体＋珠光体	300	240	1.5	140～217	排气管、变速箱体、气缸盖、液压件、纺织机零件、钢锭模等
RuT340	铁素体＋珠光体	340	270	1.0	170～249	重型机床件、大型齿轮箱体、盖、座、飞轮、起重机卷筒等
RuT380	珠光体	380	300	0.75	193～274	活塞环、汽缸套、制动盘、钢球研磨盘、吸淤泵体等
RuT420	珠光体	420	335	0.75	200～280	

3) 合金铸铁

随着铸铁的广泛应用,对铸铁的性能也提出了越来越高的要求,即不但要有更高的力学性能,有时要有某些特殊性能,例如耐磨、耐热及耐腐蚀等。可通过向铸铁中加入合金元素来改善铸铁的性能,提高其适应性和扩大其使用范围。含有合金元素的铸铁称为合金铸铁。常用的合金铸铁有耐磨铸铁、耐热铸铁和耐蚀铸铁。

(1) 耐磨铸铁

耐磨铸铁分为减磨铸铁和抗磨铸铁两类。前者用于润滑条件下工作的零件,例如机床导轨、汽缸套及轴承等;后者用于无润滑、干摩擦的零件,例如轧辊、犁铧、抛丸机叶片、球磨机衬板和磨球等。

减磨铸铁。减磨铸铁的组织应为软基体上分布有坚硬的强化相。软基体在磨损后形成的沟槽可储存润滑油,而坚硬的强化相可起支承作用。细层状珠光体灰铸铁就能满足这一要求,其中铁素体为软基体,渗碳体为强化相,同时石墨也起着贮油和润滑的作用。在珠光体灰铸铁中提高磷的含量,可形成高硬度的磷化物共晶,呈网状分布在珠光体基体上,形成坚硬的骨架,使铸铁的耐磨损能力比普通灰铸铁提高一倍以上,这就是高磷铸铁。在含磷较高的铸铁中再加入适量的 Cr、Mo、Cu 或微量的 V、Ti 和 B 等元素,则耐磨性能更好。

抗磨铸铁。抗磨铸铁的组织应具有均匀的高硬度。普通白口铸铁就是一种抗磨性高的铸铁,但其脆性大,不宜作承受冲击的零件。在有冲击的场合可使用冷硬铸铁,其生产方法是:在造型时,在铸件要求抗磨的部位做成金属型,其余部位用砂型,使其要求抗磨处得到白口组织,而其余部位韧性较好,可承受一定的冲击。含有少量的 Cr、Mo、W、Mn、Ni、B 等合金元素的低合金白口铸铁,具有一定的韧性,用于低冲击载荷条件下的抗磨零件,如抛丸机叶片、砂浆泵件、农产品加工设备中的易磨损件等。在中、低冲击载荷的高应力碾研磨损条件下,高铬白口铸铁代替高锰钢已显示了优越的抗磨性能。中锰球墨铸铁具有很好的耐磨性,较高的强度和韧性,适用于犁铧、饲料粉碎机锤片、中小球磨机磨球、衬板、粉碎机锤头等。

(2) 耐热铸铁

耐热铸铁是指在高温下使用,具有抗氧化性或抗生长性能符合使用要求的铸铁。加入的主要合金元素有硅、铝、铬等,其作用是在铸件表面形成一层致密的 SiO_2、Al_2O_3、Cr_2O_3 等氧化膜,保护内层不被氧化。常用的耐热铸铁有中硅铸铁、高铬铸铁、镍铬硅铸铁、镍铬球墨铸铁等。耐热铸铁具有良好的耐热性,广泛用来代替耐热钢制造耐热零件,如加热炉底板、热交换器、坩埚等。

（3）耐蚀铸铁

耐蚀铸铁是指具有一定耐腐蚀能力的铸铁。加入的合金元素主要有硅、铝、铬、镍、铜等,其作用是在铸件表面形成一层致密的氧化膜、提高基体组织的电极电位、形成单相基体加球状石墨,从而提高耐蚀性。耐蚀铸铁主要用于化工管道、泵、阀门、容器等。

4.5　有色金属及其合金

有色金属是指所有的非铁金属及其合金,如铝及其合金、铜及其合金、滑动轴承合金等。与钢铁材料相比,有色金属有其特殊的性能和应用场合,是现代工业中不可缺少的材料,广泛应用于机械制造、航空、航天、航海、化工、电器等部门。

4.5.1　铝及其合金

铝及其合金是航空工业中的主要结构材料,是有色金属中应用最广泛的结构材料。

1. 工业纯铝

纯铝呈银白色,是地壳中蕴藏量最丰富的元素之一,约占全部金属元素的 1/3。铝是一种轻金属,面心立方晶格、无同素异晶转变,具有许多优良的性能。

（1）熔点低、密度小。铝的熔点 660℃,易于铸造成型。铝的密度为 2.7 g/cm^3,约为铁的 1/3,比强度高于铁。

（2）优良的加工工艺性能。纯铝的强度、硬度低（$\sigma_b = 80 \sim 100$ MPa,20 HBW）,塑性、韧性很好（$\delta = 50\%$、$\psi = 80\%$）,可以进行各种冷、热加工。纯铝经冷变形强化后,强度 $\sigma_b = 150 \sim 250$ MPa,但塑性下降。

（3）良好的电导性和热导性。铝的电导性仅次于金、银、铜,其电导率是铜的 60%。

（4）良好的耐大气腐蚀能力。纯铝和氧的亲和力很大,在空气中会生成致密的 Al_2O_3 薄膜,有效阻止铝的进一步氧化。

铝含量不低于 99.00% 为纯铝,其牌号按 GB/T 16474 - 1996 的规定,用 1××× 表示。牌号的最后两位数字表示铝的最低百分含量,第二位字母表示原始纯铝的改型情况,如 1A35 表示 $w_{Al} = 99.35\%$ 的纯铝。工业纯铝是 $w_{Al} = 99.00\% \sim 99.80\%$ 的纯铝,杂质元素是铁、硅等,其含量越多,电导性、热导性、耐蚀性和塑性越差。

工业纯铝主要用来制作电线、电缆、散热片、配置合金等。

2. 铝合金

纯铝的强度低,不能用来制作受力的结构零件。加入硅、铜、镁、锰等合金元素,可形成具有较高强度的铝合金。经过冷变形强化和热处理,还可进一步提高强度,满足使用要求。铝合金的比强度高、耐蚀性和切削加工性好,广泛用于航空工业。

1）铝合金的分类与牌号

（1）铝合金的分类

铝合金按其成分和工艺特点,分为变形铝合金和铸造铝合金两大类,见图 4.14。成分在

D 点右边的合金称为铸造铝合金,成分在 D 点左边的合金称为变形铝合金。在变形铝合金中,成分在 F 点左边的合金,其 α 固溶体的成分不随温度而变化,不能热处理强化,称为不能热处理强化的铝合金;成分在 F 点右边的合金,其 α 固溶体成分随温度而变化,能热处理强化,称为能热处理强化的铝合金。

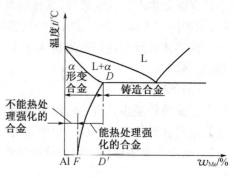

图 4.14　二元铝合金一般相图

（2）铝合金的牌号

变形铝合金牌号按国标 GB/T 16474-1996 的规定,采用四位字符牌号,用"第一位数字＋字母＋后两位数字"表示。字母表示原始合金的改型情况,A 为原始合金、B～Y 为原始合金的改型情况;第一位数字表示铝合金的组别,2 是以铜为主要合金元素的铝合金、3 是以锰为主要合金元素的铝合金、5 是以镁为主要合金元素的铝合金、6 是以镁和硅为主要合金元素,以 Mg_2Si 为强化相的铝合金、7 是以锌为主要合金元素的铝合金;后两位数字用来区分同一组中不同的铝合金。例如,5A02 表示以镁为主要合金元素、02 号原始铝合金。

铸造铝合金牌号用"Z＋Al＋元素符号＋数字"表示,字母 Z 是"铸"字汉语拼音字首,Al 后的元素符号是主加合金元素,数字是其百分含量。例如,ZAlSi9Mg 表示 $w_{Si}=9\%$、$w_{Mg}=1\%$、余量为铝的铸造铝合金。

2）铝合金的热处理

铝合金的热处理与钢不同,主要方法是固溶处理和时效。固溶处理是将能热处理强化的铝合金加热至高温单相区,经保温第二相溶解形成单相 α 固溶体后,迅速水冷至室温,得到过饱和的 α 固溶体的工艺。时效是将经固溶处理后的铝合金,在室温或加热到一定的温度,其性能随时间发生变化的现象。

铝合金经固溶处理后,得到过饱和的 α 固溶体,强度和硬度不会明显升高,塑性会显著提高。但这种组织是不稳定的,经时效处理,细小弥散分布的第二相析出,强度和硬度显著升高,塑性下降。

图 4.15 是铝合金自然时效曲线。由此可见,自然时效过程是一个逐渐变化的过程,在时效初始阶段(孕育期),强度和硬度变化不大,塑性较好,容易进行各种冷变形加工。孕育期后,强度、硬度迅速增高,随后又趋于稳定。

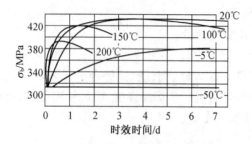

图 4.15　$w_{Cu}=4\%$ 的铝合金自然时效曲线

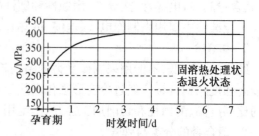

图 4.16　人工时效温度对强度的影响

图 4.16 是人工时效温度对强度的影响。时效温度高,时效速度快。但时效温度过高,合

金会出现软化现象,称之为过时效处理。

3) 变形铝合金

变形铝合金主要有防锈铝合金、硬铝合金、超硬铝合金和锻铝合金四种。

防锈铝合金。防锈铝合金中的主要合金元素是镁或锰,其作用是提高抗蚀能力、起固溶强化作用,镁还可降低合金比重。这类合金不能热处理强化,可通过冷变形强化。典型牌号有 5A05 和 3A21,主要用于制作焊接容器、铆钉、导管等。

硬铝合金。硬铝合金中的主要合金元素是铜和镁,其主要作用是形成强化相,提高热处理强化效果。这类合金能热处理强化,也能通过冷变形强化。典型牌号有 2A11 和 2A12,主要用于制作中、高强度结构件,如大型铆钉、螺旋桨叶片、骨架、梁等。硬铝合金的不足之处是耐蚀性较差、固溶处理的加热温度范围很窄,在使用或加工时必须予以注意。

超硬铝合金。超硬铝合金的主要合金元素是铜、镁、锌,其主要作用是形成多种复杂的强化相,经固溶处理和人工时效后,可获得很高的强度和硬度。这类合金的典型牌号有 7A04,主要用于制作飞机的大梁、桁架、起落架等高强度零件。超硬铝合金的抗蚀性差、高温下软化快,使用时应注意。

锻铝合金。锻铝合金的主要合金元素是铜、硅、镁,每种元素用量少。这类合金的力学性能与硬铝相近,还具有较好的耐蚀性和良好的热塑性,适于锻造成形,典型牌号有 2A50 和 2A70,主要用于制作承受较重载荷的锻件和模锻件,如内燃机活塞、风扇轮等。锻铝合金通常都要进行固溶处理和人工时效。

常用变形铝合金的牌号、化学成分、性能及用途见表 4.12。

4) 铸造铝合金

铸造铝合金按主加合金元素不同,分为 Al-Si 系铸造铝合金、Al-Cu 系铸造铝合金、Al-Mg 系铸造铝合金和 Al-Zn 系铸造铝合金四类。

(1) Al-Si 系铸造铝合金

Al-Si 系铸造铝合金通常称为硅铝明,典型牌号是 ZAlSi12(代号 ZL102),具有流动性好、收缩小、熔点低、热裂倾向小、密度小、耐蚀性和耐热性好的特点,主要用于制作强度要求不高、形状复杂的铸件,如仪表的壳体、气缸体等一些承受低载荷的零件。

ZAlSi12 的成分在共晶点附近($w_{Si} = 10\% \sim 13\%$),其铸造组织是粗大针状硅晶体和 α 固溶体组成的共晶体(图 4.17)。这种组织铸造性能良好,但强度、韧性较差。经过变质处理(在浇注前向合金液中加入占合金重量 2%~3% 的变质剂),细化组织,得到亚共晶组织、初晶 α 固溶体和细粒状共晶组织(图 4.18),力学性能显著提高。但 ZAlSi12 不能热处理强化,致密性较差。

为提高 Al-Si 系铸造铝合金的强度,可加入镁、铜合金元素,以形成强化相,这样可通过淬火时效来提高强度。例如 ZAlSi7Cu4,抗拉强度 $\sigma_b = 275$ MPa,可用来制作强度和硬度要求较高的零件。

表 4.12　常用变形铝合金的牌号、化学成分、性能及用途
（摘自 GB/T 3190-1996 和 GB/T 16475-1996）

类别	牌号	旧牌号	化学成分 w/%						材料状态	力学性能			用途举例
			Si	Cu	Mn	Mg	Zn	其他		σ_b/MPa	δ/%	HBW	
不能热处理强化铝合金 防锈铝合金	5A05	LF5	0.50	0.10	0.30~0.60	4.8~5.5	0.20		O	280	20	70	焊接油箱、油管、铆钉、焊条、中载零件及制品等
	3A21	LF21	0.60	0.20	1.0~1.60	0.05	0.10	Ti 0.15	O	130	20	20	焊接油箱、油管、焊条、轻载零件及制品等
能热处理强化铝合金 硬铝合金	2A11	LY11	0.70	3.8~4.8	0.4~0.8	0.4~0.8	0.30	Ni0.10 Ti0.15	T4	420	15	100	中等强度结构零件,如整流罩、螺旋桨叶片、骨架、局部镦粗零件、螺栓、铆钉等
	2A12	LY12	0.50	3.8~4.9	0.3~0.9	1.2~1.8	0.30	Ni0.10	T4	480	11	131	高强度构件及150℃以下工作的零件,如骨架、梁、铆钉等
超硬铝合金	7A04	LC4	0.50	1.4~2.0	0.2~0.6	0.8~2.8	5.0~7.0	Cr0.1~0.25 Ti0.10	T6	600	12	150	主要受力构件,如飞机大梁、桁架、加强框、起落架、蒙皮接头、翼肋等
锻铝合金	2A50	LD5	0.7~1.2	1.8~2.6	0.4~0.8	0.4~0.8	0.30	Ni0.10 Ti0.15	T6	420	13	105	形状复杂、中等强度的锻件或模锻件等
	2A70	LD7	0.35	1.9~2.5	0.20	1.4~1.8	0.30	Ni0.9~1.5 Ti0.02~0.1 Fe0.9~1.5	T6	440	12	120	内燃机活塞和在高温下工作的复杂锻件、板材、风扇轮等

注:O—退火;T4—固溶处理＋自然时效;T6—固溶处理＋人工时效

图 4.17　ZAlSi12 铸造组织,变质前

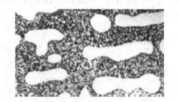

图 4.18　ZAlSi12 铸造组织,变质后

（2）Al – Cu 系铸造铝合金

ZAlCu5Mn 铸造铝合金强度较高、塑性较好、耐热性好，但铸造性能及耐蚀性较低。可用于制作 300℃ 以下工作、形状不复杂的零件，如内燃机气缸头、活塞等。

（3）Al – Mg 系铸造铝合金

ZAlMg10 铸造铝合金强度较高、密度小、有良好的耐蚀性，但铸造性能不好、耐热性差。常用于制作受冲击、在腐蚀介质中工作，外形不复杂的零件，如氨用泵体。

（4）Al – Zn 系铸造铝合金

ZAlZn11Si7 铸造铝合金铸造性能优良、价格低、强度较高，但抗蚀性差、热裂倾向大。常用于制作结构形状复杂的汽车、飞机、仪器零件，也可制造日用品。

各类铸造铝合金的牌号、成分、性能及用途见表 4.13。

表 4.13　常用铸造铝合金的牌号、化学成分、性能及用途（摘自 GB/T 1173 – 1995）

类别	牌号	代号	化学成分 $w/\%$						铸造方法	热处理方法	力学性能			用途举例
			Si	Cu	Mg	Zn	Mn	其他			σ_b/MPa	δ/%	HBW	
铝硅合金	ZAlSi7Mg	ZL101	6.5 ～ 7.5		0.25 ～ 0.45				金属型	固溶处理＋不完全时效	205	2	60	形状复杂的零件，如飞机仪表零件、抽水机壳体、柴油机零件等
									砂型		195	2	60	
									砂型变质处理	固溶处理＋完全时效	225	1	70	
	ZAlSi12	ZL102	10.0 ～ 13.0						金属型	退火	145	3	50	形状复杂的仪表壳体、水泵壳体、工作温度在 200℃ 以下高气密性、低载零件等
									砂型变质处理		135	4	50	
	ZAlSi9Mg	ZL104	8.0 ～ 10.5		0.17 ～ 0.35		0.2 ～ 0.5		金属型	固溶处理＋完全时效	235	2	70	在 200℃ 以下工作的内燃机气缸头、活塞等
									砂型变质处理		225	2	70	
铝铜合金	ZAlCu5Mn	ZL201		4.5 ～ 5.3			0.6 ～ 1.0	Ti0.15 ～0.35	砂型	固溶处理＋自然时效	295	8	70	在 300℃ 以下工作的零件，如发动机机体、气缸体等
									砂型	固溶处理＋不完全时效	335	4	90	
	ZAlCu4	ZL203		4.0 ～ 5.0					砂型	固溶处理＋不完全时效	215	3	70	形状简单的中载零件，如托架，在 200℃ 以下工作并切削加工性好的零件等。

类别	牌号	代号	化学成分 w/%						铸造方法	热处理方法	力学性能			用途举例
			Si	Cu	Mg	Zn	Mn	其他			σ_b/MPa	δ/%	HBW	
铝镁合金	ZAlMg10	ZL301			9.5~11.0				砂型	固溶处理+自然时效	280	10	60	在大气或海水工作的零件,在150℃以下工作,承受较大振动及载荷的零件等
	ZAlMg5Si	ZL303	0.8~1.3		4.5~5.5		0.1~0.4		砂型		145	1	55	腐蚀介质中工作的中载零件,严寒大气及200℃以下工作的海轮配件等
									金属型					
铝锌合金	ZAlZn11Si7	ZL401	6.0~8.0		0.1~0.3	9.0~13.0			金属型	人工时效	245	1.5	90	在200℃以下工作,结构形状复杂的汽车、飞机、仪表零件等。

注:(1) 不完全时效指时效温度低或时间短;完全时效指时效温度约180℃,时间长。

(2) ZAlZn11Si7 的性能是指经过自然时效 20 天或人工时效后的性能。

4.5.2 铜及其合金

1. 工业纯铜

铜是人类开发利用最早、在地壳中储量较少的金属元素。纯铜呈紫红色,面心立方晶格、无同素异晶转变,具有许多优良的性能。

(1) 铜的熔点 1 083℃,密度为 8.96 g/cm³,色泽美观。

(2) 良好的加工工艺性能。纯铜的强度、硬度不高($\sigma_b = 200 \sim 250$ MPa,40HBW),塑性韧性很好($\delta = 45\% \sim 50\%$),容易冷、热成形。纯铜经冷变形强化后,抗拉强度 $\sigma_b = 400 \sim 500$ MPa,但塑性下降至 $\delta = 5\%$。

(3) 极佳的电导性和热导性。

(4) 良好的耐蚀性。纯铜具有良好的抗大气和海水腐蚀的能力。

(5) 具有抗磁性。

工业纯铜的纯度为 99.90% ~ 99.50%,其代号用"铜"字的汉语拼音字首"T"加顺序号表示,共有 T1、T2、T3、T4 四个牌号。序号越大,纯度越低。纯铜的强度低,不宜制作受力的结构零件,主要用于制作电线、电缆、导热材料及配置合金。

2. 铜合金

铜合金分为黄铜、青铜和白铜。白铜是铜镍合金,主要用来制作精密机械和仪表中的耐蚀零件、热电偶等,由于价格高,很少用于一般机械零件。生产中使用较广的是黄铜和青铜。

1) 黄铜

黄铜是以锌为主加元素的铜合金。按化学成分不同,分为普通黄铜和特殊黄铜。按加工方法不同,分为压力加工黄铜和铸造黄铜。

(1) 普通黄铜

普通黄铜是铜锌二元合金。

　　图 4.19 是普通黄铜的组织和性能与含锌量的关系。由图可知,当 $w_{Zn} < 32\%$ 时,是锌溶入铜中形成的单相 α 固溶体,随锌含量的增加,强度和塑性都升高,适宜于冷、热压力加工;当 $32\% < w_{Zn} < 45\%$ 时,进入双相区 $\alpha + \beta'$,由于 β' 相是以电子化合物 CuZn 为基的固溶体,室温下硬而脆(但在 456℃ 以上时,却有良好的塑性),所以强度继续升高,塑性急剧下降,不能进行冷压力加工,在 456℃ 以上时可进行热压力加工;当 $w_{Zn} > 45\%$ 时,全部为单相 β',强度和塑性都急剧下降,无使用价值。

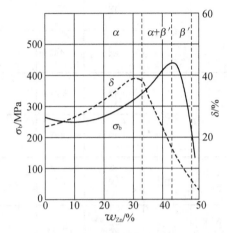

图 4.19　w_{Zn} 对普通黄铜组织和力学性能的影响

　　普通黄铜还具有较好的耐蚀性和较好的铸造性能,但锌含量超过 7%(特别是 20%)的黄铜,经冷压力加工后,由于残余应力的存在,在潮湿的大气中,特别是含有氨的气氛中,易产生应力腐蚀,使黄铜开裂。所以冷压力加工后的黄铜,应进行低温去应力退火。

　　压力加工黄铜的牌号用“H＋数字”表示。字母“H”是“黄”字的汉语拼音字首,数字代表铜的百分含量,如 H68 表示 $w_{Cu} = 68\%$ 的压力加工普通黄铜。铸造普通黄铜的牌号表示方法与铸造铝合金相同。

　　常用的单相黄铜有 H68,具有较高的强度,冷、热变形能力,较好的耐蚀性,可用于制造形状复杂、耐蚀的零件,如弹壳、冷凝器等。H62 是常用的双相黄铜,具有较高的强度,可进行热变形加工,广泛用于制作热轧、热压零件或由棒材经机加工制造各种零件,如销钉、螺母等。ZCuZn38 是常用的铸造普通黄铜,具有铸造性能好,组织致密,主要用于一般的结构件和耐蚀零件,如法兰、阀座、支架等。

　　(2) 特殊黄铜

　　指在普通黄铜中加入其他合金元素的黄铜。常加入的合金元素有铅、锡、铝、硅、锰、铁、镍等,以改善切削加工性、提高耐蚀性、铸造性能和力学性能等。特殊黄铜的名称相应为铅黄铜、锡黄铜、铝黄铜等。

　　特殊黄铜按加工方法不同,分为压力加工和铸造两类。压力加工特殊黄铜的牌号用“H＋主加合金元素符号＋铜的百分含量-合金元素的百分含量”表示,例如 HPb59-1 表示平均 $w_{Cu} = 59\%$、$w_{Pb} = 1\%$、其余为锌的铅黄铜。铸造特殊黄铜的牌号表示方法与铸造铝合金相同,例如 ZCuZn16Si4 表示平均 $w_{Zn} = 16\%$、$w_{Si} = 4\%$、其余为铜的铸造硅黄铜。常用黄铜的牌号、主要化学成分、力学性能及用途见表 4.14。

表 4.14　常用黄铜的牌号、主要化学成分、性能及用途

(摘自 GB 5232-1985 和 GB 1176-1987)

类别	牌　号	化学成分 w/%			加工状态或铸造方法	力学性能			用途举例
		Cu	其他	Zn		σ_b/MPa	δ/%	HBW	
						不小于			
普通黄铜	H68	67.0~70.0		余量	软	320	55		复杂的冷冲件和深冲件、散热器外壳、导管及波纹管等
					硬	660	3	150	
	H62	60.5~63.5		余量	软	330	49	56	销钉、铆钉、螺母、垫圈、导管、夹线板、环形件、散热器等
					硬	600	3	164	
特殊黄铜	HPb59-1	57~60	Pb 0.8~1.9	余量	硬	650	16	HRB 140	销子、螺钉等冲压件或加工件
	HMn58-1	57~60	Mn 1.0~2.0	余量	硬	7 000	10	175	船舶零件及轴承等耐磨零件
铸造黄铜	ZCuZn16Si4	79~81	Si 2.5~4.5	余量	S	345	15	88.5	接触海水工作的配件以及水泵、叶轮和在空气、淡水、油、燃料以及工作压力在 4.5 MPa 和 250℃ 以下蒸汽中工作的零件
					J	390	20	98.0	
	ZCuZn40Pb2	58~63	Pb 0.5~2.5 Al 0.2~0.8	余量	S	220	15	78.5	一般用途的耐磨、耐蚀零件,如轴套、齿轮等
					J	280	20	88.5	

注:软—600℃退火;硬—变形度 50%;S—砂型铸造;J—金属型铸造。

2) 青铜

青铜是除黄铜和白铜以外的其他铜合金。青铜按化学成分分为锡青铜和无锡青铜。按加工方法不同,分为压力加工青铜和铸造青铜。

压力加工青铜的牌号用"Q+主加元素符号及其平均含量的百分数-其他元素平均含量的百分数"表示,字母"Q"是"青"字的汉语拼音字首。例如 QSn4-3 表示 w_{Sn} = 4%、其他元素 w_{Zn} = 3%、余量为铜的锡青铜。铸造青铜的牌号表示方法同铸造铝合金。

(1) 锡青铜

锡青铜是以锡为主要添加元素的铜基合金。图 4.20 是含锡量与锡青铜组织和力学性能的关系。由图可知,当 $w_{Sn} < 7\%$ 时,其组织是锡溶于铜中的单相 α 固溶体,随含锡量的增加,强度和塑性继续升高,适宜于冷、热压力加工;当 $w_{Sn} > 10\%$ 时,组织是 $\alpha + \delta$,由于 δ 相是以电子化合物 Cu31Sn8 为基的固溶体,硬而脆,所以在开始阶段强度继续升高,而塑性下降,只适宜于铸造成型;当 $w_{Sn} > 20\%$ 时,大量的 δ 相使强度和塑性都显著下降,合金变得很硬、很脆,无使用价值。常用的锡青铜一般 $w_{Sn} = 3\% \sim 14\%$。

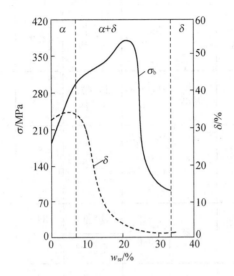

图 4.20　w_{Sn} 对锡青铜组织和力学性能的影响

锡青铜在大气、海水、蒸汽中的耐蚀能力比纯铜和黄铜好,但在盐酸、硝酸和氨水中的耐蚀性较差。锡青铜的耐磨性好,无磁性和冷脆现象,可用于制作轴承、轴套等耐磨零件及弹簧等弹性元件。

锡青铜的铸造收缩率很小,但流动性差、易产生偏析、铸件的致密性低,在高压下容易漏水,可用于铸造形状复杂、致密性要求不高,耐磨、耐蚀的零件,如泵体、齿轮、轴瓦、蜗轮等。

(2) 无锡青铜

无锡青铜是含铝、铍、硅、铅、锰等合金元素的铜基合金。

铝青铜。以铝为主要添加元素的铜基合金称为铝青铜。常用的铝青铜 $w_{Al} = 5\% \sim 11\%$。铝青铜在大气、海水、碳酸及大多数有机酸中的耐蚀性优于锡青铜和黄铜,还具有较高的强度、硬度、耐磨性和塑性。在铸造性能方面,流动性好、铸件致密性好,但铸件的收缩大于锡青铜。铝青铜常用来制作在复杂条件下(较高温度、海水等)工作的高强度抗磨耐蚀的零件,如齿轮、轴套、蜗轮、弹簧等。

铍青铜。以铍为主要添加元素的铜基合金称为铍青铜。常用的铍青铜 $w_{Be} = 1.5\% \sim 2.5\%$。铍青铜经热处理强化后,可获得很高的强度和硬度,优于所有其他铜合金。铍青铜还具有高的弹性极限、疲劳强度、耐磨性和耐蚀性,良好的电导性和热导性。铍青铜是一种综合性能较好的结构材料,主要用于制作各种精密仪器、仪表的重要弹性零件,钟表齿轮、高速高压下工作的轴承及衬套,航海罗盘等耐磨、耐蚀零件。但铍青铜价格高,工艺复杂,应用受到限制。常用青铜的牌号、主要化学成分、性能及用途见表 4.15。

表 4.15　常用青铜的牌号、主要化学成分、性能及用途

（摘自 GB 5233－1985、GB 1176－1987、GB 2048－1989、GB 2043－1989）

类别		牌　号	化学成分 w/%			加工状态或铸造方法	力学性能		用途举例
			Sn	Cu	其他		σ_b/MPa	δ_5/%	
							不小于		
锡青铜	压力加工	QSn4-3	3.5~4.5	余量	Zn2.7~3.3	板、带、棒、线	350	40	弹簧、管配件和化工机械中的耐磨及抗磁零件
		QSn6.5-0.4	6.0~7.0	余量	P0.26~0.40	板、带、棒、线	750	9	耐磨及弹性元件
		QSn4-4-2.5	3.0~5.0	余量	Zn3.0~5.0 Pb1.5~3.5	板、带	650	3	轴承及轴套的衬垫等
	铸造	ZCuSn10Zn2	9.0~11.0	余量	Zn1.0~3.0	砂型	240	12	在中等及较高载荷下工作的重要管配件,阀、泵体、齿轮等
						金属型	245	6	
		ZCuSn10Pb1	9.0~11.5	余量	Pb0.5~1.0	砂型	220	3	重要的轴瓦、齿轮、连杆和轴套等
						金属型	310	2	
无锡青铜	压力加工	QAl7	Al6.0~8.0	余量	—	板、带、棒、线	637	5	重要的弹簧和弹性元件
		QBe2	Be1.8~2.1	余量	Ni0.2~0.8	板、带、棒、线	500	30	重要仪表的弹簧、齿轮等
	铸造	ZCuPb30	Pb27.0~33.0	余量		金属型			高速双金属轴瓦、减磨零件等
		ZCuAl10Fe3Mn2	Al9.0~11.0	余量	Fe2.0~4.0 Mn1.0~2.0	砂型	490	13	重要用途的耐磨、耐蚀的重要铸件,如轴套、螺母、蜗轮等
						金属型	540	15	

4.5.3　轴承合金简介

轴承合金是指在滑动轴承中制造轴瓦或内衬的合金。滑动轴承具有承压面积大,工作平稳、无噪声、维修方便等优点,应用广泛。

1. 轴承合金的性能和组织特点

轴承支撑轴工作,当轴旋转时,轴瓦和轴之间发生强烈的摩擦,同时还承受轴颈传给的交变载荷,并伴有冲击力。因此轴承合金应具有以下性能。

（1）较高的抗压强度、硬度，以承受轴颈传给的压力。

（2）高的疲劳强度、足够的塑性和韧性，以承受轴颈传给的交变载荷，耐冲击和振动。

（3）高的耐磨性、良好的磨合能力、较小的摩擦系数，能储存润滑油，减小磨损，轴与轴瓦之间能紧密配合。

（4）有良好的耐蚀性、热导性，较小的膨胀系数，防止摩擦升温而发生咬合。

（5）良好的工艺性，原材料来源广泛，容易制造，价格便宜。

为达到上述性能，轴承合金的组织应是在软基体上分布硬质点或硬基体上分布软质点的两相组织（图 4.21）。轴承工作时，硬组织起支承抗磨作用，软组织承受振动和冲击，被磨损后形成的凹坑还可储存润滑油，减小摩擦。

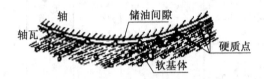

图 4.21　轴承合金理想组织示意图

2. 常用轴承合金简介

轴承合金的牌号用"Z＋基体金属元素符号＋主要合金元素符号＋平均含量的百分数"表示，字母"Z"是"铸"字的汉语拼音字首。例如 ZSnSb11Cu6 表示 $w_{Sb}=11\%$、$w_{Cu}=6\%$、余量为锡的锡基轴承合金。常用的轴承合金有锡基、铅基、铜基和铝基轴承合金等四种。

1）锡基轴承合金（锡基巴氏合金）

锡基轴承合金是以锡为基础，加入锑、铜等元素组成的合金，其显微组织见图 4.22 所示。图中软基体基体（黑色）是锑溶入锡中形成的 α 固溶体；白色方块（SnSb 化合物）和白色针状或星状（Cu_6Sn_5 化合物）是硬质点。这类合金具有较好的塑性和韧性、适中的硬度，膨胀系数小、优良的热导性和耐蚀性，但疲劳强度低，工作温度＜150℃，主要用于重要的轴承，如汽车、汽轮机等机械的高速轴承。

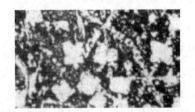

图 4.22　锡基轴承合金的显微组织　　　　**图 4.23　铅基轴承合金的显微组织**

2）铅基轴承合金（铅基巴氏合金）

铅基轴承合金是以铅为基础，加入锑、锡、铜等元素组成的合金，其显微组织见图 4.23 所示。图中软基体（黑色）是 $\alpha+\beta$ 共晶体，α 是锑溶入铅中形成的固溶体，β 是以 SnSb 化合物为基的含铅的固溶体；硬质点是初生的 β（白色方块）和 Cu_2Sb（白色针状）。这类合金的强度、硬度、韧性、热导性、耐蚀性均低于锡基轴承合金，但价格低，主要用于中低载荷的中速滑动轴承，如汽车、拖拉机的曲轴、连杆轴承及电动机轴承。

常用的锡基、铅基轴承合金牌号、主要化学成分、性能及用途见表 4.16。

表 4.16　常用锡基、铅基轴承合金的牌号、主要化学成分、性能及用途（摘自 GB/T 1174‑1992）

类别	牌　　号	化学成分 $w/\%$				力学性能			用途举例
		Sb	Cu	Pb	Sn	σ_b/MPa	$\delta/\%$	HBW	
						不小于			
锡基轴承合金	ZSnSb12Pb10Cu4	11.0～13.0	2.5～5.0	9.0～11.0	余量			29	一般机械的主要轴承,但不适于高温工作
	ZSnSb11Cu6	10.0～12.0	5.5～6.5	0.35	余量	90	6.0	27	1 500 kW 以上的高速蒸汽机,400 kW 的涡轮压缩机用轴承
	ZSnSb8Cu4	7.0～8.0	3.0～4.0	0.35	余量	80	10.6	24	一般大机器轴承及轴衬,重载、高速汽车发动机薄壁双金属轴承
	ZSnSb4Cu4	4.0～5.0	4.0～5.0	0.35	余量	80	7.0	20	涡轮内燃机高速轴承及轴衬
铅基轴承合金	ZPbSb15Sn5Cu3Cd2	14.0～16.0	2.5～3.0		5.0～6.0	68	0.2	32	船舶机械,小于 250 kW 的电动机轴承
	ZPbSb10Sn6	9.0～11.0	0.7※		5.0～7.0	80	5.5	18	重载、耐蚀、耐磨用轴承

注:表中有"※"号的数值,不计入其他元素总和。

3) 铜基轴承合金

铜基轴承合金有锡青铜、铅青铜等,尤以铅青铜适于制作轴承。铅青铜的典型牌号是 ZCuPb30,其显微组织是硬基体(铜)上大量均匀分布软的质点(铅)。与上述的巴氏轴承合金相比,具有高的疲劳强度、承载能力,同时还具有高的热导性和低的摩擦系数,能在低于 250℃ 的环境下工作。主要用作高速、高压下工作的轴承,如高速柴油机、航空发动机的主轴承。

4) 铝基轴承合金

铝基轴承合金是以铝为基本元素,加入锡、铜、镁等合金元素制成的合金。这类合金的性能特点是原料丰富、价格低、导热性好、疲劳强度及高温硬度高,能承受较大压力和速度。主要缺点是线膨胀系数大,抗咬合性不如巴氏合金。常用的高锡铝基轴承合金,其组织特点是硬基体(铝)上均匀分布软质点(球状锡晶粒),适用于制造高速、重载的发动机轴承。

除上述轴承合金外,珠光体灰铸铁也常作低速的不重要轴承。各种轴承的性能比较见表 4.17。

表 4.17　各种轴承合金性能比较

种　类	抗咬合性	磨合性	磨蚀性	耐疲劳性	合金硬度 HBS	轴颈处硬度 HBS	最大允许压力/(N/mm²)	最高允许温度/℃
锡基轴承合金	优	优	优	劣	20～30	150	600～1 000	150
铅基轴承合金	优	优	中	劣	15～30	150	600～800	150
锡青铜	中	劣	优	优	50～100	300～400	700～2 000	200
铅青铜	中	差	差	良	40～80	300	2 000～3 200	220～250
铝基合金	劣	中	优	良	45～50	300	2 000～2 800	100～150
铸铁	差	劣	优	优	160～180	200～250	300～600	150

4.6　粉末冶金材料

粉末冶金工艺是以金属粉末或掺入少量非金属粉末为原料,经混合后压制成形,并在低于金属熔点的温度下进行烧结,利用粉末间原子扩散来使其结合,制成金属材料和零件的方法。

4.6.1　粉末冶金概述

1. 粉末冶金的特点与工艺

1) 粉末冶金的特点

粉末冶金与一般的熔炼铸造相比,在技术上和经济上具有以下特点。

(1) 能生产具有特殊性能的材料和制品。如高温合金、含油轴承(多孔材料)、摩擦材料、电接触材料、磁性材料等。

(2) 无切屑或少切屑的精密加工。用粉末冶金法制造机械零件是一种无切屑或少切屑的加工方法,具有省材料、省工时、减少设备、降低成本等优点。

粉末冶金生产工艺由于在技术和经济上的优势,近 30 年得到迅速发展,在机械、电子、化工、宇航等工业部门得到越来越广泛的应用。但是,粉末成本高,模具费用高,制品的大小、形状受到一定限制,制品的强度和韧性较差。

2) 粉末冶金工艺简介

粉末冶金生产过程如图 4.24 所示。

图 4.24　粉末冶金法生产过程示意图

制取粉末是将块状金属、合金、金属化合物变成粉末。混料是将制成的粉末掺入添加剂,按一定的比例混合,得到制坯的原料。压制成形(制坯)是将定量混合料在巨大压力作用下,得到一定形状,并具有一定的密度和强度的坯件。坯件经过烧结,使孔隙度减少,得到致密的、具有一定物理性能和力学性能的制品。烧结后的制品一般可以作零件使用,但要进一步提高质量,需进行某些后处理,如整形、浸油、机加工、热处理等。

2. 粉末冶金材料简介

1) 含油轴承材料

含油轴承材料是一种多孔的粉末冶金材料。常用的有铁基含油轴承材料和铜基含油轴承材料。他们的混合料中含有石墨粉,经压制成形烧结后,再浸入润滑油中,使孔隙中吸附大量的润滑油(一般含油率为 12%～13%),具有很高的耐磨性和自润滑性。含油轴承材料可用于制作中速、轻载的轴承,特别是不能经常加油的轴承,如纺织机械、电影机械、食品机械、家用电器等的轴承。

2) 摩擦材料

摩擦材料主要用于实现制动,如飞机、汽车的刹车片,船舶、机床的离合器摩擦片等。粉末冶金摩擦材料是以铜粉或铁粉为基体,掺入石棉(能提高摩擦系数)、石墨、铅、锡等粉末,经压制、烧结制成。其性能特点是耐磨性高、摩擦系数大、热导性好、抗咬合性好、强度合适,优于铸铁、青铜、合成树脂等摩擦材料。

3) 铁基结构材料

铁基结构材料是以碳钢或合金钢粉末为主要成分,用粉末冶金法制作结构零件用的材料。目前已广泛用于制作各类零件,如汽车差速齿轮、活塞环、拨叉等。用粉末冶金法生产零件的最大特点是充分发挥了粉末冶金工艺无切屑或少切屑的优越性,零件精度高、表面质量好,可通过热处理进一步提高力学性能,可浸润滑油改善摩擦条件,减少磨损,并能减振、消震。

4.6.2 硬质合金

硬质合金是以碳化钨、碳化钛等难熔、高硬度碳化物的粉末为主要成分,加入作为粘结剂的金属钴粉末,用粉末冶金法制得的材料。

1. 硬质合金的性能特点

1) 硬度高、耐磨性好、热硬性好

由于硬质合金是以高硬度、高耐磨、极为稳定的碳化物粉末为主要成分,在常温下的硬度可达到 86～93 HRA(相当于 69～81 HRC),在 900℃～1 000℃的温度下,仍可保持 60 HRC 的高硬度。故硬质合金刀具使用时,切削速度比高速工具钢高 4～7 倍,刀具寿命高 5～80 倍。可切削 50 HRC 左右的硬质材料。

2) 抗压强度和弹性模量高

硬质合金在常温下的抗压强度可达 6 000 MPa,高于高速工具钢,在 900℃时可达到 1 000 MPa。弹性模量高,是高速工具钢的 2～3 倍。

此外,硬质合金还具有良好的耐蚀性和抗氧化性。但抗拉强度低,难以切削加工制成形状复杂的整体刀具,通常制成不同形状的刀片,采用焊接、粘接、机械夹持等方法安装在刀体上或模具体上使用。硬质合金是重要的工具材料。

2. 常用的硬质合金

1) 常用硬质合金的分类与牌号

常用的硬质合金按成分特点分为以下三类。

钨钴类硬质合金。钨钴类硬质合金的主要成分是碳化钨(WC)和粘结剂钴(Co)。其牌号用"YG＋数字"表示,"YG"是"硬、钴"两字的汉语拼音字首,数字是钴的平均百分含量。例如,

YG15 表示 $W_{Co} = 15\%$，其余为碳化钨的钨钴类硬质合金。

钨钛钴类硬质合金。钨钛钴类硬质合金的主要成分是碳化钨、碳化钛（TiC）和粘结剂钴。其牌号用"YT＋数字"表示，"YT"是"硬、钛"两字的汉语拼音字首，数字是碳化钛的平均百分含量。例如，YT15 表示 $w_{TiC} = 15\%$，其余为碳化钨和钴的钨钛钴类硬质合金。

通用硬质合金。通用硬质合金的主要成分是碳化钨、碳化钛、碳化钽（或碳化铌）和粘结剂钴。其牌号用"YW＋数字"表示，"YW"是"硬、万"两字的汉语拼音字首，数字是顺序号。例如，YW1。

2）常用硬质合金的化学成分、性能

钨钴类硬质合金适宜于加工脆性材料（如铸铁等），碳化钨的含量越高，粘结剂钴的含量越低，则合金的硬度、耐磨性、红硬性越高，抗弯强度和韧性越低。含钴量较高的，因韧性好，能承受较大的冲击载荷，适用于粗加工（如 YG15），反之，适用于精加工（如 YG3）。

钨钛钴类硬质合金由于碳化钛的加入，提高了硬度、耐磨性和热硬性，但抗弯强度和韧性有所下降。同时，碳化钛还会在合金表面形成一层氧化钛薄膜，切削时不易粘刀。因此，这类合金适于加工韧性材料（如钢等）；YT5 含碳化钛少，韧性好，适用于粗加工；YT30 含碳化钛多，韧性差，适用于精加工。

通用硬质合金由于用碳化钽（或碳化铌）取代上一类合金中的碳化钛，有利于提高抗弯强度、硬度、耐磨性、耐热性和抗氧化能力。可用来加工铸铁和各种钢材，特别适用于加工不锈钢、耐热钢、高锰钢等难加工的材料和有色金属。

钢结硬质合金是以一种或几种碳化物（如碳化钛、碳化钨）为硬化相，以碳钢或合金钢（铬钼钢、高速工具钢）的粉末为粘结剂，用粉末冶金法生产的粉末冶金材料。其性能介于高速钢和硬质合金之间，并可进行锻造、热处理、焊接。在锻造、退火后（40HRC）还可进行一般的切削加工，经淬火低温回火后，硬度可达到 70 HRC，具有高的耐磨性，且淬火变形小、抗氧化、耐腐蚀，适用于制造各种形状复杂的整体刀具、模具和耐磨零件。

3）常用硬质合金的应用

切削加工用硬质合金。硬质合金刀具有多种形式，应根据加工方式、被加工材料的性质、加工条件等选用合适的硬质合金制作车刀、铣刀、钻头、绞刀、镗刀等。

模具用硬质合金。硬质合金可用于冷作模具的制作，如拉拔模、冷冲模、冷挤压模等，如 YG8 可用于冲压模具。

硬质合金量具。千分尺、块规、塞规等各种专用量具，可在其易磨损的工作面用硬质合金镶焊，如 YG6，以提高耐磨性，延长使用寿命。

耐磨零件用硬质合金。YG8 等钨钴类硬质合金可用于制作精轧辊、顶尖、精密磨床的精密轴承。

矿山用硬质合金。YG11C、YG15 等硬质合金可用于制作凿岩用的钎头。

4.7　非金属材料简介

非金属材料是指除金属材料以外的所有固体材料。这些材料来源广泛、成形工艺简单、具有某些金属材料所没有的特殊性能，应用日益广泛。在机械制造中常用的有高分子材料、陶瓷材料和复合材料，现已成为机械工程材料中不可缺少的重要组成部分。

4.7.1　高分子材料

机械工程中用的高分子材料主要是各种人工合成有机高分子化合物,其品种有工程塑料、合成橡胶、胶粘剂、合成纤维等。

1. 工程塑料

塑料是以树脂为主要组分,加入一些能改善使用性能和工艺性能的添加剂而制成的一种高分子材料。树脂是具有可塑性的高分子化合物的总称,这些添加剂有填充剂、增塑剂、着色剂、稳定剂、润滑剂等。

1) 塑料的分类

(1) 按树脂在加热和冷却时所表现的性能,可将它们分为热塑性塑料和热固性塑料两大类。

热塑性塑料是指能重复加热成形的塑料,如聚乙烯、聚氯乙烯、聚酰胺、ABS、聚甲醛、聚碳酸酯、聚苯乙烯、聚四氟乙烯、聚砜等。其特点是能溶于有机溶剂,加热可软化,易于加工成形,并能反复塑化成形。

热固性塑料是指不能重复加热成形的塑料,如酚醛塑料、氨基塑料、环氧塑料、有机硅塑料等。这类塑料固化后重新加热不再软化和熔融、亦不溶于有机溶剂,不能再成形使用。其性能特点是耐热性高、受压不易变形,但强度不高、韧性差、成形加工复杂、生产率低。

(2) 按使用范围分通用塑料、工程塑料和耐高温塑料等。

通用塑料主要是指产量大、应用广、价格便宜、容易加工成形,但性能一般的一类塑料。可作为日常生活用品、包装材料等。如聚氯乙烯、聚乙烯、聚丙烯、聚苯乙烯、酚醛塑料、氨基塑料等。

工程塑料主要是指性能优异,如具有优良的电性能、力学性能、耐冷和耐热性能、耐磨性能、耐腐蚀等,可代替金属材料制造机械零件及工程构件的塑料。如聚酰胺、ABS 塑料、聚碳酸酯、有机玻璃、聚四氟乙烯等。

耐高温塑料主要是指耐高温,大多能在 150℃ 以上条件下工作的塑料,如氟塑料、有机硅树脂、聚酰亚胺、聚苯硫醚等。这类塑料价格贵、产量小,适用于特殊用途,特别是在国防工业和尖端技术中有着重要的作用。

2) 塑料的性能特点

塑料最大的特点是具有可塑性和可调性。所谓可塑性,就是通过简单的成型工艺,利用模具可以制造出所需要的各种不同形状的塑料制品;可调性是指在生产过程中可以通过变换工艺、改变配方,制造出不同性能的塑料。塑料的其他性能分述如下。

(1) 物理性能

密度。塑料的密度在 $0.9\sim2.2\ \text{g/cm}^3$ 之间,仅相当于钢密度的 $1/4\sim1/7$。若在塑料中加入发泡剂后,泡沫塑料的密度仅为 $0.02\sim0.2\ \text{g/cm}^3$。

电性能。塑料的电绝缘性能与陶瓷、橡胶相近,这对于有绝缘性能要求的机械零件和电器开关十分重要。聚四氟乙烯、聚乙烯、聚丙烯、聚苯乙烯等塑料可作为高频绝缘材料;聚碳酸酯、聚氯乙烯、聚酰胺、聚甲基丙烯酸甲酯、酚醛、氨基塑料等可作为中频及低频绝缘材料。

热性能。塑料遇热、遇光易老化、分解,大多数塑料只能在 100℃ 以下使用,只有极少数塑料(如聚四氟乙烯、有机硅塑料)可在 250℃ 左右长期使用;塑料的导热性差,是良好的绝热材料;塑料线膨胀系数大,一般为钢的 3～10 倍,因而塑料零件的尺寸不稳定,常因受热膨胀产生过量变形而引起开裂、松动、脱落等情况发生。

(2) 化学性能

塑料对一般的酸、碱、油、海水等具有良好的耐腐蚀能力,大多数塑料能耐大气、水、酸、碱、油的腐蚀,尤其是塑料能耐"王水"的腐蚀。这种性能特别适用于在腐蚀性介质中工作的零件、管道。

(3) 力学性能

强度与刚度。塑料的强度、刚度较差,其强度仅为 30～150 MPa,且受温度的影响较大,图 4.25 为有机玻璃(聚甲基丙烯酸甲酯)在不同温度下的应力-应变曲线;塑料的刚度仅为钢的 1/10。但由于塑料的密度小,故比强度比较高。

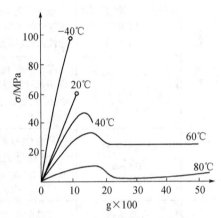

图 4.25 有机玻璃应力-应变曲线

蠕变与应力松弛。塑料在外力作用下,在应力保持恒定的条件下,变形随时间的延续而慢慢增加,这种现象称为蠕变。例如架空的电线套管会慢慢变弯,这就是蠕变。蠕变会导致应力松弛,如塑料管接头经一定时间使用后,由于应力松弛导致泄漏。

减摩性和耐磨性。许多的塑料的摩擦系数低,如聚四氟乙烯、尼龙、聚甲醛、聚碳酸酯等都具有小的摩擦系数,因此塑料具有良好的减摩性;同时塑料具有自润滑性,在无润滑或少润滑摩擦的条件下,其减摩性好于金属,工程上用这类塑料来制造轴承、轴套、衬套、丝杠螺母等摩擦磨损件。

此外,塑料还具良好的减振性和消音性,用塑料制作零件可减小机器工作时的振动和噪声。

3) 常用塑料

常用塑料的名称、性能与用途见表 4.18。

表 4.18 常用塑料的名称、性能与用途

类别	名称	性能特点	用途举例
热塑性塑料	聚乙烯 (PE)	高压聚乙烯:化学稳定性好、抗拉强度较低、塑性和韧性较好,质地柔软,最高使用温度 80℃ 低压聚乙烯:质地坚硬、耐磨性、耐蚀性和绝缘性好,最高使用温度 100℃	高压聚乙烯:塑料薄膜、软管、电线包皮、日用品、玩具等 低压聚乙烯:可制作承载较小的齿轮、轴承等结构件、耐蚀管道等
	聚氯乙烯 (PVC)	硬质聚氯乙烯:强度较高、刚性好、塑性低,耐蚀性和绝缘性好,耐热性差,使用温度-15℃～55℃ 软质聚氯乙烯:质地柔软、高弹性、耐蚀性好、绝缘性好、耐热性差 泡沫聚氯乙烯:隔热、隔音性能好	硬质聚氯乙烯:各种上下水管、接头和化工耐蚀结构件,如输油管、容器、阀门等,用途广 软质聚氯乙烯:农用薄膜、人造革、电线包皮等,因有毒,不能包装食品 泡沫聚氯乙烯:用于隔热、隔音和包装之用

（续表）

类别	名称	性能特点	用途举例
热塑性塑料	聚酰胺（尼龙）（PA）	耐冲击、耐磨、耐蚀，较好自润滑性能、摩擦系数小，但热稳定性差，导热性差，使用温度低于100℃；吸水性大，成形收缩率大，影响零件的尺寸精度	多用于小型零件的制造，如齿轮、螺母、轴承、密封圈等，不适于制作精密零件
	聚甲基丙烯酸甲酯（有机玻璃）（PMMA）	透光性好、耐紫外线和耐大气老化，耐蚀性和绝缘性好，但硬度低、不耐磨、脆性大，使用温度-60℃～100℃	仪器和设备的防护罩，光学镜片、飞机的座舱、风挡、幺窗等
	苯乙烯-丁二烯-丙烯腈共聚物（ABS塑料）	综合力学性能好，尺寸稳定、绝缘性好、耐腐蚀，易于成形、能机械加工，表面还可进行电镀，但耐热性差、耐候性差	齿轮、轴承、叶轮、仪表盘以及仪表、家用电器的外壳等
	聚四氟乙烯（塑料王）（F-4）	具有优越的化学稳定性和热稳定性，绝缘性好、自润滑性好，但强度低、刚性差、加工成形性差，可在-195℃～250℃使用。	减摩密封零件，化工机械中的耐蚀零件、管道，高频或潮湿条件下的绝缘材料
热固性塑料	酚醛塑料（电木）（PF）	较高的抗拉强度、硬度高、耐磨、耐腐蚀、耐热性好，但脆性大、加工性差、不耐碱、着色性差	广泛用于电器开关、插座、灯头，也可用刹车片、风扇皮带轮、耐酸泵、整流罩等
	氨基塑料（电玉）（UF）	力学性能、耐热性和绝缘性和电木相近，颜色鲜艳、半透明、耐水性差，长期使用温度低于80℃	电器开关、装饰件、钟表外壳等
	环氧树脂塑料（EP）	强度高、耐热、耐蚀、绝缘性好、易于成形，化学稳定好，可在-80℃～155℃长期使用，但有一定毒性	可制成玻璃纤维增强塑料、用于塑料模具、量具、灌封电子元件等

2. 橡胶

橡胶是一种具有高弹性的高分子材料。工业上使用的橡胶是以生胶为主要原料，加入适量的硫化剂、软化剂、填充剂、防老化剂等制成的产品。

1）橡胶的分类

（1）按生胶来源分天然橡胶和合成橡胶两类。

天然橡胶是橡树的乳胶，经过凝固、干燥、加压等工序制成的片状生胶，具有综合性能好，较好的弹性，弹性模量为3～6MPa，约为钢铁的1/30 000，而伸长率则为300倍，适用于制造轮胎、胶带、胶管、胶鞋等。

合成橡胶是用石油、天然气、煤和农副产品为原料，提炼制得的类似天然橡胶的高分子材料，以弥补天然橡胶的产量和性能的不足。

（2）按应用范围分通用橡胶和特种橡胶两类

通用橡胶，主要用于制作轮胎、输送带、胶管、胶板等，主要品种有丁苯橡胶、氯丁橡胶、乙丙橡胶等。

特种橡胶具有耐高温、耐低温、耐油性、耐蚀性以及其他各种特殊性能，主要用于高温、低温、酸、碱、油和辐射介质条件下的橡胶制品,多用于国防工业部门和尖端科学部门,主要有丁腈橡胶、硅橡胶、氟橡胶等。

2) 橡胶的特性

(1) 橡胶有极好的弹性,因为它的主要组成是具有高弹性高分子物质。在受到较小力作用下能产生很大的变形(变形量在 100%～1 000%),取消外力后又能恢复原状,这是橡胶区别于其他物质的主要标志。

(2) 除了高弹性外,橡胶还具有很高的可挠性、伸长率、良好的耐磨性、电绝缘性、耐腐蚀性、隔音、吸振以及与其他物质的粘结性等。

3) 常用的橡胶及用途

常用橡胶的名称、性能与用途见表 4.19。

表 4.19　常用橡胶的名称、性能与用途

类别	名称	σ_b/MPa	δ/%	使用温度 t/℃	性能特点	用途举例
通用橡胶	天然橡胶(NR)	17～35	650～900	−70～110	高强度、绝缘、防震	轮胎、胶带、胶管以及不要求耐热、耐油的垫圈、衬垫等
	丁苯橡胶(SBR)	15～25	500～600	−50～140	与天然橡胶比,有较好的耐磨性、耐热性、耐油性及耐老化性,但弹性和强度差	轮胎、胶带、胶布、胶管及各种工业用橡胶密封件等
	顺丁橡胶(BR)	18～25	50～800	−70～120	耐磨性和弹性优于天然橡胶,耐寒,但加工性能差、抗撕裂性差	轮胎、胶管、胶辊、刹车皮碗、橡胶弹簧、鞋底等
	氯丁橡胶(CR)	25～27	800～1 000	−35～130	耐油性、耐磨性、耐热性、耐燃性、耐蚀性和气密性均优于天然橡胶,特别是耐老化性	海底电线、电缆的包皮、化工防腐蚀材料、地下采矿用的耐燃安全橡胶制品以及垫圈、油罐衬里、运输皮带等
	丁腈橡胶(NBR)	15～30	300～800	−35～175	耐油性、耐磨性和耐热性优于天然橡胶,但耐低温差、弹性低、绝缘性差	耐油密封圈、输油管、油槽衬里、耐油运输带以及各种耐油减震制品
特种橡胶	聚氨酯橡胶(UR)	20～35	300～800	−30～80	强度、耐磨性由于其他橡胶,耐油性好,但耐蚀性差,最高使用温度80℃	胶辊、实心轮胎、耐磨制品及特种垫圈等
	氟橡胶(FPM)	20～22	100～500	−50～300	耐蚀是优于其他橡胶,耐热,但耐寒性差	高耐蚀密封件、高真空橡胶件以及特种电线电缆的护套等
	硅橡胶	4～10	50～500	−100～300	绝缘性好、耐热、耐寒、抗老化、无毒	耐高、低温的橡胶制品,绝缘件等

4.7.2　陶瓷

陶瓷是以天然硅酸盐或人工合成的无机化合物为原料,用粉末冶金法生产的由金属和非金属的无机化合物构成的多晶固体材料。它同金属材料、高分子材料一起被称为三大固体工程材料。

1. 陶瓷的分类

1) 按使用原料分

陶瓷按使用原料不同分为普通陶瓷和特种陶瓷。

普通陶瓷的原料是天然的硅酸盐矿物,如粘土、长石、石英等,又称为传统陶瓷、硅酸盐陶瓷。这类陶瓷的品种主要有日用陶瓷、多孔陶瓷(过滤陶瓷)、化工陶瓷、绝缘陶瓷、建筑陶瓷等。

特种陶瓷又称为近代陶瓷,其原料是人工合成的高纯度氧化物(Si_2O_2、Al_2O_3)、氮化物、碳化物、硅化物等无机非金属物质。特种陶瓷按性能可分为高强度陶瓷、高温陶瓷、耐酸陶瓷、耐磨陶瓷、压电陶瓷等;按化学组成又可分为氧化物陶瓷、氮化物陶瓷、碳化物陶瓷等。

2) 按用途不同分

陶瓷按用途不同分为日用陶瓷和工业陶瓷。工业陶瓷又分为工程结构陶瓷和功能陶瓷。

2. 陶瓷的性能

力学性能。陶瓷是工程材料中刚度最好、硬度最高的材料,其硬度大多在1 500 HV以上。陶瓷的抗压强度较高,但抗拉强度较低,塑性和韧性很差。

热性能。陶瓷材料一般具有高的熔点(大多在2 000℃以上),且在高温下具有极好的化学稳定性;陶瓷的导热性低于金属材料,陶瓷还是良好的隔热材料。同时陶瓷的线膨胀系数比金属低,当温度发生变化时,陶瓷具有良好的尺寸稳定性。

电性能。大多数陶瓷具有良好的电绝缘性,因此大量用于制作各种电压(1 kV～110 kV)的绝缘器件。铁电陶瓷(钛酸钡 $BaTiO_3$)具有较高的介电常数,可用于制作电容器,铁电陶瓷在外电场的作用下,还能改变形状,将电能转换为机械能(具有压电材料的特性),可用作扩音机、电唱机、超声波仪、声呐、医疗用声谱仪等。少数陶瓷还具有半导体的特性,可作整流器。

化学性能。陶瓷在高温下不易氧化,并对酸、碱、盐具有良好的抗腐蚀能力。

此外陶瓷还有独特的光学性能,可用作固体激光器材料、光导纤维材料、光储存器等,透明陶瓷可用于高压钠灯管等。磁性陶瓷(铁氧体如:$MgFe_2O_4$、$CuFe_2O_4$、Fe_3O_4)在录音磁带、唱片、变压器铁芯、大型计算机记忆元件方面的应用有着广泛的前途。

3. 常用的陶瓷材料

常用陶瓷的名称、性能与用途见表4.20。

表 4.20　常用陶瓷的品种、性能与用途

名称	性能特点	用途举例
普通瓷	硬度高、耐腐蚀、绝缘性好,有一定的耐高温能力,成本低、加工成形性好	可用于受力不大、工作温度一般在200℃以下的酸碱介质中工作的容器、反应塔管道以及供电系统中的绝缘子等绝缘材料
氧化铝陶瓷	强度高于普通瓷,具有很好的耐高温性能,优良的电绝缘性能、耐蚀能力,但脆性大、抗热振性差	制作高温试验的容器、热电偶套管、内燃机火花塞、刀具、火箭导流罩等

（续表）

名称	性能特点	用途举例
氮化硅陶瓷	有自润滑性、摩擦系数小、强度高、硬度高、耐磨性好,抗热振性好、耐蚀性好	耐蚀水泵密封件、高温轴承、电磁泵的管道、阀门、刀具、燃气轮机叶片等
碳化硅陶瓷	高温强度高、热导性好、热稳定性好、耐蚀、耐磨、硬度高	可用于 1 500℃ 以上工作的结构件,如火箭尾喷嘴、浇注金属用的喉嘴、热电偶套管、燃气轮机的叶片、耐磨密封圈等
氮化硼陶瓷	高温绝缘性好、化学性能稳定、有自润滑性、耐热性好、硬度低、可进行切削加工	热电偶套管、高温容器、半导体散热绝缘零件、高温轴承等

4.7.3　复合材料

复合材料是指用人工的方法将一种或几种材料均匀地与另一种材料结合而成的多相材料。在其组成相中一类为基体材料,起粘结作用;另一类为增强材料,起提高强度或韧性的作用。

复合材料最大的特点是能根据人们的要求来设计材料,来改善材料的使用性能,克服单一材料的某些缺点,充分发挥各组成材料的最佳特性,达到取长补短、有效利用材料的目的。大家熟知的竹材和木材就是纤维素(抗拉强度大)和木质素(粘结作用)相结合的天然复合材料;钢筋混凝土就是钢筋和混凝土组成的建筑用复合材料,既具有了钢筋的抗拉性能,又有了混凝土的抗压性能;玻璃钢就是树脂和玻璃纤维组成的复合材料,既提高了树脂的强度和刚度,又改善了玻璃纤维的脆性。总之,复合材料是一种新型的,很有发展潜力的工程材料,其应用会越来越广泛。

1. 陶瓷的分类

1) 按增强材料的形状分类

可分为纤维增强复合材料、颗粒增强复合材料、层叠复合材料等。

2) 按基体不同分类

可分为树脂基复合材料、陶瓷基复合材料、金属基复合材料。

3) 按用途分类

可分为结构复合材料和功能复合材料。结构复合材料主要作为承力结构使用的材料;功能复合材料是指除力学性能以外还具备其他物理、化学、生物等特殊性能的复合材料。

4) 按基体材料划分

可分为非金属基体和金属基体两类。目前大量研究和使用的是以高分子材料为基体的复合材料。

2. 纤维增强复合材料的性能

1) 比强度和比模量高

纤维增强复合材料的比强度和比模量普遍大于钢,例如碳纤维和环氧树脂组成的复合材料,比强度是钢的 7 倍,比模量是钢的 4 倍。这一性能对于宇航、交通运输及高速运转的零件十分重要。

2) 抗疲劳性能好

复合材料的基体中密布着大量的增强纤维等,而基体的塑性一般较好,而且增强纤维和基体的界面可阻止疲劳裂纹扩展,从而有效地提高复合材料的疲劳极限,碳纤维增强复合材料的疲劳极限是抗拉强度的 70%～80%。

3）减振性能好

机构的自振频率与材料比弹性模量的平方根成正比，由于复合材料的比模量大，自振频率很高，不易产生共振，同时纤维与基体的界面具有吸振能力，振动波在此会很快衰减。

4）高温性能好

增强纤维的熔点或软化温度一般都较高，除玻璃纤维的软化点仅为 $700℃\sim900℃$ 外，其他如 Al_2O_3、C、BN、SiC、B 等纤维的软化点都在 2 000℃以上，所以复合材料一般都具有较高的高温强度。例如一般铝合金在 400℃以上时强度仅为室温时的 1/10，弹性模量接近于零，而用碳纤维或硼纤维强化的铝材，在 400℃时强度和弹性模量几乎和室温一样。

5）化学稳定性好

基体选用耐腐蚀性好的树脂，纤维选用强度高的，其复合材料就具有很好的耐腐蚀性。

6）成形工艺简单

复合材料构件可整体成形、也可模具一次成形，节省原材料和工时。

此外，纤维增强复合材料还存在一些缺点，如抗冲击性能差、不同方向上的力学性能存在较大的差异、成本高等。

3. 常用的复合材料

常用复合材料的名称、性能与用途见表 4.21。

表 4.21　常用复合材料的名称、性能与用途

种类	名称	性能特点	用途举例
纤维增强复合材料	玻璃纤维增强塑料（玻璃钢）	热塑性玻璃钢：与未增强的塑料相比，具有更高的强度和韧性和抗蠕变的能力，其中以尼龙的增强效果最好，聚碳酸酯、聚乙烯、聚丙烯的增强效果较好	轴承、轴承座、齿轮、仪表盘、电器的外壳等
		热固性玻璃钢：强度高、比强度高、耐蚀性好、绝缘性能好、成形性好、价格低，但弹性模量低、刚度差、耐热性差、易老化和蠕变	主要用于制作要求自重轻的受力构件，如直升机的旋翼、汽车车身、氧气瓶。也可用于耐腐蚀的结构件，如轻型船体、耐海水腐蚀的结构件、耐蚀容器、管道、阀门等
	碳纤维增强塑料	保持了玻璃钢的许多优点，强度和刚度超过玻璃钢，碳纤维—环氧复合材料的强度和刚度接近于高强度钢。此外，还具有耐蚀性、耐热性、减摩性和耐疲劳性	飞机机身、螺旋桨、涡轮叶片、连杆、齿轮、活塞、密封环、轴承、容器、管道等
层叠复合材料	夹层结构复合材料	由两层薄而强的面板、中间夹一层轻而弱的芯子组成，比重小、刚度好、绝热、隔音、绝缘	飞机上的天线罩隔板、机翼、火车车厢、运输容器等
	塑料-金属多层复合材料	例 SF 型三层复合材料，表面层是塑料（自润滑材料）、中间层是多孔性的青铜、基体是钢，自润滑性好、耐磨性好、承载能力和热导性比单一塑料大幅提高、热膨胀系数降低 75%	无润滑条件下的各种轴承
颗粒复合材料	金属陶瓷	陶瓷微粒分散于金属基体中，具有高硬度、高耐磨性、耐高温、耐腐蚀、膨胀系数小	作工具材料

4.8　典型机械零件材料的选用

在机械设计和制造中,合理选择每一个零件的材料,正确拟定热处理工艺及加工工艺路线对其产品质量特别是使用寿命、零件成本影响重大。可以说,机械零件的设计不应是一个单纯的结构设计,应包括选择材料及相关工艺的设计。

4.8.1　零件的失效分析

失效是指零件在使用过程中丧失或达不到原来设计的效能。一般来说,零件完全不能工作;零件虽能工作,但不能达到预期功效;零件继续工作,但不安全这三种情况可以认为是失效。

零件失效,特别是无明显预兆的失效,往往会带来很大的危害,甚至会影响到人身安全,造成重大事故。因此,正确分析失效原因,提出预防措施十分重要。同时,通过失效分析还为我们正确选材、改进结构设计、修订加工工艺提供依据。

1. 零件的失效形式

机械零件和工模具的失效形式主要有断裂失效、过量变形失效和表面损伤失效三种类型。

断裂失效是指零件完全断裂而无法工作的失效。常见的断裂形式主要有塑性断裂、疲劳断裂、应力腐蚀断裂、低应力脆性断裂、蠕变断裂等。

过量变形失效是指零件的变形量超过了允许的范围。主要有过量的弹性变形、过量的塑性变形和高温蠕变等。

表面损伤失效是指零件在工作中,因机械和化学作用,使其表面损伤而造成的失效。主要有表面磨损失效、表面腐蚀失效和表面疲劳失效。

应当指出,一个零件的失效可能有几种形式,也可以是相互组合而成的联合失效形式,但只有一种起决定性作用。

2. 零件的失效原因

零件的失效原因很多,主要有设计原因、选材问题、加工工艺不当和安装使用不正确四个方面。

设计原因。对零件的工作条件(受力性质、大小、温度、湿度、环境等)估计错误,安全系数过小、计算错误等,容易使零件的性能满足不了要求而失效;零件的结构形状、尺寸等设计不合理,容易造成应力集中,局部超载而造成失效。

选材问题。选择材料错误,容易造成所选材料的性能不能满足使用要求;所选材料质量不合格等原因引起零件的失效。

加工工艺不当。零件在加工过程中,由于采用的工艺方法、工艺参数、技术措施不正确,可能产生铸造缺陷、锻造缺陷、焊接缺陷、切削加工缺陷和热处理缺陷,造成零件的失效。

安装使用不正确。机械在装配、安装过程中不按技术要求,使用过程中不按规程操作、保养、维修,超载使用等均可能造成零件失效。

总之,分析失效原因是一项复杂、细致的工作,必须从多方面综合分析来确定失效原因,为正确设计、合理选材、改进工艺提供可行的依据。

4.8.2　选材的原则、方法和步骤

1. 选材的基本原则

选材的基本原则是,首先满足使用性能要求(主要是力学性能要求),同时要考虑到材料的

工艺性和经济性。

1）使用性能

材料的使用性能通常包括力学性能、物理性能和化学性能，对于一般的机械零件主要是力学性能。它决定了材料的使用价值和工作寿命，是选材的主要依据。

（1）按力学性能选材的基本原则

选材时，首先是分析零件的工作条件、常见的失效形式，并通过力学计算确定零件应具有的主要力学性能，作为选材的依据。零件的工作条件包括：应力状态（工作应力的种类、大小、分布等）、载荷性质（静载荷、冲击载荷、循环载荷等）、温度、环境、摩擦条件等。零件的工作条件不同，失效形式不同，其力学性能的要求也不同。表 4.22 列出了一些零件、工具的工作条件、常见的失效形式及要求的力学性能。

表 4.22　一些零件、工具的工作条件、失效形式及要求的力学性能

名称	工作条件			常见失效形式	要求的主要力学性能
	应力状态	载荷性质	其他		
普通紧固螺栓	拉应力、剪应力	静载	—	过量变形、断裂	强度、塑性
传动轴	弯曲应力、扭转应力	交变及冲击载荷	轴颈处摩擦	疲劳断裂、过量变形、轴颈处磨损	综合力学性能，轴颈处硬耐磨
传动齿轮	接触压应力、弯曲应力	交变及冲击载荷	振动、齿部摩擦	齿折断、过量磨损、疲劳麻点	表面硬耐磨、接触疲劳强度，心部强而韧
弹簧	扭应力（螺旋弹簧）、弯应力（板簧）	交变及冲击载荷	振动	疲劳断裂、弹性丧失	弹性极限、屈强比、疲劳强度
滚动轴承	压应力、滚动摩擦	交变载荷	润滑剂的腐蚀	过量磨损、疲劳破裂	高硬度、高耐磨性、抗压强度、接触疲劳强度、一定的韧性
冷作模具	复杂应力	交变及冲击载荷	强烈摩擦	过量磨损、脆性断裂	高硬度、高耐磨性、足够的强度和冲击韧性
压铸模	复杂应力	交变及冲击载荷	热循环、摩擦	热疲劳、磨损、脆断	较高的强度和韧性、高的耐热疲劳性、高温耐磨性、热硬性和高温强度

（2）按力学性能选材时应注意的问题

综合考虑材料强度、塑性、韧性的合理配合。强度判据 σ_s、σ_b 和疲劳强度 σ_{-1} 直观，依据材料力学理论可直接用于定量设计计算。强度指标提高，可以减轻零件的自重或提高承载能力。但是在一般情况下，塑性和韧性会有所下降，过载时，零件就有脆性断裂的危险。再说，材料的塑性不足，在应力集中处容易产生裂纹，导致脆性破坏。故选材时，必须正确处理好各力学性能之间的关系。

合理地选定硬度值。由于硬度的测定方法简单、不破坏零件,而且还可以间接表示强度、塑性和韧性。因此,多数零件在图纸标出所要求的硬度值,以综合体现所要求的力学性能。硬度值是根据所需的强度(考虑与塑性、韧性的配合),结合零件的结构特点、工作条件进行折算,标注在技术条件中。一般工作时不产生应力集中、受力均匀的零件,可选定较高的硬度;有应力集中的零件,需要较高的塑性,硬度值要适当;对精密零件,为提高耐磨性,保持高精度,硬度值可大些。相互摩擦的一对零件应有一定的硬度差,以提高耐磨性。例如:轴颈与轴承的硬度搭配(参阅表4.23);相互啮合的一对齿轮,小齿轮的齿面硬度应比大齿轮高 25～40HBW;螺母应比螺栓硬度低 20～40 HBW,可避免咬死、减少磨损。

选用材料的力学性能判据数值时应注意的几个问题。

① 注意手册中各性能数据的测试条件与零件实际情况的差异。手册中的数据一般是根据能淬透的小尺寸($\phi=15$ 或 25 mm)光滑试样做试验得到的,而零件的实际尺寸较大,存在缺陷(孔洞、夹杂物、表面损伤等)的可能性增加,对碳钢和低淬透性钢就有可能淬不透,故导致材料实际使用的性能数据一般应随零件尺寸的增大而减小。对批量生产的零件,一定要对原材料的材质进行检测。表 4.23 是几种钢材在调质时的尺寸效应实例。

表 4.23　几种钢材的尺寸效应(调质后)

牌号	截面 $\phi=25$ mm				截面 $\phi=100$ mm			
	σ_s/MPa	σ_b/MPa	ϕ/%	A_k/J	σ_s/MPa	σ_b/MPa	ϕ/%	A_k/J
40、45、40Mn	400～600	600～800	50～55	80～100	300～400	500～700	40～50	40～50
18Cr2Ni4W、2518Cr2Ni4W	900～1 000	1 000～1 200	50～55	80～100	800～900	1 000～1 200	50～55	80～100

② 实际零件材料的成分、热处理工艺参数等与标准试样相比可能存在一定的偏差,从而导致零件的力学性能波动。

③ 同种材料采用的工艺不同,其性能数据也会不同。例如,同种材料用锻压成形的坯料就比用铸造成形的坯料力学性能好。

总之,应根据所选材料的具体情况对手册中的数据作一定的修正,必要时可进行零件的强度和寿命模拟试验,确保提供的数据可靠。

2) 工艺性能

工艺性能是指零件在各种加工过程中所表现出来的性能。它决定了所选材料能否顺利加工制造成所需的零件。常见的工艺性能有铸造性能、锻压性能、焊接性能、切削加工性、热处理工艺性等。

(1) 铸造性能

材料的铸造性能一般用流动性、收缩性和偏析来综合评定。同种材料中,共晶成分的合金铸造性能好。通常,铸造铝合金、铸造铜合金、铸铁的铸造性能优于铸钢。铸铁中,灰铸铁的铸造性能最好。

(2) 锻压性能

材料的锻压性能一般用塑性和变形抗力来评定。通常,碳钢的锻压性能优于合金钢;低碳钢优于高碳钢。

（3）焊接性能

材料的焊接性能一般用焊缝处出现裂纹、气孔的倾向和焊缝强度来衡量。低碳钢和低合金高强度结构钢的焊接性良好，若含碳量和合金元素含量越高，焊接性越差。铜合金和铝合金的焊接性较差，灰铸铁基本上不能焊接。

（4）切削加工性

材料的切削加工性常用切削抗力、最高切削速度、切削时切屑排除的难易程度、刀具磨损量、切削后零件表面粗糙度等来衡量。一般，材料的硬度在 170～230 HBW 范围内，切削加工性良好。

（5）热处理工艺性

材料的热处理工艺性常用淬透性、淬硬性、淬火变形与开裂倾向、氧化、脱碳、耐回火性和回火脆性等来衡量。一般，碳钢的淬透性差，淬火易变形开裂；合金钢的淬透性优于碳钢；合金钢的耐回火性优于碳钢；锰钢加热时，过热倾向性大；硅钢加热时，脱碳倾向性大。

3）经济性

经济性是指所选材料加工成零件后的成本高低，主要包括：材料费用、加工费用、管理费用、运输费、安装费、维修保养费用等。对一些重要、精密、加工复杂的零件和使用周期长的工模具，还应考虑使用寿命。总之，零件总成本的高低需考虑多项因素，进行综合分析比较，切不可只考虑材料的价格。

2. 选材的方法和步骤

1）按力学性能选材的基本方法

（1）以综合力学性能为主时的选材

机器中的大多数轴、杆、套类零件，承受静、动载荷的作用，主要失效形式是过量变形，要求材料具有较好的综合力学性能，一般可选用中碳钢或中碳合金钢，采用调质处理或正火处理。

（2）以疲劳强度为主时的选材

发动机的曲轴、齿轮、弹簧、滚动轴承等零件承受交变载荷作用，主要失效形式是疲劳破坏，这类零件的选材及热处理应充分考虑提高疲劳性能。对承载较大的零件可选用淬透性要求较高的材料。调质钢进行表面淬火、渗碳钢进行渗碳淬火、氮化钢进行氮化以及喷丸、滚压等处理均有利于提高疲劳强度。

（3）以磨损为主时的选材

承载不大，摩擦较大。这类零件有量规、钻套、顶尖、冷冲模、刀具等，主要失效形式是磨损，要求材料具有高硬度和高耐磨性，可选用高碳钢和高碳合金钢进行淬火和低温回火，获得高硬度的回火马氏体和碳化物，满足高耐磨性的要求。选材和制定热处理工艺时，还应考虑到热硬性要求。

承受交变载荷、冲击载荷，且摩擦较大。这类零件有汽车变速箱的齿轮、重要的轴等，主要失效形式是磨损、过量变形和疲劳破坏，要求材料表面硬耐磨、心部强而韧（或综合性能好），应根据零件的具体承受冲击载荷和摩擦情况选择适于表面淬火、渗碳的材料（中碳或中碳合金钢、低碳或低碳合金钢）或氮化用钢，进行适当的热处理。

此外，高应力和很大冲击载荷作用下的零件，如坦克履带、铁路道岔等，即要求材料具有高硬度，又要求有很好的韧性，可选用高锰耐磨钢。

2）选材的基本步骤

（1）分析零件的工作条件、失效形式，确定零件的使用性能和工艺性能等相关性能。

（2）从使用性能、加工工艺、原材料工艺等各方面，对同类产品进行调研，分析选材的合理性。

（3）找出关键的性能要求，通过力学计算或试验，确定零件应具有的力学性能判据或理想化性能指标。

（4）结合材料的工艺性和经济性，根据力学性能判据，选择合适的材料，确定热处理方法或其他强化方法。

（5）对重要零件或大批生产的零件，应进行试验，以检验所选材料及热处理方法能否达到各项性能要求。试验结果符合要求后，方可批量生产。

上述步骤仅供练习选材时参考，并非一成不变，实际选材时应结合零件的具体情况有所侧重。

4.8.3　典型零件的选材及热处理工艺分析

1. 齿轮类零件

1）齿轮的作用

齿轮的主要作用是传递扭矩、调节速度、改变运动方向。

2）工作条件

（1）一对相互啮合的齿轮，是通过齿面的接触、滑动传递动力，所以齿根受很大交变弯曲应力作用、齿面受较大接触应力并有强烈的摩擦和磨损。

（2）在换挡、启动、啮合不良时，承受一定的冲击载荷。

3）失效形式

常见的失效形式有轮齿折断、齿面磨损、齿面剥落、齿面点蚀、过载断裂等。

4）力学性能要求

（1）高的弯曲疲劳强度。

（2）齿面应具有高的接触疲劳强度、高的硬度和耐磨性。

（3）齿轮心部应具有良好的综合力学性能或较好的强韧性。

5）齿轮零件常用材料及热处理

（1）中碳钢和中碳合金钢。一般承载不大的低、中速传动齿轮，常选用 40、45、40 Cr、40 MnB 钢等，经调质处理或正火（要求不高时）达到性能要求（较好的综合力学性能）。经表面淬火、低温回火，表面硬度可达 52～58 HRC，具有较高的耐磨性。这类齿轮不能承受较大的冲击载荷。

（2）低碳钢和低碳合金钢。承受较大冲击载荷的重载高速齿轮一般选用 20Cr、20CrMnTi、20MnVB、$18Cr_2Ni_4WA$ 钢等，个别要求不高的也可选用 20 钢。经渗碳、淬火、低温回火，可使齿面获得很高的硬度（58～62 HRC）和耐磨性，心部具有较高的强度和韧性。

（3）对直径较大（$\phi > 400 \sim 600$ mm）、形状复杂的齿轮毛坯，难以锻造成形时，可采用铸钢，如 ZG270 - 500、ZG310 - 570 等。

（4）对一些轻载、低速、不受冲击、精度要求不高的不太重要的齿轮，可采用灰铸铁，如 HT200、HT250、HT300 等。灰铸铁多用于开式传动，在闭式传动中，可用球墨铸铁代替铸钢制造齿轮，如 QT600 - 3、QT500 - 7 等。

（5）对仪表中某些在腐蚀介质中工作的轻载齿轮，可采用黄铜、铝青铜、锡青铜、硅青铜等有色金属；对受力不大的仪器、仪表齿轮，在无润滑条件下工作的小齿轮，可采用尼龙、ABS、聚甲醛等工程塑料制造。

6）齿轮选材举例

（1）机床齿轮

图4.26是卧式车床主轴箱三联滑移齿轮，用于传递扭矩和调节速度。工作时，拨动主轴箱的外手柄使该齿轮在轴上滑移，利用与不同齿数的齿轮啮合，获得不同的转速。该齿轮承载不大，工作比较平稳，冲击不大，可选用中碳钢制造。由于该齿轮较厚，考虑到淬透性问题，选用40Cr钢较为合适。其工艺路线为：

下料→锻造→正火→粗加工→调质→精加工→轮齿感应淬火＋低温回火→精磨。

正火是预先热处理，可消除锻造产生的残余应力，调整硬度便于机械加工，细化晶粒、改善组织；调质可使齿轮获得较高的综合力学性能，改善心部的强度和韧性，使齿轮能承受较大的交变弯曲应力和一定的冲击力；感应淬火可提高齿面的硬度、耐磨性和接触疲劳强度；低温回火可消除淬火应力、防止产生磨削裂纹、提高抗冲能力。

（2）汽车齿轮

图4.27是解放牌汽车变速箱中的齿轮，其任务是将发动机的动力传递到后轮，承受重载和大的冲击力，工作条件比机床齿轮复杂，要求齿面具有高的硬度（60～62 HRC）和耐磨性、齿心部具有高的强度和优良的韧性。考虑到渗碳工艺性的要求和淬透性的问题，可选用20CrMnTi钢。其工艺路线为：

下料→锻造→正火→粗加工、半精加工→渗碳→淬火＋低温回火→喷丸→校正花键孔→精磨齿。

渗碳是为了提高表层的碳含量。淬火是为了使表层获得高碳马氏体和碳化物，具有高的硬度（58～62 HRC）、耐磨性和疲劳强度；心部获得低碳马氏体，硬度可达到33～48 HRC，具有高的强韧性。低温回火消除淬火应力、提高抗冲能力、防止产生磨削裂纹。喷丸可增大渗碳层的压应力，有利于提高疲劳强度。

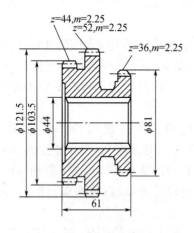

图4.26　卧式车床主轴箱滑移齿轮
m-模数；z-齿数

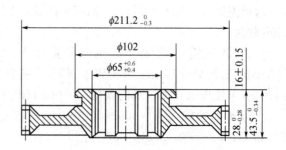

图4.27　解放牌汽车变速箱齿轮简图

2. 轴类零件

1）轴类零件的作用

轴类零件的主要作用是支承传动零件、传递运动和动力。

2）工作条件

（1）承受较大的交变弯曲应力、扭转应力。

（2）轴颈和花键部位承受较大的摩擦。

（3）一定的冲击载荷。

3）失效形式

常见的失效形式有疲劳断裂、过量的弯曲变形和扭转变形、过量磨损。

4）力学性能要求

（1）良好的综合力学性能。

（2）轴颈等部位应具有高的硬度和良好的耐磨性。

（3）高的疲劳强度。

5）轴类零件常用材料及热处理

（1）考虑到轴类零件的综合力学性能要求，主要选用经过轧制或锻造的 35、40、45、50、40Cr、40CrNi、40MnB 钢等，一般应进行正火或调质；若轴颈处耐磨性要求高，可对轴颈处进行表面淬火。具体的钢种应根据载荷的类型、零件的尺寸和淬透性的大小决定。承受弯曲载荷和扭转载荷的轴类，应力的分布是由表面向中心递减的，对淬透性要求不高；承受拉、压载荷的轴类，应力沿轴的截面均匀分布，应选用淬透性较高的钢。

（2）对承受冲击载荷较大，对强韧性要求高时或要求进一步提高轴颈的耐磨性时，可选用 20Cr、20CrMnTi 等合金渗碳钢并进行渗碳、淬火、低温回火处理。

（3）对于受力小、不重要的轴可选用 Q235～Q275 等普通质量碳钢。

（4）球墨铸铁和高强度灰铸铁可用来制作形状复杂、难以锻造成形的轴类零件，如曲轴等。

6）轴类零件选材举例

（1）机床主轴

图 4.28 是 C6132 卧式车床主轴，工作时主要承受交变弯曲应力、扭转应力作用和一定的冲击载荷，运转较平稳。要求具有良好的综合力学性能，锥孔、外圆锥面、花键表面要求耐磨。现选用 45 钢制造，其工艺路线如下：

下料→锻造→正火→粗加工→调质→半精加工（花键除外）→局部淬火（内外圆锥面）＋低温回火→粗磨→铣花键→花键感应淬火＋低温回火→精磨。

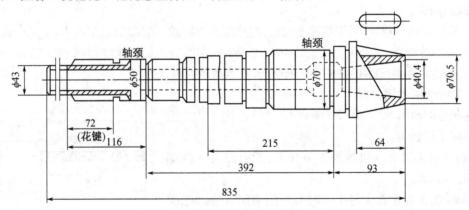

图 4.28　C6132 卧式车床上轴简图

整体调质硬度可达到 220～250 HBW;内外圆锥面采用盐浴局部淬火和低温回火,硬度为 45～50 HRC;化键部分采用高频感应淬火和低温回火,硬度为 48～53 HRC。

（2）内燃机曲轴

图 4.29 是 175A 型农用柴油机曲轴简图,由于该柴油机的功率(4.4 kW)不大,故曲轴承受的弯曲应力、扭转应力和冲击载荷不大。但曲轴在滑动轴承中工作,轴颈部位要求具有较高的硬度和耐磨性。具体要求是:$\sigma_b \geqslant 750$ MPa,整体硬度为 240～260 HBW,轴颈处表面硬度$\geqslant 625$ HV,$\delta \geqslant 2\%$,$A_k \geqslant 12$ J。现选用 Q700-2,铸造成形,其工艺路线如下:

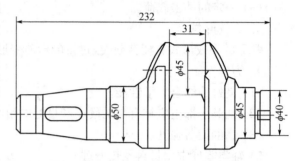

图 4.29　175A 农用柴油机曲轴简图

铸造→高温正火→高温回火→机械加工→轴颈处气体渗氮。

高温正火是为了获得均匀细小的珠光体基体,提高强度、硬度和耐磨性,高温回火是消除正火造成的应力,轴颈处渗氮是为了提高轴颈处的表面硬度和耐磨性。

3．丝锥和板牙

1）丝锥和板牙的作用

丝锥的作用是加工内螺纹,板牙的作用是加工外螺纹。

2）工作条件

柄部和心部承受较大的扭转应力,齿刃部承受较大的摩擦和磨损,高速切削时齿刃部还要承受较高的工作温度。

3）失效形式

主要失效形式是磨损和扭断。

4）力学性能要求

齿刃部应具有高硬度(59～64 HRC)和高耐磨性,一定的热硬性(视切削速度而定);柄部和心部应具有足够的强度和韧性,硬度为 35～45 HRC。

5）丝锥和板牙的常用材料及热处理

（1）手用丝锥和板牙,切削速度低,热硬性不作要求,可选用 T10A 和 T12A 钢制造,并经淬火和低温回火。

（2）机用丝锥和板牙,因切削速度较高,对热硬性有要求。较高的切削速度(8～10 m/min),要求有较高的热硬性,可选用 9SiCr、9Mn2V、CrWMn 钢制造。切削速度达到 25～55 m/min 时,要求有高的热硬性,可选用 W18Cr4V 钢制造,并经适当的热处理。

6）手用丝锥实例分析

根据上述分析,M12 手用丝锥(图 4.30)选用 T12A 钢制造,其加工路线为:

下料→球化退火→机械加工→淬火、低温回火→柄部回火→防锈处理。

丝锥的机械加工在大量生产时常采用滚压方法加工螺纹;淬火时为减少刃部的变形,可采用硝盐等温淬火或分级

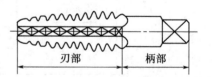

图 4.30　M12 手用丝锥简图

淬火;柄部回火可采用 600℃硝盐炉,快速局部回火。

【本章小结】

1. 碳钢

碳钢
{
碳素结构钢—中、低碳,典型牌号:Q235,性能特点,用途举例
优质碳素结构钢—低、中高碳,典型牌号:45,根据需要选用适当的热处理,性能特点,用途举例
碳素工具钢—高碳,典型牌号:T8,一般经淬火、低温回火后使用,性能特点,用途举例
碳素铸钢—低、中碳,典型牌号:ZG200－400,性能特点,用途举例
}

2. 低合金钢和合金钢

低合金钢和合金钢的分类、编号、性能特点、热处理特点及应用等运用表 4.24 归纳如下。

表 4.24　低合金钢和合金钢的分类、成分特点、热处理、组织、主要性能、典型牌号及用途

类别	成分特点	热处理	组织	主要性能	典型牌号	用途
低合金高强度结构钢	低碳低合金	一般不用	F+P	高强度、良好塑性和焊接性	Q345	桥梁、船舶等
低合金高耐候性钢	低碳低合金	一般不用	F+P	良好耐大气腐蚀能力	12MnCuCr	要求高耐候的结构件
合金调质钢	中碳合金	调质	回 S	良好的综合力学性能	40Cr	齿轮、轴等零件
合金渗碳钢	低碳合金	渗碳+淬火+低温回火	表层:高碳回 M+碳化物 心部:低碳回 M	表面硬、耐磨,心部强而韧	20CrMnTi	齿轮、轴等耐磨性要求高受冲击的重要零件
合金弹簧钢	高碳合金	淬火+中温回火	回 T	高的弹性极限	60Si2Mn	大尺寸重要弹簧
高锰耐磨钢	高碳高锰	高温水韧处理	A	在巨大压力和冲击下,才发生硬化	ZGMn13－3	高冲击耐磨零件,如坦克履带板等
轴承钢	高碳铬钢	淬火+低温回火	高碳回火 M+碳化物	高硬度、高耐磨性	GCr15	滚动轴承元件
合金刃具钢	高碳低合金	淬火+低温回火	高碳回火 M+碳化物	高硬度、高耐磨性	9SiCr	低速刃具,如丝锥、板牙等
冷作模具钢	高碳高铬	(1) 淬火+低温回火 (2) 高温淬火+多次回火	高碳回火 M+碳化物	(1) 高硬度、高耐磨性 (2) 热硬性好、硬耐磨	Cr12MoV	制作截面较大、形状复杂的各种冷作模具。采用二次硬化法的模具还适用于在 400℃～450℃条件下工作

类别	成分特点	热处理	组织	主要性能	典型牌号	用途
热作模具钢	中碳合金	淬火＋高温回火	回 S 或回 T	较高的强度和韧性,良好的导热性、耐热疲劳性	5CrNiMo	500℃热作模具
高速工具钢	高碳高合金	高温淬火＋多次回火	高碳回火 M＋碳化物	高硬度、高耐磨性、好的热硬性	W18Cr4V	铣刀、拉刀等热硬性要求高的刀具、冷作模具
不锈钢	低碳高铬或低碳高铬高镍	（以奥氏体不锈钢为例）高温固溶处理	A	优良的耐蚀性、好的塑性和韧性	1Cr18Ni9	用作耐蚀性要求高及冷变形成形的受力不大的零件。
耐热钢	低中碳高铬或低中碳高铬高镍	（以铁素体耐热钢为例）800℃退火	F	具有高的抗氧化性	1Cr17	作 900℃ 以下耐氧化部件,如炉用部件、油喷嘴等

3. 铸钢和铸铁

铸钢主要用于制造形状复杂,力学性能要求高,而在工艺上又很难用锻压等方法成形的比较重要的机械零件。铸钢牌号的两种表示方法,典型牌号有 ZG230 - 450、ZG15Cr1Mo1V。

灰口铸铁部分见表 4.25 的归纳。

表 4.25　灰口铸铁的分类、成分特点、热处理、组织、主要性能、典型牌号及用途

类别	成分特点	热处理	组织	主要性能	典型牌号	用途
灰铸铁	共晶点附近 $w_C = 2.5\% \sim 4.0\%$ $w_{Si} = 1.0\% \sim 3.0\%$	去应力退火消除白口组织的退火表面淬火	钢基体＋片状 G	抗拉强度、韧性远低于钢,抗压强度与钢相近,铸造性能好、减振、减摩等	HT150	受力不大的零件,如底座、罩壳、刀架座等
球墨铸铁	共晶点附近 $w_C = 3.6\% \sim 4.0\%$ $w_{Si} = 2.0\% \sim 2.8\%$	根据需要选用:退火、正火、调质处理、等温淬火	钢基体＋球状 G	力学性能远高于灰铸铁	QT600 - 3	载荷大、受力复杂的零件,如内燃机曲轴、齿轮等
可锻铸铁	亚共晶成分 $w_C = 2.2\% \sim 2.8\%$ $w_{Si} = 1.2\% \sim 1.8\%$	高温石墨化退火	钢基体＋团絮状 G	强度、韧性比灰铸铁高很多	KTZ450 - 06	载荷较大、薄壁类零件,如活塞环、轴套等
蠕墨铸铁	共晶点附近 $w_C = 3.5\% \sim 3.9\%$ $w_{Si} = 2.2\% \sim 2.8\%$	同灰铸铁	钢基体＋蠕虫状 G	介于灰铸铁和球墨铸铁之间	RuT300	中等载荷零件,如排气管、气缸盖等

4. 有色金属及其合金

此部分的一个重要知识点就是变形铝合金及部分有色金属的一个重要强化方法:固溶处理加时效,学习时注意与钢的淬火加回火进行对比。

常用的铝及铝合金、铜及铜合金、轴承合金见表 4.26 的归纳。

5. 粉末冶金材料

硬质合金及其他常用粉末冶金材料归纳如下。

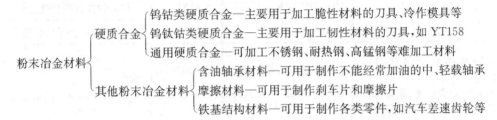

6. 非金属材料

工程塑料、橡胶、陶瓷、复合材料的分类、性能特点及应用(具体内容见第 6 节各部分的相关表格)。

7. 典型机械零件材料的选用

选材的基本过程归纳如下。

表 4.26　有色金属及合金的分类、主要性能特点、典型牌号、主要用途

大类	主要性能特点	类　别		典型牌号	主要用途
铝及铝合金	熔点低、密度小、比强度高; 优良的加工工艺性能; 良好的电导性和热导性; 良好的耐大气腐蚀能力。	变形铝合金	防锈铝合金	5A05、5A21	容器、管道、铆钉等
			硬铝合金	2A11	叶片、骨架、铆钉等
			超硬铝合金	7A04	飞机大梁、桁架等
			锻铝合金	2A50、2A70	重载锻件等
		铝合金 铸造铝合金	Al - Si 系铸造铝合金	ZAlSi12	仪表壳体、水泵壳体等
			Al - Cu 系铸造铝合金	ZAlCu5Mn	发动机机体、气缸体等
			Al - Mg 系铸造铝合金	ZAlMg10	舰船配件、氨用泵体等
			Al - Zn 系铸造铝合金	ZAlZn11Si7	结构形状复杂的汽车零件等

（续表）

大类	主要性能特点	类别		典型牌号	主要用途
铜及铜合金	良好的加工工艺性能； 极佳的电导性和热导性； 良好的耐蚀性； 色泽美观、具有抗磁性。	铜合金	黄铜 普通黄铜	H62	铆钉、螺母、散热器等
			黄铜 特殊黄铜	HPb59-1	销子、螺钉等冲压件或加工件
			青铜 锡青铜	QSn4-3	弹簧、管配件等
			青铜 铝青铜	QAl7	重要的弹簧和弹性元件
			青铜 铍青铜	QBc2	重要仪表的弹簧、齿轮等
轴承合金	较高的抗压强度、硬度； 高的疲劳强度、足够的塑性和韧性； 高的耐磨性、良好的磨合能力、较小的摩擦系数； 有良好的耐蚀性、热导性，较小的膨胀系数； 良好的工艺性。价格便宜	锡基轴承合金		ZSnSb11Cu6	汽轮机、发动机的高速轴承
		铅基轴承合金		ZPbSb10Sn6	重载、耐蚀、耐磨用轴承
		铜基轴承合金		ZCuPb30	航空发动机、高速柴油机轴承
		铝基轴承合金		ZAlSn6Cu1Ni1	高速、重载下工作的轴承

【思考题与习题】

1. 为什么建筑上浇灌钢筋混凝土用的钢筋都用低碳钢，而不用硬度高、耐磨性好的高碳钢或价格便宜的铸件？

2. 说明 Q235A、20、45、65Mn、T10、T12A 各属什么钢？分析其碳含量及性能特点，并分别举例说明其用途。

3. 下列零件与工具，因管理不善造成钢材混合在一起，问可能会出现哪些问题？

(1) 把 20 钢当成 60 钢制造弹簧；

(2) 把 Q235B 钢当作 45 钢制造变速齿轮；

(3) 把 30 钢当作 T7 钢制造大锤。

4. 合金元素在钢中的基本作用有哪些？

5. 简述低合金高强度结构钢的成分、性能特点和主要用途。

6. 简述合金调质钢的成分、性能、热处理特点和主要用途。

7. 简述合金渗碳钢的成分、性能、热处理特点和主要用途。

8. 试比较碳素工具钢、低合金工具钢和高速钢的热硬性，并说明高速钢热硬性高的主要原因。

9. 高速钢经铸造后为什么要反复锻造？为什么选择高的淬火温度和三次 560℃ 回火的最终热处理工艺？

10. Cr12 型钢制造的冷冲模，其最终热处理方法有几种？各适用于什么条件下工作的模具？

11. 为什么在相同含碳量的情况下,大多数合金工具钢的热处理加热温度都比碳钢高,保温时间长?

12. 为什么合金刃具钢 9SiCr 制造的刀具比 T9 制造的刀具使用寿命长?

13. 什么叫铸铁? 铸铁是如何分类的? 可分为哪几类?

14. 铸铁与钢相比有何优缺点? 其主要原因是什么?

15. 简述铸铁的性能和基体组织、石墨形态的关系。

16. 为何可锻铸铁适合制造壁薄的铸件,而灰铸铁和球墨铸铁却适合制作相对较厚的铸件?

17. 可锻铸铁是否能锻压加工? 为什么?

18. 说明下列牌号的意义,举例说明其应用。

HT150　QT800 - 2　KTH300 - 06　RuT300

19. 下列铸件,应选用何种铸铁材料较合适:内燃机曲轴、车床床身、化工容器、管接头、轧辊。

20. 下列铸件出现不正常的现象,应采取什么措施予以防止或改善?

(1) 灰铸铁铸件的薄壁处出现白口组织,造成切削加工困难;

(2) 机床齿轮箱铸造以后立即进行切削加工,在加工完后出现了不允许的变形。

21. 分析比较铝合金的固溶处理加时效处理与钢的淬火加回火处理、铸造铝合金的变质处理与灰铸铁变质处理的异同之处。

22. 变形铝合金分为哪几类? 其性能特点、应用如何?

23. 简述铝硅系铸造铝合金的性能特点及应用。

24. 列表说明,下列合金牌号的名称、主要性能特点及用途举例:

5A05、2A12、ZAlSi12、H68、HPb59 - 1、QSn4 - 3、QBe2、ZSnSb11Cu6

25. 下列零件选用何种有色金属材料制造较为合适?

焊接油箱、气缸体、活塞、散热器、仪表弹簧、重型汽车轴瓦、机床主轴轴承

26. 简述硬质合金的分类及牌号表示方法。

27. 粉末冶金含油轴承材料为何能长期工作而不必加润滑油? 其用途如何?

28. 为何在砂轮上磨削 YT15 等硬质合金刀具时不用水冷却? 而磨削 9SiCr、T12A 等钢制刀具时,经常用水冷却?

29. 试分析比较碳素工具钢、合金刃具钢、高速工具钢、硬质合金的性能特点及应用场合。

30. 由复合材料的性能出发,谈谈你是如何理解"1+1>2"?

31. 在机械工业中,工程塑料能否完全取代钢铁材料来制作各种零件? 为什么?

32. 三大固体材料(金属材料、高分子材料、陶瓷材料)在使用性能上,各自最大的缺点是什么? 人们主要采取了哪些措施来弥补这些不足?

33. 什么是零件的失效? 常见的失效形式有哪些? 其失效原因是什么?

34. 机械工程材料选用的一般原则是什么?

35. 在选用材料的力学性能指标时,应注意哪些问题。

36. 有一 $\phi30$ mm×300 mm 的轴,要求摩擦部位的硬度为 53~55 HRC,现用 30 钢制造,经调质后表面感应淬火(水冷)、低温回火,使用中发现摩擦部位严重磨损,试分析失效原因,并

提出下次生产时的解决办法?

37. 一从动齿轮用 20CrMnTi 钢制造,使用一定时间后发生严重磨损,齿已磨秃(见图 4.31),对轮齿剖面中部 A、B、C 三点进行硬度分析,并取样进行成分分析、金相分析,结果如下。

图 4.31　题 37 图

取样部位	$w_C \times 100$	金相组织	硬度
A	1.0	S+碳化物	30 HRC
B	0.8	S	26 HRC
C	0.2	T+S	86 HRB

齿轮制造工艺过程是:锻造→正火→切削加工→渗碳→淬火、低温回火→精磨。

又知与该齿轮同批加工的其他齿轮并未发生类似失效情况,试根据以上资料分析该齿轮失效原因?

38. 为什么汽车、拖拉机变速齿轮一般选用合金渗碳钢制造,而机床变速箱齿轮多选用调质钢制造?

39. 现有低碳钢齿轮和中碳钢齿轮各一个,要求齿面具有高的硬度和耐磨性,问各应怎样进行热处理?并比较他们在热处理后的组织和性能上的差别?

40. 试为下列齿轮选材,并确定热处理方式。

(1) 不需要润滑的低速无冲击齿轮,如打稻机的传动齿轮;(2) 尺寸较大、形状复杂的低速中载齿轮;(3) 受力较小,有一定抗蚀性要求的轻载齿轮,如钟表齿轮;(4) 重载和较大冲击载荷下工作的齿轮,齿面要求硬、耐磨,心部强而韧。

41. 试为下列齿轮选材,并确定热处理方式。

(1) 镗床主轴,要求表面硬度≥850 HV,其余硬度为 260~280 HBW,在滑动轴承中工作,精度要求极高;(2) 185 型柴油机曲轴,功率 8 马力,转速 2 200 r/min,单缸;(3) 卧式车床主轴,最高转速为 1 800 r/min,电机功率 4 kW,要求花键部位及大端与卡盘配合处硬度为 53~55 HRC,其余部位整体硬度为 220~240 HBW,在滚动轴承中运转。

42. 试为下列工具选材,并确定热处理方式。

(1) 手用锯条;(2) ϕ10 麻花钻;(3) 切削速度为 35 m/min 的圆柱铣刀;(4) 切削速度为 150 m/min,用于切削灰铸铁的外圆车刀。

附表 4.1　常用低合金高强度结构钢的牌号及化学成分(摘自 GB/T 1591-2008)

牌号	质量等级	化学成分 w/%														
		C≤	Si≤	Mn≤	P≤	S≤	Nb≤	V≤	Ti≤	Cr≤	Ni≤	Cu≤	N≤	Mo≤	B≤	Als≥
Q345	A	0.20			0.035	0.035										—
	B	0.20			0.035	0.035										—
	C	0.20	0.50	1.70	0.030	0.030	0.07	0.15	0.20	0.30	0.50	0.30	0.012	0.10	—	0.015
	D	0.18			0.030	0.025										0.015
	E	0.18			0.025	0.020										0.015
Q390	A				0.035	0.035										—
	B				0.035	0.035										—
	C	0.20	0.50	1.70	0.030	0.030	0.07	0.20	0.20	0.30	0.50	0.30	0.015	0.10	—	0.015
	D				0.030	0.025										0.015
	E				0.025	0.020										0.015
Q420	A				0.035	0.035										—
	B				0.035	0.035										—
	C	0.20	0.50	1.70	0.030	0.030	0.07	0.20	0.20	0.30	0.80	0.30	0.015	0.20	—	0.015
	D				0.030	0.025										0.015
	E				0.025	0.020										0.015
Q460	C	0.20	0.60	1.80	0.030	0.030	0.11	0.20		0.30	0.80	0.55	0.015	0.20	0.004	0.015
	D				0.030	0.025										
	E				0.025	0.020										

附表 4.2　常用低合金高强度结构钢的力学性能、用途及新旧牌号对照(摘自 GB/T 1591-2008)

牌号	质量等级	力学性能				用途举例	对应旧牌号 (GB 1591/1988)
		R_{eL}/(N/mm²)≥	A/%≥	R_m/(N/mm²)	A_k/J		
Q345	A		20		—	各种大型船舶,铁路车辆,桥梁,管道,锅炉,压力容器,石油储罐,水轮机涡壳,起重及矿山机械,电站设备,厂房钢架等承受动载荷的各种焊接结构件,一般金属构件、零件等	12MnV、14MnNb、16Mn、16MnRE、18Nb、
	B		20		34(20℃)		
	C	345	21	470 630	34(0℃)		
	D		21		34(-20℃)		
	E		21		34(-40℃)		
Q390	A				—	中、高压锅炉汽包,中、高压石油化工容器,大型船舶,桥梁,车辆及其他承受较高载荷的大型焊接结构件,承受动载荷的焊接结构件,如水轮机涡壳等	15MnV、15MnTi、15MnNb
	B				34(20℃)		
	C	390	20	490 650	34(0℃)		
	D				34(-20℃)		
	E				34(-40℃)		
Q420	A				—	大型焊接结构、大型桥梁,大型船舶,电站设备,车辆,高压容器,液氨罐车等	15MnVN、14MnVIiRE
	B				34(20℃)		
	C	420	19	520 680	34(0℃)		
	D				34(-20℃)		
	E				34(-40℃)		
Q460	C	460	17	550 70	34(0℃)	可淬火、回火用于大型挖掘机、起重运输机、钻井平台等	—
	D				34(-20℃)		
	E				34(-40℃)		

注:屈服点试样厚度(直径、边长)≤16mm

附表 4.3　常用合金调质钢的牌号、化学成分、热处理、力学性能及用途（摘自 GB/T 3077—1999）

类别	牌号	化学成分 w/%					热处理		力学性能（不小于）					用途举例
		C	Si	Mn	Cr	其他	淬火温度/℃	回火温度/℃	σ_b/MPa	σ_s/MPa	δ_5/%	ψ/%	A_k/J	
低淬透性	40Cr	0.37~0.44	0.17~0.37	0.50~0.80	0.80~1.10		850 油	520 水、油	980	785	9	45	47	重要的齿轮、轴、曲轴、套筒、连杆等
	40Mn2	0.37~0.44	0.17~0.37	1.40~1.80			840 油	540 水、油	885	735	12	45	55	轴、半轴、涡杆、连杆等
	40MnB	0.37~0.44	0.17~0.37	1.10~1.40		B:0.000 5~0.003 5	850 油	500 水、油	980	785	10	45	47	可代替 40Cr 作小截面重要零件,如汽车转向节、半轴、花键轴等
	40MnVB	0.37~0.44	0.17~0.37	1.10~1.40		B:0.000 5~0.003 5 V:0.05~0.10	850 油	520 水、油	980	785	10	45	47	可代替 40Cr 作柴油机缸头螺栓、机床齿轮、花键轴等
中淬透性	35CrMo	0.32~0.40	0.17~0.37	0.40~0.70	0.80~1.10	Mo:0.15~0.25	850 油	550 水、油	980	835	12	45	63	用作截面不大而要求力学性能高的重要零件,如主轴、曲轴、锤杆等
	30CrMnSi	0.27~0.34	0.90~1.20	0.80~1.10	0.80~1.10		880 油	520 水、油	1 080	885	10	45	39	用作截面不大而要求力学性能高的重要零件,如齿轮、轴、轴套等
	40CrNi	0.37~0.44	0.17~0.37	0.50~0.80	0.45~0.75	Ni:1.00~1.40	820 油	500 水、油	980	785	10	45	55	用作截面较大的重要零件,如轴、连杆、齿轮等
高淬透性	38CrMoAl	0.35~0.42	0.20~0.45	0.30~0.60	1.35~1.65	Mo:0.15~0.25 Al:0.70~1.10	940 水、油	640 水、油	980	835	14	50	71	氮化零件专用钢,用作磨床、自动车床主轴,精密丝杠、精密齿轮等
	40CrMnMo	0.37~0.45	0.17~0.37	0.90~1.20	0.90~1.20	Mo:0.20~0.30	850 油	6 000 水、油	980	785	10	45	63	截面较大,要求强度高、韧性好的重要零件,如汽车机轴、曲轴等
	40CrNiMo	0.37~0.44	0.17~0.37	0.50~0.80	0.60~0.90	Mo:0.15~0.25 Ni:1.25~1.65	850 油	600 水、油	980	835	12	45	78	截面较大,要求强度高、韧性好的重要零件,如汽轮机轴、叶片曲轴等
	25Cr2Ni4WA	0.21~0.28	0.17~0.37	0.30~0.60	1.35~1.65	W:0.80~1.20 Ni:4.00~4.50	850 油	550 水、油	1 080	930	11	45	71	200 mm 以下、要求淬透的大截面重要零件

注:试样尺寸 φ25 mm;38CrMoAl 钢试样尺寸为 φ30 mm。

附表 4.4　常用合金渗碳钢的牌号、化学程分、热处理、力学性能及用途（摘自 GB/T 3077－1999）

类别	牌号	化学成分 w/%							试样尺寸 mm	热处理			力学性能（不小于）				用途举例
		C	Si	Mn	Cr	Ni	V	其他		第一次淬火温度/℃	第二次淬火温度/℃	回火温度/℃	σ_b/MPa	σ_s/MPa	δ_5/%	A_k/J	
低淬透性	15Cr	0.12~0.18	0.17~0.37	0.40~0.70	0.70~1.00				15	880 水、油	780~720 水、油	200 水、空	735	490	11	55	截面不大、心部韧性较高的受磨损零件，如齿轮、活塞环、活塞销、小轴、联轴节等
	20Cr	0.18~0.24	0.17~0.37	0.50~0.80	0.70~1.00				15	880 水、油	780~720 水、油	200 水、空	835	540	10	47	心部要求强度较高及耐磨面受磨损的小截面零件，如机床齿轮、涡杆、活塞销、凸轮轴等
	20MnV	0.17~0.24	0.17~0.37	1.30~1.60			0.07~0.12		15	880 水、油		200 水、空	785	590	10	55	凸轮、活塞销等
中淬透性	20Mn2	0.17~0.24	0.17~0.37	1.40~1.80					15	850 水、油		200 水、空	785	590	11	47	代替20Cr(以节约铬元素)，作小齿轮、小轴、活塞销、气门顶杆等
	20CrNi3	0.17~0.24	0.17~0.37	0.30~0.60	0.60~0.90	2.75~3.15			25	830 水、油		480 水、空	930	735	10	78	承受重载荷的齿轮、凸轮、传动轴等
	20CrMnTi	0.17~0.23	0.17~0.37	0.80~1.10	1.00~1.30			Ti:0.04~0.10	15	880 水、油	870 油	200 水、空	1080	850	10	55	截面30 mm²以下、高速、承受中或重载荷，冲击及摩擦的重要零件，如汽车齿轮、齿轮轴、十字头、凸轮等
	20CrMnMo	0.17~0.23	0.17~0.37	0.90~1.20	1.10~1.40			Mo:0.20~0.30	15	850 水、油		200 水、空	1180	885	10	55	要求表面高硬度和耐磨的重要碳件，如大型拖拉机主齿轮、活塞销、球头销、钻机的牙轮、钻头等
高淬透性	20MnVB	0.17~0.23	0.17~0.37	1.20~1.60			0.07~0.12	B:0.0005~0.0035	15	860 水、油		200 水、空	1080	885	10	55	代替20CrMnTi，作汽车齿轮、重型机床上的轴、齿轮等
	20Cr2Ni4	0.17~0.23	0.17~0.37	0.30~0.60	1.25~1.65	3.25~3.65			15	880 水、油	780 油	200 水、空	1180	1080	10	63	大截面重要渗碳件，如大齿轮、轴、飞机发动机齿轮等
	18Cr2Ni4WA	0.13~0.19	0.17~0.37	0.30~0.60	1.35~1.65	4.00~4.50		W:0.80~1.20	15	950 水、油	850 空	200 水、空	1180	835	10	78	大截面、高速度、高韧性的重要渗碳件，如大齿轮、传动轴、曲轴等

附表 4.5　常用合金弹簧钢的牌号、化学成分、热处理、力学性能及用途(摘自 GB/T 1222－2007)

类别	牌号	化学成分 w/%					热处理		力学性能　不小于					用途举例
		C	Si	Mn	Cr	其他	淬火温度/℃	回火温度/℃	σ_s/MPa	σ_b/MPa	δ_5/%	δ_{10}/%	ψ/%	
硅锰系	55Si2Mn	0.52~0.60	1.50~2.00	0.60~0.90	≤0.35	S,P≤0.035	870 油	480	1177	1275		6	30	有较好的淬透性,较高的弹性极限、屈服点和疲劳极限。广泛用于汽车、拖拉机、铁道车辆的弹簧,卷止回阀和安全弹簧,并可作 250℃以下使用的耐热弹簧
	55Si2MnB	0.52~0.60	1.50~2.00	0.60~0.90	≤0.35	S,P≤0.035 B:0.005~0.004	870 油	480	1177	1275		6	30	
	60Si2Mn	0.56~0.64	1.50~2.00	0.60~0.90	≤0.35	S,P≤0.035	870 油	480	1177	1275		5	25	
	55SiMnVB	0.52~0.60	0.70~1.00	1.00~1.30	≤0.35	P,S≤0.030 V 0.08~0.16 B 0.0005~0.0035	860 油	460	1226	1373		5	30	
硅铬系	60Si2CrA	0.56~0.64	1.40~1.80	0.40~0.70	0.70~1.00	S,P≤0.030	870 油	420	1569	1765	6		20	用作承受重载荷和重要用的大型螺旋弹簧和板弹簧,如汽轮机汽封弹簧、调节阀和冷凝器弹簧等,并可作 300℃以下的耐热弹簧
	60Si2CrVA	0.56~0.64	1.40~1.80	0.40~0.70	0.90~1.20	S,P≤0.035 V 0.10~0.20	850 油	410	1667	1863	6		20	
铬锰系	55CrMnA	0.52~0.60	0.17~0.37	0.65~0.95	0.65~0.95	S,P≤0.030	830~860 油	460~510	$\sigma_{r0.2}$ 1079	1226	9		20	用作载荷较重,应力较大的载重汽车、拖拉机的板簧和直径较大(50 mm)的螺旋弹簧
	60CrMnA	0.56~0.64	0.17~0.37	0.70~1.00	0.70~1.00	S,P≤0.030	830~860 油	460~520	$\sigma_{r0.2}$ 1079	1226	9		20	小轿车的板簧和直径较大(50 mm)的螺旋弹簧
铬钒系	50CrVA	0.46~0.64	0.17~0.37	0.50~0.80	0.80~1.10	S,P≤0.030 V:0.10~0.20	850 油	500	1128	1275	10		40	用作特别重要的,承受大应力的各种尺寸的螺旋弹簧,并可作 400℃以下工作的耐热弹簧
铬钨钒系	30W4Cr2VA	0.26~0.34	0.17~0.37	≤0.40	2.00~2.50	S,P≤0.030 V:0.50~0.80 W:4.00~4.50	1050~1100 油	600	1324	1471	7		40	用作高温(≤500℃)下使用的重要弹簧,如锅炉主安全阀弹簧等

注:表列性能适用于截面单边尺寸≤80 mm 的钢材

附表 4.6　常用高锰耐磨钢铸件牌号、化学成分、热处理、力学性能及用途（摘自 GB/T 5680-1998）

牌号	化学成分 $w/\%$						热处理		力学性能					用途举例
	C	Mn	Si	其他	S≤	P≤	淬火温度/℃	冷却介质	σ_s/MPa	σ_b/MPa	δ_5/%	A_k/J	HBW	
									不小于				不大于	
ZGMn13-1	1.00~1.45	11.00~14.00	0.30~1.00	—	0.040	0.090	1060~1100	水	—	635	20	—	—	低冲击耐磨零件,如齿板、铲齿等
ZGMn13-2	0.90~1.35	11.00~14.00	0.30~1.00	—	0.040	0.070	1060~1100	水	—	685	25	147	300	普通耐磨零件,如球磨机
ZGMn13-3	0.95~1.35	11.00~14.00	0.30~0.80	—	0.040	0.070	1060~1100	水	—	735	30	147	300	高冲击耐磨零件,如坦克、拖拉机履带板等
ZGMn13-4	0.90~1.30	11.00~14.00	0.30~0.80	Cr1.50~2.50	0.040	0.070	1060~1100	水	390	735	20	—	300	复杂耐磨零件,如铁道道岔等
ZGMn13-5	0.75~1.30	11.00~14.00	0.30~1.00	Mo0.90~1.20	0.040	0.070	1060~1100	水	—	—	—	—	—	

附表 4.7　常用轴承钢牌号、化学成分、热处理及用途（铬轴承钢摘自 GB/T 18254-2002）

类别	牌号	化学成分 $w/\%$					热处理			用途举例
		C	Cr	Mn	Si	其他	淬火温度/℃	回火温度/℃	回火后硬度 HRC	
铬轴承钢	GCr4	0.95~1.05	0.35~0.50	0.15~0.30	0.15~0.30	Mo≤0.08 S≤0.02 P≤0.025	810~830	150~170	62~66	载荷不大、形状简单的滚珠和滚柱
	GCr15	0.95~1.05	1.4~1.65	0.2~0.45	0.15~0.35	Mo≤0.08 S,P≤0.025	825~845	150~170	62~66	厚度 20 mm 的中小型套圈,直径小于 50 mm 的钢球,柴油机精密偶件
	GCr15SiMn	0.95~1.05	1.4~1.65	0.95~1.25	0.45~0.75	Mo≤0.08 S,P≤0.025	820~840	150~170	≥62	壁厚>30 mm 的大型套圈,ϕ50~100 mm 的钢球
无铬轴承钢	GSiMnV	0.95~1.10	—	1.3~1.8	0.55~0.8	V 0.20~0.30 S,P≤0.025	780~810	150~170	≥62	可代替 GCr15 钢
	GSiMnVRE	0.95~1.10	Mo0.4~0.6	1.1~1.4	0.15~0.4	V 0.15~0.25 RE 0.05~0.01	780~810	150~170	≥62	可代替 GCr15 及 GCr15SiMn 钢
	GSiMoMnV	0.95~1.10	—	0.75~1.05	0.45~0.65	Mo 0.20~0.40 V 0.20~0.30	770~810	165~175	≥62	可代替 GCr15SiMn 钢

附表 4.8　常用合金刃具钢牌号、化学成分、热处理、性能及用途(摘自 GB 1299 – 2000)

牌号	化学成分 w/%					热处理				用途举例
	C	Mn	Si	Cr	其他	淬火温度/℃	硬度/HRC	回火温度/℃	交货硬度 HBW	
9SiCr	0.85~0.95	0.30~0.60	1.20~1.60	0.95~1.25		820~860 油	≥62	180~200	197~241	板牙、丝锥、绞刀、搓丝板、冷冲模等
9Mn2V	0.85~0.95	1.70~2.00	≤0.40		V0.10~0.25	780~810 油	≥62	170~250	≤229	各种变形小的量规、丝锥、板牙、绞刀、冲模等
CrWMn	0.90~1.05	0.80~1.10	≤0.40	0.90~1.20	W1.20~1.60	800~830 油	≥62	140~160	≤229	板牙、拉刀、量规及形状复杂、高精度的冷冲模等

附表 4.9　常用冷作模具钢牌号、化学成分、热处理、性能及用途(摘自 GB 1299 – 2000)

牌号	化学成分 w/%						交货状态（退火）HBS	热处理		用途举例
	C	Si	Mn	Cr	Mo	V		淬火温度/℃	HRC≥	
Cr12	2.00~2.30	≤0.40	≤0.40	11.5~13.00			217~269	950~1 000 油	60	用作耐磨性高、尺寸较大的模具，如冷冲模、拉丝模、冷切剪刀、也可作量具
Cr12MoV	1.45~1.70	≤0.40	≤0.40	11.00~12.50	0.40~0.60	0.15~0.30	207~255	950~1 000 油	58	用于制作截面较大、形状复杂、工作条件繁重的各种冷作模具，如冲孔模、切边模、拉丝模和量具等

附表 4.10　常用热作模具钢牌号、化学成分、热处理、性能及用途（摘自 GB 1299 - 2000）

牌号	化学成分 w/%							交货状态（退火）HBS	热处理 淬火温度/℃	用途举例
	C	Si	Mn	Cr	W	Mo	其他			
5CrMnMo	0.50~0.60	0.25~0.60	1.20~1.60	0.60~0.90		0.15~0.30		197~241	820~850（油）、回火 490~640	用作边长≤300~400 mm 的中小型热锻模
5CrNiMo	0.50~0.60	≤0.40	0.50~0.80	0.50~0.8		0.15~0.30	Ni 1.40~1.80	197~241	830~860（油）、回火 490~660	用作边长≥400 mm 的大中型热锻模
3Cr2W8V	0.30~0.40	≤0.40	≤0.40	2.20~2.70	7.50~9.00		V 0.20~0.50	207~255	1 075~1 125（油）1 020~1 040（油）回火 600~620	用作压铸模、热挤压模、平锻机上的凸模、凹模、镶块
4Cr5W2VSi	0.32~0.42	0.8~1.2	≤0.40	4.50~5.50	1.60~2.4		V 0.60~1.00	≤229	1 030~1 050 油或空冷	用作高速锤用模具及冲头，热挤压模具及芯棒，有色金属压铸模等

附表 4.11　常用高速工具钢牌号、化学成分、热处理、性能及用途（摘自 GB 9943 - 1988）

牌号	化学成分 w/%							热处理				用途举例
								淬火		回火		
	C	Mn	Si	Cr	W	V	Mo	淬火温度/℃	HRC	回火温度/℃	HRC	
W18Cr4V	0.70~0.80	0.10~0.40	0.20~0.40	0.80~4.40	17.50~19.00	1.00~1.40	≤0.30	1 270~1 285 油	≥63	550~570 三次	63~66	一般高速切削车刀、刨刀、钻头、铣刀、插齿刀、绞刀等
W6Mo5Cr4V2	0.80~0.90	0.15~0.40	0.20~0.45	3.80~4.40	5.50~6.75	1.75~2.20	4.50~5.50	1210~1230 油	≥63	540~560 三次	63~66	钻头、丝锥、滚刀、拉刀、插齿刀、冷冲模、冷挤压模等
W6Mo5Cr4V3	1.00~1.10	0.15~0.40	0.20~0.45	3.75~4.50	5.00~6.75	2.25~2.75	4.75~6.50	1 200~1 220 油	≥63	540~560 三次	>65	拉刀、铣刀、成型刀具等
W9Mo3Cr4V	0.77~0.87	0.20~0.40	0.20~0.40	3.80~4.40	8.50~9.50	1.30~1.70	2.70~3.30	1 220~1 240 油	≥63	540~560 三次	63~66	拉刀、铣刀、成型刀具等

附表 4.12　常用不锈钢的牌号、化学成分、热处理、力学性能及用途(摘自 GB/T 3077 – 1992)

类别	牌号	化学成分 w/%						热处理				力学性能					用途举例
		C	Si	Mn	Ni	Cr	其他	退火温度/℃	固溶处理温度/℃	淬火温度/℃	回火温度/℃	σ_b/MPa	δ_5/%	ψ/%	HBW	A_k/J	
奥氏体型	1Cr18Ni9	≤0.15	≤1.00	≤2.00	8.00~10.00	17.0~19.00			1010~1150 快冷			≥520	≥60	≥60	≤187		生产硝酸、化肥等化工设备零件、建筑用装饰部件
奥氏体型	00Cr18Ni10N	≤0.030	≤1.00	≤2.00	8.50~11.50	17.00~19.00	N 0.12~0.22		1010~1150 快冷			≥520	≥40	≥50	≤217		作化学、化肥、化纤工业的耐蚀材料
奥氏体-铁素体型	0Cr26Ni5Mo32	≤0.08	≤1.00	≤1.50	3.00~6.00	23.00~28.00	Mo 1.00~3.00		950~1100 快冷			≥520	≥18	≥40	≤277		有较高的强度、抗氧化性,作海水腐蚀的零件
奥氏体-铁素体型	00Cr18Ni5Mo3Si2	≤0.030	1.30~2.00	1.00~2.00	4.50~5.50	18.0~19.50	Mo 2.50~3.00		920~1150 快冷			≥590	≥20	≥40			有较高强度、耐应力腐蚀,用于化工行业的热交换器、冷凝器
铁素体型	1Cr17	≤0.012	≤0.75	≤1.00	≤0.60	16.00~18.00		780~850 空冷或缓冷				≥450	≥22	≥50	≤183		重油燃烧部件、化工容器、管道、食品加工设备、家庭用具等
铁素体型	00Cr30Mo2	≤0.010	≤0.40	≤0.40		28.50~32.00	Mo1.50~2.50 N≤0.015	900~1025 快冷				≥520	≥20	≥45	≤228		与乙酸等有机酸有关的设备、制苛性碱设备

（续表）

类别	牌号	化学成分 w/%						热处理				力学性能					用途举例
		C	Si	Mn	Ni	Cr	其他	退火温度/℃	固溶处理温度/℃	淬火温度/℃	回火温度/℃	σ_b/MPa	δ_5/%	ψ/%	HBW	A_k/J	
马氏体型	1Cr13	≤0.15	≤1.00	≤1.00	≤0.60	11.50~13.50		800~900缓冷或750快冷		950~1000油	700~750快冷	≥450	≥25	≥35	≥159	≥78	汽轮机叶片、阀、螺栓、螺母、日常生活用品等
	3Cr13	0.26~0.40	≤1.00	≤1.00	≤0.60	12.00~14.00				920~980油	600~750快冷	≥540	≥12	≥40	≥217	≥24	要求硬度较高的医疗工具、量具、不锈弹簧、阀门等
	1Cr17Ni2	0.11~0.17	≤0.80	≤0.80	1.50~2.50	16.00~18.00		680~700高温回火空冷		950~1050油	275~350空冷	≥735	≥10			≥39	要求有较高强度的耐硝酸、有机酸腐蚀的零件、容器和设备
沉淀硬化型	0Cr17Ni7Al	≤0.09	≤1.00	≤1.00	6.5~7.5	16.00~18.00	Cu≤0.50 Al≤0.75~1.50		1000~1000快冷		565时效	≥1080	≥5	≥25	≥363		用作耐腐蚀的弹簧、垫圈等
											510时效	≥1230	≥4	≥10	≥388		

附表 4.13　常用耐热钢的牌号、化学成分、热处理、力学性能及用途（摘自 GB/T 1221-1992）

类别	牌号	化学成分 w/%							热处理				力学性能						用途举例
		C	Si	Mn	Ni	Cr	Mo	其他	退火温度/℃	固溶处理温度/℃	淬火温度/℃	回火温度/℃	$\sigma_{0.2}$/MPa	σ_b/MPa	δ_5/%	ψ/%	A_k/J	HBW	
奥氏体型	4Cr14Ni14W2Mo	0.40~0.50	≤0.80	≤0.70	13.00~15.00	13.00~15.00	0.25~0.40	W 2.00~2.75	820~850快冷					≥705	≥20	≥35		≤248	较高的热强性。用于内燃机重负荷排气阀
	3Cr18Mn12Si2N	0.22~0.30	1.40~2.20	10.50~12.50		17.00~19.00		N 0.22~0.33		1100~1150快冷				≥685	≥35	≥45		≤248	有较高的高温强度，一定的抗氧化性；较好的抗碱、抗增碳性。用于吊柱支架、渗碳炉构件
铁素体型	0Cr13Al	≤0.08	≤1.00	≤1.00		11.50~14.50		Al 0.10~0.30	780~830空冷或缓冷				≥177	≥410	≥20	≥60		≥183	固冷却硬化少。作燃气平压缩机叶片、退火箱、淬火台架
	1Cr17	≤0.12	≤0.75	≤1.00		16.0~18.0			780~850空冷或缓冷				≥205	≥450	≥22	≥50		≥183	作900℃以下耐氧化部件，如散热器、炉用部件、油喷嘴等
马氏体型	4Cr9Si2	0.35~0.50	2.00~3.00	≤0.70	≤0.60	8.00~10.00			800~900缓冷或约750快冷		1020~1040油冷	780~830油冷	≥590	≥885	≥19	≥50			有较高的热强性。作内燃机进气阀、轻负荷发动机的排气阀
	1Cr13	≤0.15	≤1.00	≤1.00	≤0.60	11.50~13.50					950~1100冷	700~750油冷	≥345	≥540	≥25	≥55	≥78	≥159	作800℃以下耐氧化部件
沉淀硬化型	0Cr17Ni4Cu4Nb	≤0.07	≤1.00	≤1.00	3.00~5.00	15.50~17.50		Cu3.00~5.00 Nb0.15~0.45		1020~1060快冷		470~490时效	≥1180	≥1310	≥10	≥40		≥375	作燃气透平压缩机叶片、燃气透平发动机绝缘材料
												540~560时效	≥1000	≥1070	≥12	≥45		≥331	
												570~590时效	≥865	≥1000	≥13	≥45		≥302	
												610~630时效	≥725	≥930	≥16	≥50		≥277	

第5章 典型机械零件毛坯的生产

【学习目标】

了解机械零件毛坯生产的新工艺、新技术及发展趋势,掌握各种零件毛坯生产方法的特点及适用范围,具备根据典型零件的材质、性能要求及用途确定其毛坯生产方法的能力。

【知识点】

砂型铸造的工艺过程、特点及应用,自由锻的设备、工艺过程、特点及应用,模锻、冲压的设备、模具、工艺过程、特点及应用,常用焊接方法的设备、焊接材料、工艺过程特点及应用,常见的焊接缺陷及其产生原因、预防和补救措施,毛坯生产主要方式及其选择原则,典型零件毛坯选择的分析方法。

【技能点】

手工两箱造型及浇注的操作技能和铸造生产安全技术,铸件质量分析的初步能力,简单自由锻件的操作技能和锻压生产安全技术,常用焊接方法的基本操作技能及焊接生产安全技术,合理选用焊接方法及相关焊接材料、分析焊件结构工艺性的能力,根据典型零件的材质、性能要求及用途确定毛坯的生产方法。

毛坯就是根据零件所要求的形状和尺寸而制成的坯料。机械中的大多数零件都是通过制造毛坯,再经切削加工及热处理等工艺过程制成。毛坯的制造方法将直接影响零件甚至整部机器的质量、制造周期、使用寿命和生产成本。因此,必须正确选择毛坯的类型和生产方法。铸造、锻压、焊接是毛坯成形的三种主要方法。

5.1 铸 造

铸造是机械制造中毛坯成形的主要工艺之一。在机械制造业中,铸造零件的应用十分广泛。在一般机械设备中,铸件的质量往往要占机械总质量的 70%~80%,甚至更高。

铸造(金属液态成形,如图 5.1)是将液态金属在重力或外力作用下充填到型腔中,待其凝固冷却后,获得所需形状和尺寸的毛坯或零件的方法。

1. 铸造成形的主要特点

1) 主要优点

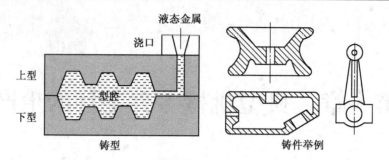

图 5.1　铸造成形

（1）适应性广,工艺灵活性大（材料、大小、形状几乎不受限制）。

（2）最适合制造形状复杂的箱体、机架、阀体、泵体、缸体等。

（3）成本较低（铸件与最终零件的形状相似、尺寸相近）。

2）主要缺点

铸件组织疏松、晶粒粗大,内部常有缩孔、缩松、气孔等缺陷产生,导致铸件力学性能,特别是冲击性能较低。

2. 分类

铸造从造型方法来分,可分为砂型铸造和特种铸造两大类。目前,砂型铸造应用最为广泛。

5.1.1　砂型铸造

砂型铸造是将液体金属浇入用型砂紧实成的铸型中,待凝固冷却后,将铸型破坏,取出铸件的铸造方法。砂型铸造是传统的铸造方法,它适用于各种形状、大小及各种常用合金铸件的生产。砂型铸造工艺,如图 5.2 和 5.3 所示。主要工序包括制造模样、制备造型材料、造型、制芯、合型、熔炼、浇注、落砂、清理与检验等。

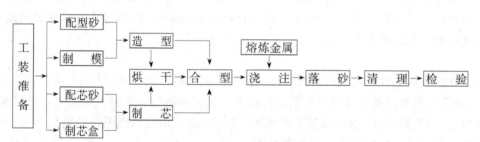

图 5.2　砂型铸造工艺流程

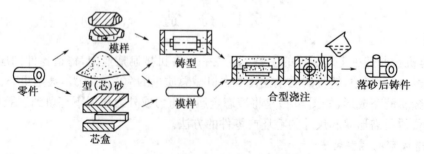

图 5.3　砂型铸造工艺过程示意图

1．造型

1）造型方法

造型是砂型铸造的最基本工序,通常分为手工造型和机器造型两种。

（1）手工造型

手工造型是全部用手工或手动工具完成的造型工序,见表 5.1。

手工造型时,紧砂和起模两工序是用手工来进行的,手工造型操作灵活,适应性强,造型成本低,生产准备时间短。但铸件质量差,生产率低,劳动强度大,对工人技术水平要求较高。因此主要用于简单件、小批量生产,特别是重型和形状复杂的铸件。

在实际生产中,由于铸件的尺寸、形状、生产批量、铸件的使用要求,以及生产条件不同,应选择的手工造型方法也不同。

表 5.1　手工造型方法分类

造型方法		主要特点	适用范围
按砂箱特征区分	两箱造型 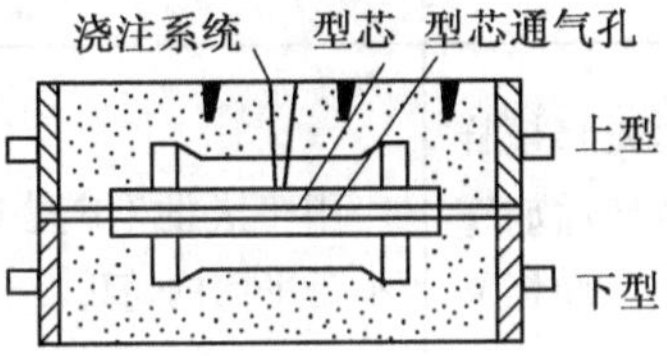	铸型由上型和下型组成,造型、起模、修型等操作方便	适用于各种生产批量,各种大、中、小铸件
	三箱造型 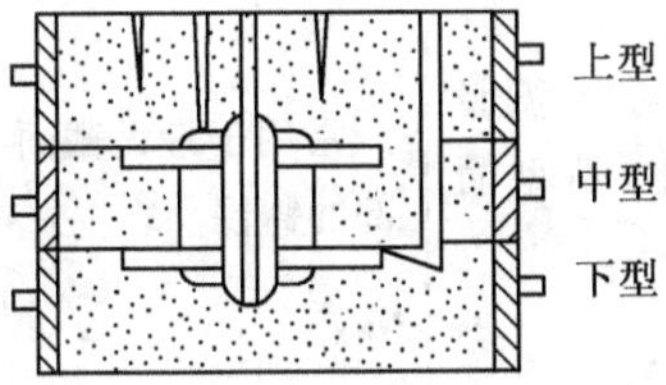	铸型由上、中、下三部分组成,中型的高度须与铸件两个分型面的间距相适应。三箱造型费工,应尽量避免使用	主要用于单件、小批量生产具有两个分型面的铸件
	地坑造型 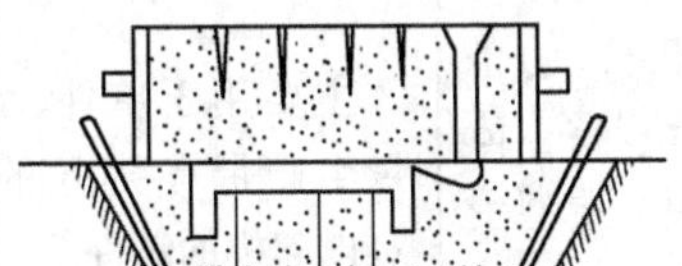	在车间地坑内造型,用地坑代替下砂箱,只要一个上砂箱,可减少砂箱的投资。但造型费工,而且要求操作者的技术水平较高	常用于砂箱数量不足,制造批量不大的大、中型铸件
	脱箱造型 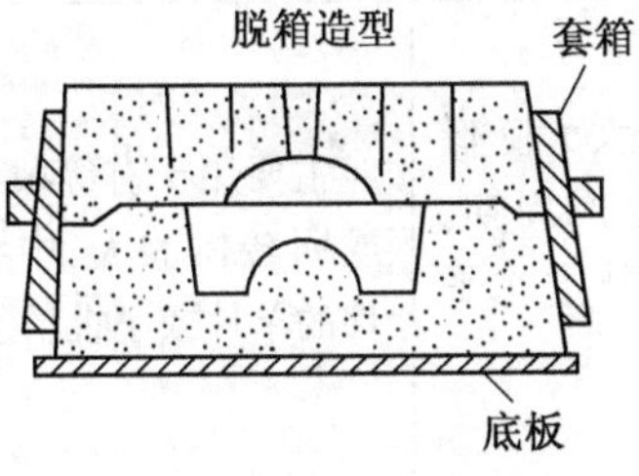	铸型合型后,将砂箱脱出,重新用于造型。浇注前,须用型砂将脱箱后的砂型周围填紧,也可在砂型上加套箱	主要用在生产小铸件,砂箱尺寸较小

（续表）

造型方法	主要特点	适用范围
整模造型 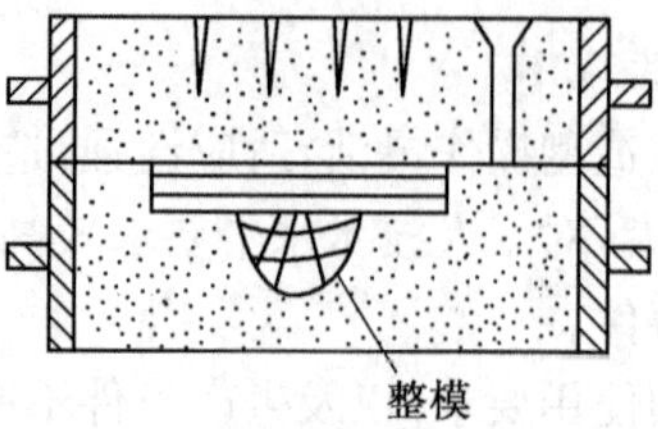 整模	模样是整体的,多数情况下,型腔全部在下半型内,上半型无型腔。造型简单,铸件不会产生错型缺陷	适用于一端为最大截面,且为平面的铸件
挖砂造型 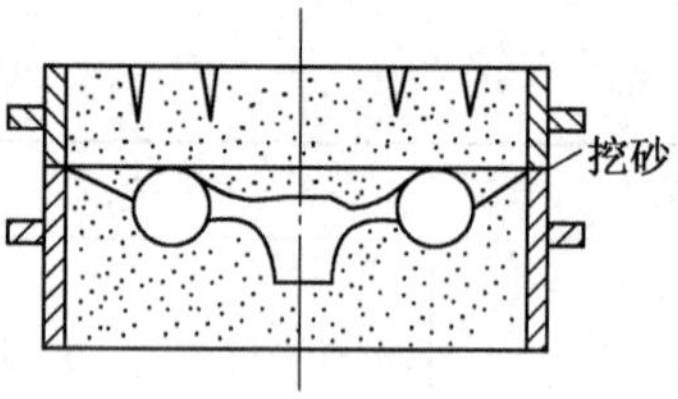 挖砂	模样是整体的,但铸件的分型面是曲面。为了起模方便,造型时用手工挖去阻碍起模的型砂。每造一件,就挖砂一次,费工、生产率低	用于单件或小批量生产分型面不是平面的铸件
假箱造型 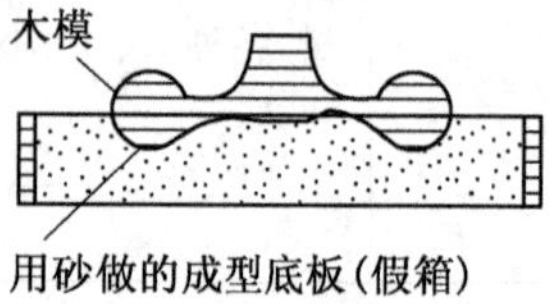 木模 用砂做的成型底板(假箱)	为了克服挖砂造型的缺点,先将模样放在一个预先作好的假箱上,然后放在假箱上造下型,省去挖砂操作。操作简便,分型面整齐	用于成批生产分型面不是平面的铸件
分模造型 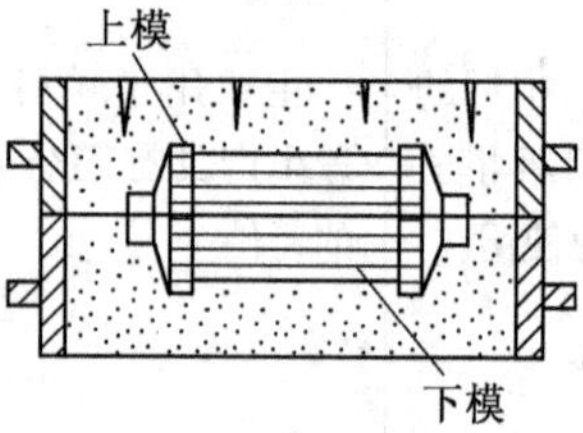 上模 下模	将模样沿最大截面处分为两半,型腔分别位于上、下两个半型内。造型简单,节省工时	常用于最大截面在中部的铸件
活块造型 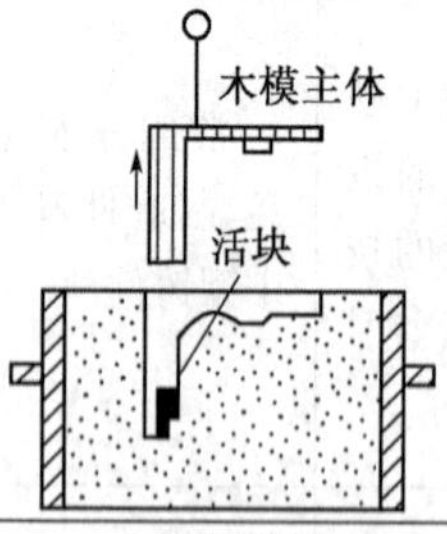 木模主体 活块 	铸件上有妨碍起模的小凸台、肋条等。制模时将此部分作成活块,在主体模样起出后,从侧面取出活块。造型费工,要求操作者的技术水平较高	主要用于单件、小批量生产带有突出部分、难以起模的铸件
刮板造型 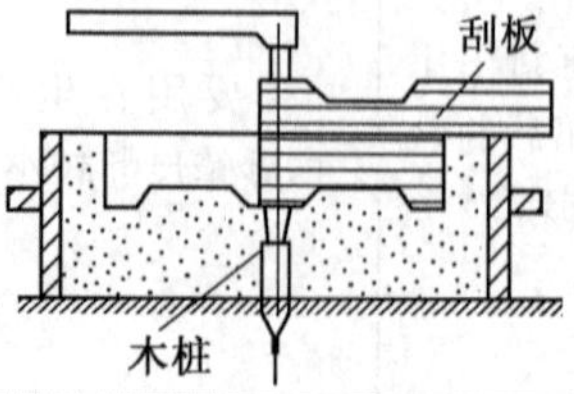 刮板 木桩	用刮板代替模样造型。可大大降低模样成本,节约木材,缩短生产周期。但生产率低,要求操作者的技术水平较高	主要用于有等截面的或回转体的大、中型铸件的单件或小批量生产

按模样特征区分

（2）机器造型

机器造型是将手工造型中的紧砂和起模两步实现机械化的方法。与手工造型相比，不仅提高了生产率、改善劳动条件，而且提高了铸件精度和表面质量。但是机器造型所用的造型设备和工艺装备的费用高、生产准备时间长，只适用于中、小铸件成批或大量的生产。

① 机器造型按照不同的紧砂方式分为震实、压实、震压、抛砂、射砂造型等多种方法，其中以震压式造型和射砂造型应用最广。图 5.4 所示为震压式造型机示意图。工作时打开砂斗门向砂箱中放型砂。压缩空气从震实出口进入震实活塞的下面，工作台上升过程中先关闭震实进气通路，然后打开震实排气口，于是工作台带着砂箱下落，与活塞顶部产生了一次撞击。如此反复震击，可使型砂在惯性力作用下被初步紧实。砂型紧实后，压缩空气推动压力油进入起模压缸，四根起模顶杆将砂箱顶起，使砂型与模样分开，完成起模。

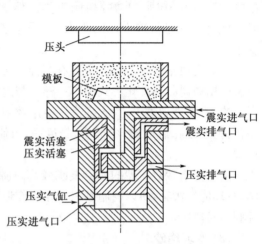

图 5.4　震压式造型机工作原理

② 机器造型采用单面模样来造型，其特点是上、下型以各自的模板，分别在两台配对的造型机上造型，造好的上、下半型用箱锥定位而合型。对于小铸件生产，有时采用双面模样进行脱箱造型。双面模板把上、下两个模及浇注系统固定在同一模样的两侧，此时，上、下两型均在同一台造型机制出，铸型合型后砂箱脱除，并在浇注前在铸型上加套箱，以防错箱。

机器造型不能进行三箱造型，同时也应避免活块，因为取出活块时，使造型机的生产效率显著降低。

2）造型材料

制造铸型的材料称为造型材料。它通常包括原砂、黏结剂、水及其他附加物（如煤粉、木屑、重油等）按一定比例混制而成。根据黏结剂的种类不同，可分为黏土砂、水玻璃砂、树脂砂等。造型材料的质量直接影响铸件的质量，据统计，铸件废品率约 50% 以上与造型材料有关。为保证铸件质量，要求型砂应具备足够的强度、良好的可塑性、高的耐火性和一定的透气性、退让性等。芯砂处于金属液体的包围之中，工作条件更加恶劣，所以对芯砂的基本性能要求更高。

（1）黏土砂

以黏土作黏结剂的型（芯）砂称为黏土砂。常用的黏土为膨润土和高岭土。黏土在与水混合时才能发挥黏结作用，因此必须使黏土砂保持一定的水分。此外，为了防止铸件粘砂，还需在型砂中添加一定数量的煤粉或其他附加物。

根据浇注时铸型的干燥情况可将其分为湿型、表干型及干型三种。湿型铸造具有生产效率高、铸件不易变形，适合于大批量流水作业等优点，广泛用于生产中、小型铸铁件，而大型复杂铸铁件则采用干型或表干型铸造。

到目前为止，黏土砂依然是铸造生产中应用最广泛的砂种，但它的流动性差，造型时需消耗较多的紧实功。用湿型砂生产大件，由于浇注时水分的迁移，容易在铸件的表面形成夹砂、胀砂、气孔等缺陷。而使用干型则生产周期长、铸型易变形,同时也增加能源的消耗。因此,人们研究采用了其他黏结剂的砂种。

(2) 树脂砂

以合成树脂做黏结剂的型(芯)砂称为树脂砂。目前国内铸造用的树脂黏结剂主要有酚醛树脂、尿醛树脂和糠醇树脂三类。但这三类树脂的性能都有一定的局限性,单一使用时不能完全满足铸造生产的要求,常采用各种方法将它们改性,生成各种不同性能的新树脂砂。

目前用树脂砂制芯(型)主要有四种方法:壳芯法、热芯盒法、冷芯盒法和温芯盒法。各种方法所用的树脂及硬化形式都不一样。与湿型黏土砂相比,型芯可直接在芯盒内硬化,且硬化反应快,不需进炉烘干,大大提高了生产效率;制芯(造型)工艺过程简化,便于实现机械化和自动化;型芯硬化后取出,变形小,精度高,可制作形状复杂、尺寸精确、表面粗糙度低的型芯和铸型。

由于树脂砂对原砂的质量要求较高,树脂粘结剂的价格较贵,树脂硬化时会放出有害气体,对环境有污染,所以树脂砂只用在制作形状复杂、质量要求高的中、小型铸件的型芯及壳型(制芯)时使用。

(3) 水玻璃砂

用水玻璃做黏结剂的型(芯)砂称为水玻璃砂。它的硬化过程主要是化学反应的结果,并可采用多种方法使之自行硬化,因此也称为化学硬化砂。

化学硬化砂与黏土砂相比,具有型砂要求的强度高、透气性好、流动性好等特点,易于紧实,铸件缺陷少,内在质量高;造型(芯)周期短,耐火度高,适合于生产大型铸铁件及所有铸钢件。

当然,水玻璃砂也存在一些缺点,如退让性差,旧砂回用较复杂等。针对这些问题,人们正在进行大量的研究工作,以逐步改善水玻璃砂的应用情况。目前国内用于生产的化学硬化砂有二氧化碳硬化水玻璃砂、硅酸二钙水玻璃砂、水玻璃石灰石砂等,而其中尤以二氧化碳硬化水玻璃砂用得最多。

2. 制造模样

造型时需要模样和芯盒。模样是用来成形铸件外部轮廓的,芯盒是用来制造砂芯,砂芯是成形铸件的内部轮廓的。制造模样和芯盒所用的材料,根据铸件大小和生产规模的大小而有所不同。产量少的一般用木材制作模样和芯盒,产量大的铸件可用金属或塑料制作模样和芯盒。

在设计和制造模样和芯盒时,必须考虑下列问题。

(1) 分型面的选择,分型面是两半铸型相互接触的表面,分型面选择要恰当。

(2) 起模斜度的确定,一般木模斜度为 $1°\sim3°$,金属模斜度为 $0.5°\sim1°$。

(3) 考虑到铸件冷却凝固过程中的体积收缩,为了保证铸件的尺寸,模样的尺寸应比铸件的尺寸大一个收缩量。

(4) 铸件上凡是需要机械加工的部分,都应在模样上增加加工余量,加工余量的大小与加工表面的精度、加工面尺寸、造型方法以及加工面在铸件的位置有关。

(5) 为了减少铸件出现裂纹的倾向,并为了造型、造芯方便,应将模样和芯盒的转角处都做成圆角。

（6）当有型芯时，为了能安放型芯，模样上要考虑设置芯座头。

3．造芯

造芯也可分为手工造芯和机器造芯。在大批量生产时采用机器造芯比较合理，但在一般情况下用得最多的还是手工造芯。手工造芯主要是用芯盒造芯。

为了提高砂芯的强度，造芯时在砂芯中放入铸铁芯骨（大芯）或铁丝制成的芯骨（小芯）。为了提高砂芯的透气能力，在砂芯里应做出通气孔。做通气孔的方法是：用通气针扎或用埋蜡线形成复杂的通气孔。

4．浇注系统

浇注时，金属液流入铸型所经过的通道称为浇注系统。浇注系统一般包括浇口盆、直浇道、横浇道和内浇道，如图 5.5 所示。

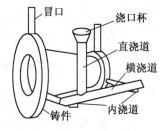

图 5.5　浇注系统示意图

5．砂型和砂芯的干燥及合箱

干燥砂型和砂芯目的是为了增加砂型和砂芯的强度、透气性、减少浇注时可能产生的气体。为提高生产率和降低成本，砂型只有在不干燥就不能保证铸件质量的时候，才进行烘干。

将砂芯及上、下箱等装配在一起的操作过程称为合型。合型时，首先应检查砂型和砂芯是否完好、干净；然后将砂芯安装在芯座上；在确认砂芯位置正确后，盖上上箱，并将上、下箱扣紧或在上箱上压上压铁，以免浇注时出现抬箱、跑火、错型等问题。

6．浇注

将熔融金属从浇包注入铸型的操作称为浇注。在浇注过程中必须掌握以下几点。

1）浇注温度的高低对铸件的质量影响很大。温度高时，液体金属的黏度下降、流动性提高，可以防止铸件浇不到、冷隔及某些气孔、夹渣等铸造缺陷。但温度过高将增加金属的总收缩量、吸气量和氧化现象，使铸件容易产生缩孔、缩松、粘砂和气孔等缺陷。因此在保证流动性足够的前提下，尽可能做到"高温出炉，低温浇注"。通常，灰铸铁的浇注温度为 1 200℃～1 380℃，碳素铸钢为 1 500℃～1 550℃。形状简单的铸件取较低的温度，形状复杂或薄壁铸件则取较高的浇注温度。

2）较高的浇注速度，可使金属液更好地充满铸型，铸件各部温差小，冷却均匀，不易产生氧化和吸气。但速度过高，会使铁液强烈冲刷铸型，容易产生冲砂缺陷。实际生产中，薄壁件应采取快速浇注；厚壁件则应按"慢—快—慢"的原则浇注。

7．铸件的出砂清理

铸件的出砂清理一般包括：落砂、去除浇冒口和表面清理。

1）落砂。用手工或机械使铸件和型砂、砂箱分开的操作称为落砂。落砂时铸件的温度不得高于 500℃，如果过早取出，则会产生表面硬化或发生变形、开裂。

2）去除浇冒口。对脆性材料，可采用锤击的方法去除浇冒口。为防止损伤铸件，可在浇冒口根部先锯槽然后击断。对于韧性材料，可用锯割、氧气割等方法。

3）表面清理。铸件由铸型取出后，还需要进一步清理表面的粘砂。手工清除时一般用钢刷或扁铲加工，这种方法劳动强度大，生产率低，且妨害健康。因此现代化生产主要是用震动机和喷砂喷丸设备来清理表面。所谓喷砂和喷丸就是用砂子或铁丸，在压缩空气作用下，通过喷嘴射到被清理工件的表面进行清理的方法。

8. 铸件检验及铸件的修补

1）铸件清理后进行质量检验。根据产品要求不同，检验的项目主要有：外观、尺寸、金相组织、力学性能、化学成分和内部缺陷等（见表 5.2）。其中最基本的是外观检验和内部缺陷检验。

表 5.2　铸件常见缺陷的特征及其预防措施

序	缺陷名称	缺陷特征	预防措施
1	气　孔	在铸件内部、表面或近于表面处，有大小不等的光滑孔眼，形状有圆的、长的及不规则的，有单个的，也有聚集成片的。颜色为白色的或带一层暗色，有时覆有一层氧化皮	降低熔炼时流言蜚语金属的吸气量。减少砂型在浇注过程中的发气量，改进铸件结构，提高砂型和型芯的透气性，使型内气体能顺利排出
2	缩　孔	在铸件厚断面内部、两交界面的内部及厚断面和薄断面交接处的内部或表面，形状不规则，孔内粗糙不平，晶粒粗大	壁厚小且均匀的铸件要采用同时凝固，壁厚大且不均匀的铸件采用由薄向厚的顺序凝固，合理放置冒口的冷铁
3	缩　松	在铸件内部微小而不连贯的缩孔，聚集在一处或多处，晶粒粗大，各晶粒间存在很小的孔眼，水压试验时渗水	壁间连接处尽量减小热节，尽量降低浇注温度和浇注速度
4	渣气孔	在铸件内部或表面形状不规则的孔眼。孔眼不光滑，里面全部或部分充塞着熔渣	提高铁液温度，降低熔渣黏性，提高浇注系统的挡渣能力，增大铸件内圆角
5	砂　眼	在铸件内部或表面有充塞着型砂的孔眼	严格控制型砂性能 和造型操作，合型前注意打扫型腔
6	热　裂	在铸件上有穿透或不穿透的裂纹（注要是弯曲形的），开裂处金属表皮氧化	严格控制铁液中的 S、P 含量。铸件壁厚尽量均匀。提高型砂和型芯的退让性。浇冒口不应阻碍铸件收缩。避免壁厚的突然改变。开型不能过早。不能激冷铸件
7	冷　裂	在铸件上有穿透或不穿透的裂纹（主要是直的），开裂处金属表皮氧化	
8	粘　砂	在铸件表面上，全部或部分覆盖着一层金属（或金属氧化物）与砂（或涂料）的混（化）合物或一层烧结构的型砂，致使铸件表面粗糙	减少砂粒间隙。适当降低金属的浇注温度。提高型砂、芯砂的耐火度
9	夹　砂	在铸件表面上，有一层金属瘤状物或片状物，在金属瘤片和铸件之间夹有一层型砂	严格控制型砂、芯砂性能。改善浇注系统，使金属液流动平稳。大平面铸件要倾斜浇注
10	冷　隔	在铸件上有一种未完全融合的缝隙或注坑，其交界边缘是圆滑的	提高浇注温度和浇注速度。改善浇注系统。浇注时不断流
11	浇不到	由于金属液未完全充满型腔而产生的铸件缺肉	提高浇注温度和浇注速度。不要断流和防止跑火

2）铸件的修补

当铸件的缺陷经修补后能达到技术要求时，可作合格品使用。铸件的修补方法有以下几种。

（1）气焊或电焊修补。常用于修补裂纹、气孔、缩孔、冷隔、砂眼等。焊补的部位能达到与铸件本体相近的力学性能，可承受较大载荷。

（2）金属喷镀。在缺陷处喷镀一层金属，先进的等离子喷镀效果好。

（3）浸渍法。此法用于承受气压不高，渗漏又不严重的铸件。方法是：将稀释后的酚醛清漆、水玻璃压入铸件隙缝，或将硫酸铜或氯化铁和氨的水溶液压入黑色金属空隙，硬化后即可将空隙填塞堵死。

（4）填腻修补。用腻子填入孔洞类缺陷。但只用于装饰，不能改变铸件的质量。腻子用铁粉 5％＋水玻璃 20％＋水泥 5％。

（5）金属液熔补。大型铸件上有浇不足等尺寸缺陷或损伤较大的缺陷修补时，可将缺陷处铲除、造型、浇入高温金属液将缺陷处填满。此法适用于青铜、铸钢件修补。

5.1.2　特种铸造

砂型铸造虽然是应用最普遍的一种铸造方法，但其铸造尺寸精度低，表面粗糙度值大，铸件内部质量差，生产过程不易实现机械化。为改变砂铸的这些缺点，满足一些有特殊要求的零件的生产，人们在砂型铸造的基础上，通过改变铸型的材料（如金属型、磁型、陶瓷型铸造）、模型材料（如熔模铸造、实型铸造）、浇注方法（如离心铸造、压力铸造）、金属液充填铸型的形式或铸件凝固的条件（如压铸、低压铸造）等又创造了许多其他的铸造方法。通常把这些不同于普通砂型铸造的铸造方法通称为特种铸造。

这里就几种应用较多的特种铸造方法的工艺过程、特点及应用作一些简单介绍。

1. 熔模铸造（失蜡铸造）

熔模铸造是用易熔材料（如石蜡）制成模样，然后在表面涂覆多层耐火材料，待硬化干燥后，将蜡模熔去，而获得具有与蜡模形状相应空腔的型壳，再经焙烧后进行浇注而获得铸件的一种方法。熔模铸造的工艺过程如图 5.6 所示。

1）熔模铸造的工艺过程

（1）制造压型：母模是铸件的基本模样，材料为钢或铜。压型是用来制造蜡模的特殊铸型。为保证蜡模质量，压型必须具有很高的精度和低粗糙度。当铸件精度高或大批量生产时，压型常用钢或铝合金加工而成；小批量时，可采用易熔合金（Sn、Pb、Bi 等组成的合金）、塑料或石膏直接向模样（母模）上浇注而成。

（2）制造蜡模：蜡模原材料有石膏、蜂蜡、硬脂酸和松香等，常用 50％ 石蜡硬脂酸的混合料。蜡模压制时，将蜡料加热至糊状后，在 2～3at 下，将蜡料压入到压型中，待蜡料冷却凝固便可从压型中取出，然后修分型面上的毛刺，即可得到单个蜡模。为了一次能铸出多个铸件，还需要将单个蜡模粘焊在预制的蜡质浇口棒上，制成蜡模组。

（3）制造型壳：蜡模制成后，再进行制壳，制壳包括结壳和脱壳。结壳就是在蜡模上涂挂耐火涂料层，制成具有一定强度的耐火型壳的过程。首先用粘结剂（水玻璃）和石英粉配成涂料，将蜡模级浸挂涂料后，在其表面撒上一层硅砂，然后放入硬化剂（氯化铵溶液）中，利用化学反应产生的硅酸溶胶将砂粒粘牢并硬化。如此反复涂挂 4～8 层，直到型壳厚达到 5～10 mm。型壳制好后，便可进行脱蜡。将其浸泡到 90℃～95℃ 的热水中，蜡模熔化而流出，就可得到一个中空的型壳。

（4）熔蜡焙烧：为进一步排除型壳内残余挥发物，蒸发水分，提高质量，提高型壳的强度，防止浇注时型壳变形或破裂，可将型壳放在铁箱中，周围用干砂填紧，将装着型壳的铁箱在

900℃～950℃下焙烧。

（5）浇注及铸件的后处理：为提高金属液的充型能力，防止浇注不足、冷隔等缺陷产生，焙烧后立即进行浇注。待铸件冷却凝固后，将型壳打碎取出铸件，切除浇口，清理毛刺。对于铸钢件，还需进行退火或正火处理。

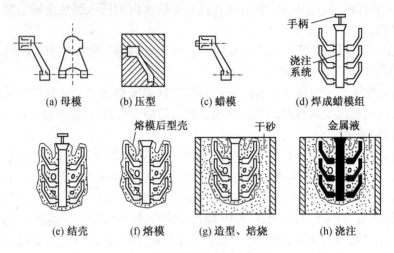

图 5.6　熔模铸造的工艺过程

2）熔模铸造的特点及适用范围

（1）获得铸件精度高，尺寸公差可达 IT11～IT13；表面粗糙度低，R_a 值为 12.5～1.6 μm。因此采用熔模铸造获得的涡轮发动机叶片等零件，无需机加工即可直接使用。

（2）适合于各种合金的铸件。无论是有色合金还是黑色金属，尤其是适用于熔点高、难切削的高合金铸钢件的制造，如耐热合金、不锈钢和磁钢等。

（3）可铸出形状较复杂、不能分型的铸件。其最小壁厚可达 0.3 mm，可铸出孔的最小孔径为 0.5 mm。

（4）铸件的重量一般不超过 25 kg。

总之，熔模铸造是实现少切削或无切削重要方法。主要用于制造汽轮机、燃气轮机和涡轮发动机的叶片和叶轮、切削刀具以及航空、汽车、拖拉机、机床的小零件等。

2. 金属型铸造

将金属液浇注到金属铸型中，待其冷却后获得铸件的方法叫金属型铸造。由于金属型能反复使用很多次，又叫永久型铸造。

1）金属型的结构

一般的，金属型用铸铁和铸钢制成。铸件的内腔既可用金属芯、也可用砂芯。金属型的结构有多种，如水平分型、垂直分型及复合分型。其中垂直分型便于开设内浇口和取出铸件；水平分型多用来生产薄壁轮状铸件；复合分型的上半型是由垂直分型的两半型采用铰链连结而成，下半型为固定不动的水平底板，主要应用于较复杂铸件的铸造。

2）金属型铸造的工艺特点

金属型的导热速度快和无退让性，使铸件易产生浇不足、冷隔、裂纹及白口等缺陷。此外，金属型反复经受灼热金属液的冲刷，会降低使用寿命，为此应采用以下辅助工艺措施。

(1) 保持铸型合理的工作温度(预热)。浇注前预热金属型,可减缓铸型的冷却能力,有利于金属液的充型及铸铁的石墨化过程。生产铸铁件,金属型预热至 250℃～350℃;生产有色金属件预热至 100℃～250℃。

(2) 刷涂料。为保护金属型和方便排气,通常在金属型表面喷刷耐火涂料层,以免金属型直接受金属液冲蚀和热作用。因为调整涂料层厚度可以改变铸件各部分的冷却速度,并有利于金属型中的气体排出。浇注不同的合金,应喷刷不同的涂料。如铸造铝合金件,应喷刷由氧化锌粉、滑石粉和水玻璃制成的涂料;对灰铸铁件则应采用由石墨粉、滑石粉、耐火黏土粉及桃胶和水组成的涂料。

(3) 浇注。金属型的导热性强,因此采用金属铸型时,合金的浇注温度应比采用砂型高出20℃～30℃。一般的,铝合金为 680℃～740℃;铸铁为 1 300℃～1 370℃;锡青铜为 1 100℃～1 150℃。薄壁件取上限,厚壁件取下限。铸铁件的壁厚不小于 15 mm,以防白口组织。

(4) 控制开型时间。开型愈晚,铸件在金属型内收缩量愈大,取出采用困难,而且铸件易产生大的内应力和裂纹。通常铸铁件的出型温度 700℃～950℃,开型时间为浇注后10～60 s。

3) 金属型铸造的特点和应用范围

与砂型铸造相比,金属型铸造有如下优点:

(1) 复用性好,可"一型多铸",节省了造型材料和造型工时。

(2) 由于金属型对铸件的冷却能力强,使铸件的组织致密、机械性能高。

(3) 铸件的尺寸精度高,公差等级为 IT12～IT14;表面粗糙度较低,R_a 为 6.3 μm。

(4) 金属型铸造不用砂或用砂少,改善了劳动条件。

但是金属型的制造成本高、周期长、工艺要求严格,不适用于单件小批量铸件的生产,主要适用于有色合金铸件的大批量生产,如飞机、汽车、内燃机、摩托车等用的铝活塞、汽缸体、汽缸盖、油泵壳体及铜合金的轴瓦、轴套等。对黑色合金铸件,也只限于形状较简单的中、小铸件。

3. 压力铸造

压力铸造是使液体或半液体金属在高压的作用下,以极高的速度充填压型,并在压力作用下凝固而获得铸件的一种方法。

1) 压铸机。压铸机是压铸生产最基本的设备。根据压室的不同,压铸机分为热压室和冷压室两种。

2) 压力铸造的特点及应用

(1) 压铸的生产率高,可达 50～500 件/h,便于实现自动化。

(2) 获得铸件的尺寸精度高,达 IT11～IT13;表面粗糙度低 R_a 为 3.2～0.8 μm。一些铸件无需机加工就直接使用,还可压铸结构复杂的薄壁件。

(3) 由于金属铸型的冷却能力强,可获得细晶粒组织的铸件,其机械强度比砂型铸件提高25%～40%。

总之,压铸是实现少切削、无切削的一种重要方法,但也存在不足。

(1) 压铸设备投资大,压铸型的制造成本高,只有在大量生产时才合算。

(2) 可压铸的合金种类受到限制,很难适用于钢和铸铁等高熔点合金。

(3) 由于压铸时的充型速度快,型腔中的空气很难完全排出,且厚壁处也很难补缩,使铸件内部不能避免气孔和缩松缺陷。

（4）压铸件不宜进行热处理或在高温下使用，以免压铸件的气孔中的气体膨胀，引起零件的变形和破坏。

由于压铸的以上特点，使它广泛应用于大批量有色合金铸件的生产。其中铝合金压铸件占的比重最大，约30%～50%，其次是锌合金和铜合金铸件。

5.1.3 铸造新技术与发展趋势

随着科学技术的飞速发展，新能源、新材料、自动化技术、信息技术、计算机技术等相关学科高新技术成果的应用，促进了铸造技术的快速发展。一些新的科技成果与传统工艺的结合，创造出一些新的铸造方法。目前，铸造技术正朝着优质、高效、低耗、节能、污染小和自动化的方向发展。

1. 造型技术的发展

1）气体冲压造型

气体冲压造型是近年来发展起来的一种新的造型工艺方法。它包括空气冲击造型和燃气冲击造型两类。其主要工艺过程是：将型砂填入砂箱和辅助框内，然后打开冲击阀，将储存在压力罐内的压缩空气突然释放出来，作用在砂箱里松散的型砂上面，使其紧实成形；或利用可燃气体燃烧爆炸产生的冲击波使型砂紧实成形。气体冲压造型可一次紧实成形，无需辅助紧实，具有砂型紧实度高且均匀、能生产复杂的铸件、噪声小、设备结构简单、生产率高和节约能源等优点，主要用于交通运输、纺织机械所用铸件以及水管的造型。

2）真空实型铸造

真空实型铸造又称气化模铸造、消失铸造。它是采用聚苯乙烯发泡塑料模样代替普通模样，将刷过涂料的模样放入可抽真空的特制砂箱内，填干砂后，振动紧实，抽真空，不取出模样就浇入金属液，在高温金属液的作用下，塑料模样燃烧、气化、消失，金属液取代原来塑料模所占据的空间位置，冷却凝固后获得所需铸件的铸造方法。这种造型方法无需起模，没有铸造斜度和活块，无分型面，无型芯，因而无飞边毛刺，铸件的尺寸精度和表面粗糙度接近熔模铸造，增大了设计铸造零件的自由度，简化了铸件生产工序，缩短了生产周期，减少材料消耗。一般来说，真空实型铸造的应用范围是十分广泛的，既可以用于大件的单件小批量生产，也可用于中小件的大批量生产。但按我国目前的铸造水平，在生产上应用还存在一系列问题有待继续研究和进一步完善。

2. 快速原型制造技术

铸造模型的快速原型制造技术（RPM）是以分层合成工艺为基础的计算机快速立体模型制造系统，包括分层合成工艺的计算机智能铸造生产是最近几年机器制造业的一个重要发展方向。快速原型制造技术集成了现代数控技术、CAD/CAM技术、激光技术以及新型材料的成果于一体，突破了传统的加工模式，可以自动、快速地将设计思想物化为具有一定结构和功能的原型或直接制造零件，从而对产品设计进行快速评价、修改，以适应市场的快速发展要求，提高企业的竞争力。

快速原型制造技术的工作原理是将零件的CAD三维几何模型，输入到计算机上，再以分解算法将模型分解成一层层的横向薄层，确定各层的平面轮廓，将这些模型数据信息按顺序一层接一层地传递到分层合成系统。在计算机的控制下，由激光器或紫外光发生器逐层扫描塑料、复合材料、液态树脂等成形材料，在激光束或紫外光束作用下，这些材料将会发生固化、烧结或粘结而制成立体模型。用这种模型作为模样进行熔模铸造、实型铸造等，可以大大缩短铸造生产周期。

目前,正在应用与开发的快速原型制造技术有以分层叠加合成工艺为原理的激光立体光刻技术(SLA)、激光粉末选区烧结成形技术(SLS)、熔丝沉积成形技术(FDM)、叠层轮廓制造技术(LOM)等多种工艺方法。每种工艺方法原理相同,只是技术有所差别。

(1) 激光立体光刻技术(SLA)。采用 SLA 成形方法生产金属零件的最佳技术路线是:SLA 原型(零件型)→熔模铸造(消失模铸造)→铸件,主要用于生产中等复杂程度的中小型铸件。

(2) 激光粉末选区烧结成形技术(SLS)。采用 SLS 成形方法生产金属零件的最佳技术路线是:SLS 原型(陶瓷型)→铸件,SLS 原型(零件型)→熔模铸造(消失模铸造)→铸件,主要用于生产中小型复杂铸件。

(3) 熔丝沉积成形技术(FDM)。采用 FDM 成形方法生产金属零件的最佳技术路线是:FDM 原型(零件型)→熔模铸造→铸件,主要用于生产中等复杂程度的中小型铸件。

3. 计算机在铸造中的应用

随着计算机的发展和广泛应用,把计算机应用于铸造生产中已取得了越来越好的效果。铸造生产中计算机可应用的领域很广,例如,在铸造工艺设计方面,计算机可模拟液态金属的流动性和收缩性,可以预测与铸件温度场直接相关的铸件的宏观缺陷,如缩孔、缩松、热裂、偏析等;可进行铸造工艺参数的计算;可绘制铸造工艺图、木模图、铸件图;用于生产控制等。近年来,应用的铸造工艺计算机辅助设计系统是利用计算机协助生产工艺设计者分析铸造方法、优化铸造工艺、估算铸造成本、确定设计方案并绘制铸造图等,将计算机的快速性、准确性与设计者的思维、综合分析能力结合起来,从而极大地提高了产品的设计质量和速度,使产品更具有竞争力。

5.2　锻　压

锻压是利用外力使金属坯料产生塑性变形,获得所需尺寸、形状及性能的毛坯或零件的加工方法。锻压是锻造和冲压的总称。它是金属压力加工的主要方式,也是机械制造中毛坯生产的主要方法之一,常分为自由锻、模锻、板料冲压、挤压、拉拔、轧制等。它们的成形方式如图 5.7 所示。

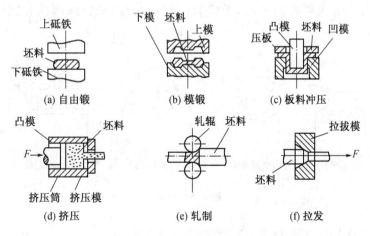

图 5.7　常用的压力加工方法

锻压加工与其他加工方法相比,具有以下特点。

(1) 改善金属的组织、提高力学性能。金属材料经锻压加工后,其组织、性能都得到改善和提高,锻压加工能消除金属铸锭内部的气孔、缩孔和树枝状晶等缺陷,并由于金属的塑性变形和再结晶,可使粗大晶粒细化,得到致密的金属组织,从而提高金属的力学性能。在零件设计时,若正确选用零件的受力方向与纤维组织方向,可以提高零件的抗冲击性能。

(2) 材料的利用率高。金属塑性成形主要是靠金属的形体组织相对位置重新排列,而不需要切除金属。

(3) 较高的生产率。锻压加工一般是利用压力机和模具进行成形加工的。例如,利用多工位冷镦工艺加工内六角螺钉,比用棒料切削加工工效提高约 400 倍以上。

(4) 毛坯或零件的精度较高。应用先进的技术和设备,可实现少切削或无切削加工。例如,精密锻造的伞齿轮齿形部分可不经切削加工直接使用,复杂曲面形状的叶片精密锻造后只需磨削便可达到所需精度。

(5) 锻压所用的金属材料应具有良好的塑性,以便在外力作用下,能产生塑性变形而不破裂。常用的金属材料中,铸铁属脆性材料,塑性差,不能用于锻压。钢和非铁金属中的铜、铝及其合金等可以在冷态或热态下压力加工。

(6) 不适合成形形状较复杂的零件。锻压加工是在固态下成形的,与铸造相比,金属的流动受到限制,一般需要采取加热等工艺措施才能实现。对制造形状复杂,特别是具有复杂内腔的零件或毛坯较困难。

由于锻压具有上述特点,因此承受冲击或交变应力的重要零件(如机床主轴、齿轮、曲轴、连杆等),都应采用锻件毛坯加工。所以锻压加工在机械制造、军工、航空、轻工、家用电器等行业得到广泛应用。例如,飞机上的塑性成形零件的质量分数占 85%;汽车,拖拉机上的锻件质量分数约占 60%~80%。

5.2.1 自由锻

1. 手工自由锻工具

手工锻工具按其用途可分为支持工具(如铁砧)、打击工具(大锤、手锤)、成形工具(如冲子、平锤、摔锤等)及夹持工具(手钳)。常用的几种工具如下:

(1) 铁砧:由铸钢或铸铁制成,其形式有:羊角砧、双角砧、球面砧和花砧等,如图 5.8 所示。

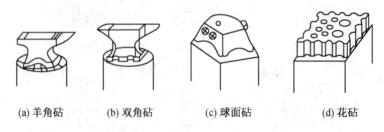

(a) 羊角砧　　(b) 双角砧　　(c) 球面砧　　(d) 花砧

图 5.8 铁砧

(2) 大锤:可分直头、横头和平头三种,如图 5.9 所示。

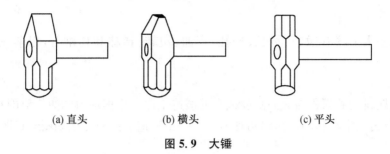

(a) 直头　　　　　　　(b) 横头　　　　　　　(c) 平头

图 5.9　大锤

（3）手锤：有圆头、直头和横头三种，如图 5.10 所示，其中圆头用得最多。

在手工锻操作时，掌钳工左手握钳，用以夹持、移动和翻转工件；右手握手锤，用以指挥打锤工的锻打（落点和轻重程度），并可作变形量很小的锻打。

（4）平锤：主要用于修整锻件的平面。按锤面形状平锤可分为方平锤、窄平锤和小平锤三种，如图 5.11 所示。

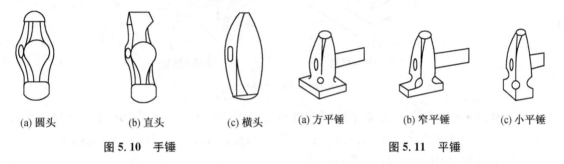

(a) 圆头　　　　　(b) 直头　　　　　(c) 横头　　　　(a) 方平锤　　　(b) 窄平锤　　　(c) 小平锤

图 5.10　手锤　　　　　　　　　　　　　　　　**图 5.11　平锤**

（5）摔锤：用于摔圆和修光锻件的外圆面，摔锤分上、下两个部分，如图 5.12 所示。上摔锤装有木柄，供握持用，下摔锤带有方形尾部，用以插入砧面上的方孔内并使之固定。

（6）冲子：用于冲孔。根据孔的形状，可将冲子的头部做成各种截面。为了冲孔后便于从孔内取出冲子，任何冲子都必须做成锥形，图 5.13 所示为常用的圆冲子。

（7）手钳：用于夹持工件，由钳口和钳把两部分组成。钳口的型式根据被夹持的工件形状而定并要求两者形状吻合，夹持牢靠，常用的手钳见图 5.14。

夹持工件时，用左手拇指和虎口处夹住手钳的一个钳把，用其余四指控制另一钳把，不要将手指放在钳把之间，以防夹伤手指。

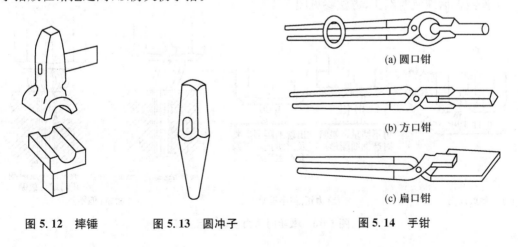

(a) 圆口钳

(b) 方口钳

(c) 扁口钳

图 5.12　摔锤　　　**图 5.13　圆冲子**　　　**图 5.14　手钳**

2. 基本工序及操作

自由锻的基本工序有镦粗、拔长、冲孔、弯曲、扭转、错移和切割等,以前三种工序应用最多。

（1）墩粗

墩粗是使坯料横截面积增大而高度减小的锻造工序。根据坯料的镦粗范围和所在部位的不同,镦粗可分为全镦粗和局部镦粗两种形式。手工锻造的镦粗方法如图5.15所示。

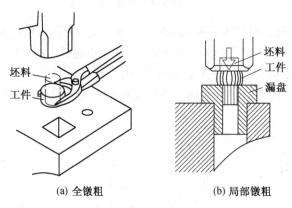

(a) 全镦粗　　　　　　　　　(b) 局部镦粗

图 5.15　镦粗

镦粗常用来锻造齿轮坯、凸缘、圆盘等高度小、截面积大的锻件。在锻造环、套筒等空心类锻件时,可作为冲孔前的预备工序,以减小冲孔深度,也可作为提高其他锻件力学性能的预备工序。

镦粗的规则、操作方法及注意事项如下。

① 镦粗部分的原始高度与直径之比应小于 2.5,否则会镦弯。工件镦弯后应将其放平轻轻锤击矫正。

② 镦粗前应使坯料的端面平整,并与轴线垂直,以免镦歪。坯料镦粗部分的加热必须均匀,否则墩粗时变形不均匀,镦粗后工件将呈畸形。

③ 镦粗时锻打力要重而且正。如果锻打力正、但不够重,工件会锻成细腰形,若不及时纠正,会镦出夹层;如果锻打力重、但不正,工件就会镦歪,若不及时纠正,就会镦偏。图 5.16 为镦粗时用力不当所产生的现象。

工件镦歪后应及时纠正,方法参见图 5.17。

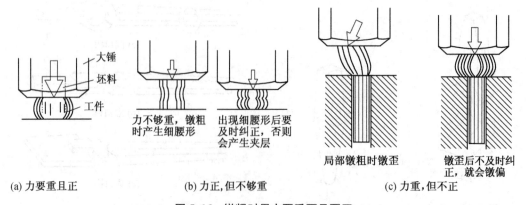

(a) 力要重且正　　　　　　(b) 力正,但不够重　　　　　　(c) 力重,但不正

图 5.16　镦粗时用力要重而且要正

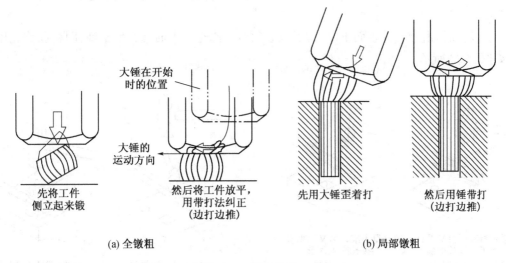

(a) 全镦粗   (b) 局部镦粗

图 5.17   镦歪的纠正

（2）拔长

拔长是使坯料的横截面积减小而长度增加的锻造工序，如图 5.18 所示。拔长用于锻制轴类和杆类锻件。如果是锻制空心轴、套筒等锻件，坯料应先镦粗、冲孔，再套上心轴进行拔长，如图 5.18（b）所示。

拔长的规则、操作方法及注意事项如下。

① 坯料在拔长过程中应作 90°翻转，翻转的方法有两种，如图 5.19 所示。重量大的锻件的拔长方法是常采用打完一面后翻转 90°，再打另一面（图 5.19（a））。采用这种方法时，应注意工件的宽度、厚度之比不要超过 2.5，否则工件锻得太扁，翻转后再继续拔长，将会产生夹层。重量较小的一般钢件常采用来回翻转 90°锻打的拔长方法（图 5.19（b））。

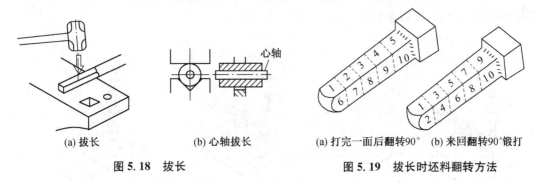

(a) 拔长   (b) 心轴拔长   (a) 打完一面后翻转90°   (b) 来回翻转90°锻打

图 5.18   拔长   图 5.19   拔长时坯料翻转方法

② 圆形截面的坯料拔长时，应先锻成方形截面，在拔长到方形的边长接近工件所要求的直径时，将方形锻成八角形，最后倒棱滚打成圆形（如图 5.20 所示），这样拔长的效率较高又能避免引起中心裂纹。

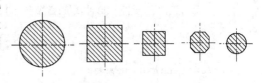

图 5.20   圆形坯料拔长方法

③ 拔长时,工件要放平,并使侧面与砧面垂直,锻打要准,力的方向要垂直,以免产生菱形(图 5.21)。

④ 拔长后,由于工件表面不平整,所以必须对其修光。平面修光用平锤,圆柱面修光用摔锤,如图 5.22 所示。

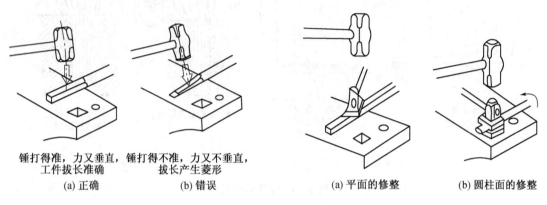

锤打得准,力又垂直, 锤打得不准,力又不垂直,
工件拔长准确 拔长产生菱形

(a) 正确   (b) 错误   (a) 平面的修整   (b) 圆柱面的修整

图 5.21 锻打的位置要正确,力的方向要垂直   图 5.22 修光

(3) 冲孔

冲孔是在坯料上锻出通孔或不通孔的锻造工序。冲孔前一般需先将坯料镦粗,以减少冲孔深度并使端面平整。由于冲孔时锻件的局部变形量很大,为了提高塑性,防止冲裂和损坏冲子,应将坯料加热到允许的最高温度,并应均匀热透。

冲通孔的步骤如图 5.23 所示。首先为了保证冲出孔的位置准确,需先试冲,即在孔的位置上轻轻冲出孔的痕迹(图 5.23(a)),如果位置不准确,可对其修正。然后冲出浅坑,最后再将孔冲深到工件厚约 2/3 的深度(图 5.23(c)),拔出冲子。将工作翻转,从反面冲通(图 5.23(d))。这种操作方法可避免在孔的周围冲出毛刺。还应注意当孔快要冲通时,应将工件移到砧面的圆孔上,以便将余料冲出。

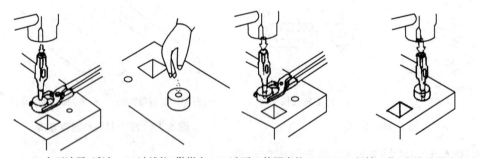

(a) 方正冲子,试冲   (b) 冲浅坑,撒煤末   (c) 冲至工件厚度的2/3深   (d) 翻转工作,在铁砧圆孔上冲透

图 5.23 冲孔的步骤

冲孔时应注意的事项有:

① 冲子必须与冲孔端面相垂直;

② 翻转后冲孔时,必须对正孔的中心(可根据暗影找正);

③ 冲子头部要经常浸水冷却,以免受热变软。

(4) 弯曲

弯曲是将坯料弯成一定形状的锻造工序,常用于锻造吊钩、链环等锻件,弯曲时一般应将坯料需要弯曲的部分加热。

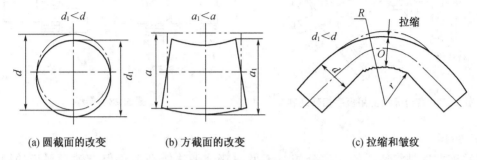

(a) 圆截面的改变　　　　(b) 方截面的改变　　　　(c) 拉缩和皱纹

图 5.24　弯曲时的坯料变形

坯料弯曲时,其弯曲部分的截而形状会走样,并且截面积会减小,如图 5.24(a)、(b)所示。此外,由于弯曲区外层金属受拉可能会产生裂纹,而内层金属受压则会形成皱纹,如图 5.24(c)所示。

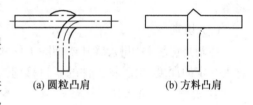

(a) 圆粒凸肩　　　　(b) 方料凸肩

图 5.25　弯曲前的凸肩

为了消除上述缺陷,可在弯曲前将弯曲部分进行局部镦粗,并修出凸肩,如图 5.25 所示。弯曲的方法很多,最简单的弯曲方法是在铁砧的边角上进行,图 5.26 列举了几种在铁砧上弯曲的方法。

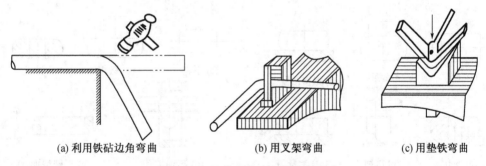

(a) 利用铁砧边角弯曲　　　　(b) 用叉架弯曲　　　　(c) 用垫铁弯曲

图 5.26　几种在铁砧上弯曲的方法

(5) 扭转

扭转是将坯料的一部分相对于另一部分绕其共轴线旋转一定角度的锻造工序。扭转过程中,金属变形剧烈,很容易产生裂纹。因此,扭转前应将工件加热到始锻温度,并保证均匀热透,同时受扭转部分必须表面光滑,不允许存在裂纹、伤痕等缺陷;扭转后的锻件,应缓慢冷却。

小锻件的扭转,通常在钳台上进行。扭转时,把坯料的一端夹紧在台虎钳上,另一端用扳手转动到要求的位置,如图 5.27 所示。

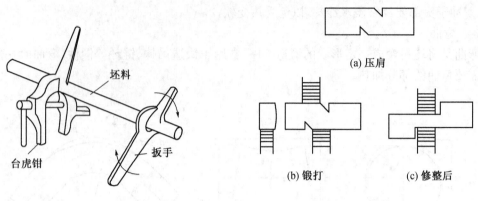

图 5.27　在台虎钳上用扳手扭转坯料

图 5.28　错移

（6）错移

错移该方法是将坯料的一部分相对于另一部分平移错开但仍保持轴心平行的锻造工序，如图 5.28 所示。操作的过程是先在错移部位压肩，然后加垫板及支撑，锻打错开，最后修整。

（7）切割

切割是把坯料切断、劈开或切除工件料头的锻造工序。切断时，工件放在砧面上，用錾子錾入一定的深度，然后将工件的錾口移到铁砧边缘錾断。

3. 典型锻件自由锻造过程示例

（1）齿轮坯：齿轮坯的锻造过程如图 5.29 所示，其基本工序为镦粗、冲孔。

（2）圆环：圆环的锻造过程如图 5.30 所示，其基本工序为镦粗、冲孔和芯轴扩孔。

（3）传动轴：传动轴的锻造过程如图 5.31 所示，其基本工序有镦粗、拔长。

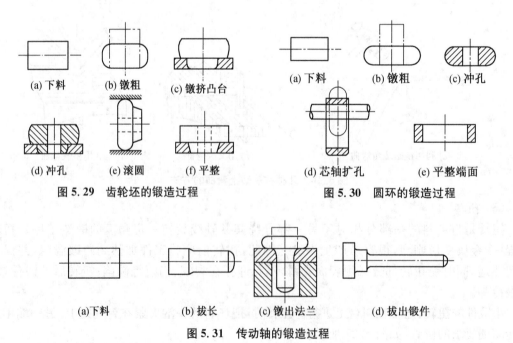

图 5.31　传动轴的锻造过程

5.2.2　模锻

模锻是指在模锻设备上,利用高强度锻模,使金属坯料在模腔内受压产生塑性变形,而获得所需形状、尺寸以及内部质量锻件的加工方法。在变形过程中由于模腔对金属坯料流动的限制,因而锻造终了时可获得与模腔形状相符的模锻件。

与自由锻相比,模锻具有如下优点。

(1) 生产效率较高。模锻时,金属的变形在模腔内进行,故能较快获得所需形状。

(2) 能锻造形状复杂的锻件,并可使金属流线分布更为合理,提高零件的使用寿命。

(3) 模锻件的尺寸较精确,表面质量较好,加工余量较小。

(4) 节省金属材料,减少切削加工工作量。在批量足够的条件下,能降低零件成本。

(5) 模锻操作简单,劳动强度低。

但模锻生产受模锻设备吨位限制,模锻件的质量一般在 150 kg 以下。模锻设备投资较大,模具费用较昂贵,工艺灵活性较差,生产准备周期较长。因此,模锻适合于小型锻件的大批大量生产,不适合单件小批量生产以及中、大型锻件的生产。

模锻按使用的设备不同,可分为:锤上模锻、压力机上模锻、胎模锻。

1. 锤上模锻

1) 工作原理:锤上模锻所用设备为模锻锤,由它产生的冲击力使金属变形,图 5.32 所示为一般常用的蒸汽-空气模锻锤,它的砧座 3 比相同吨位自由锻锤的砧座增大约 1 倍,并与锤身 2 连成一个刚性整体,锤头 7 与导轨之间的配合也比自由锻精密,因锤头的运动精度较高,使上模 6 与下模 5 在锤击时对位准确。

2) 模锻工序

模锻工序主要根据模锻件结构形状和尺寸确定。常见的锤上模锻件可以分为以下两大类。

(1) 长轴类零件,如曲轴、连杆、台阶轴等,如图5.33。锻件的长度与宽度之比较大,此类锻件在锻造过程中,锤击方向垂直于锻件的轴线,终锻时,金属沿高度与宽度方向流动,而沿长度方向没有显著的流动,常选用拔长、滚压、弯曲、预锻和终锻等工序。

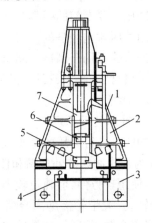

图 5.32　蒸汽-空气模锻锤
1-操纵机构　2-锤身　3-砧座
4-踏杆　5-下模　6-上模　7-锤头

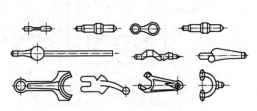

图 5.33　长轴类模锻件

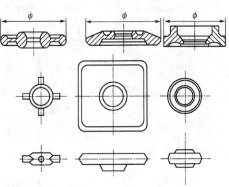

图 5.34　盘类模锻件图

（2）盘类零件,如齿轮、法兰盘等,如图 5.34 所示。此类模锻件在锻造过程中,锤击方向与坯料轴线相同,终锻时,金属沿高度、宽度及长度方向均产生流动,因此常选用镦粗、预锻、终锻等工序。

2. 胎模锻

胎模锻是用自由锻的设备,并使用简单的非固定模具(胎模)生产模锻件的一种工艺方法。

与自由锻相比,胎模锻具有生产率高、粗糙度值低、节约金属等优点;与模锻相比,它又节约了设备投资,大大简化了模具制造。但是胎模锻生产率和锻件质量都比模锻差,劳动强度大,安全性差,模具寿命低。因此,这种锻造方法只适合于小型锻件的中、小批量生产。

5.2.3　冲压

1. 冲压的特点及应用

冲压主要用于加工板料零件,故又称板料冲压,它是利用冲模使板料产生分离或变形的加工方法。冲压通常在室温下进行,不需加热,所以又称冷冲压。

冲压件的重量轻、刚性好、尺寸准确、表面光洁,一般不需要经切削加工,就可装配使用。冲压过程易于实现机械化和自动化,生产率高,现已广泛应用于汽车、拖拉机、航空、电器、仪表、日用品等工业部门。

冲压需要专门的模具——冲模。由于冲模的制造周期长,费用高,因此只有在大批量生产时采用冲压才是经济的。

冲压除了用于制造金属材料(最常用的是低碳钢、铜、铝及其合金)的冲压件外,还用于许多非金属材料(胶木、石棉、云母和皮革等)的加工。

2. 冲床

1)冲床传动原理

冲床是进行冲压的基本设备,其类型很多,按结构可分为开式冲床和闭式冲床两种。图5.35 为开式冲床的外观图和传动图。开式冲床可在它的前、左、右三个方向装卸模具和进行操作,使用较方便,但吨位较小。开式冲床传动原理为:电动机通过普通 V 带减速系统带动大带轮转动,大带轮借助离合器与曲轴相连接,离合器则用踏板通过拉杆来控制。其操作过程是:当离合器脱开时,大带轮空转;当踩下踏板使离合器合上时,大带轮便带动曲轴旋转,并通过连杆而使滑块沿导轨做上下往复运动,进行冲压,当松开踏板使离合器脱开时,制动器立即制止曲轴转动,并使滑块停止在最高位置。

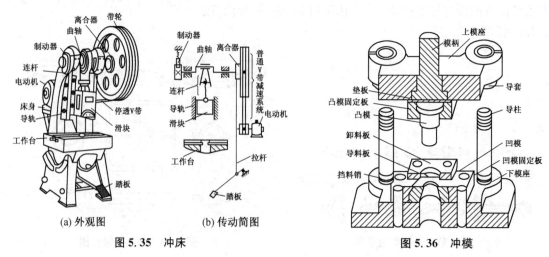

(a) 外观图　　　　(b) 传动简图

图 5.35　冲床　　　　　　　　　**图 5.36　冲模**

（2）冲床的主要参数

① 公称压力。冲床工作时,滑块上所允许的最大作用力,常用 kN 表示。

② 滑块行程。曲轴旋转时,滑块从最上位置到最下位置所走过的距离,常用 mm 表示。

③ 闭合高度。滑块在此行程达到最下位置时,其下表面到工作台面的距离（mm）为闭合高度,冲床的闭合高度应与冲模的高度相适应。冲床连杆的长度一般都是可调的,调节连杆的长度即可对冲床的闭合高度进行调整。

3. 冲模

冲模是冲压的工具。典型冲模的结构见图 5.36。冲模一般分为上模和下模两部分:上模用模柄固定在冲床滑块上并随滑块上下运动,下模用螺栓压板固定在工作台上。

4. 冲压基本工序

冲压基本工序可分为落料、冲孔、切断等分离工序,和拉深、弯曲等变形工序两大类。

1）分离工序。它是使板料的一部分与另一部分分离的加工工序。

（1）切断:使板料按不封闭轮廓线分离的工序叫切断。

（2）落料:是从板料上冲出一定外形的零件或坯料,冲下部分是成品。

（3）冲孔:是在板料上冲出孔,冲下部分是废料。冲孔和落料又统称为冲裁。冲裁可分为普通冲裁和精密冲裁。普通冲裁的刃口必须锋利,凸模和凹模之间留有间隙,板料的冲裁过程可分为三个阶段,如图 5.37 所示。

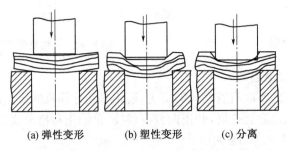

　　(a) 弹性变形　　　(b) 塑性变形　　　(c) 分离

图 5.37　冲裁时金属板料的分离过程示意图

（4）整修与精密冲裁:整修是在模具上利用切削的方法,将冲裁件的边缘或内孔切去一小层金属,从而提高冲裁件断面质量与精度的加工方法,如图 5.38 所示。整修可去除普通冲裁时在断面上留下的圆角、毛刺与剪裂带等。整修余量约为 0.1～0.4 mm,工件尺寸精度可达 IT7～IT6。

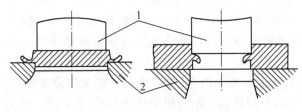

图 5.38　修整工序

2）变形工序。变形工序是使坯料的一部分相对于另一部分产生塑性变形而不被破坏的工序,如弯曲、拉深、翻边等。

（1）弯曲工序：将金属材料弯曲成一定角度和形状的工艺方法称为弯曲，弯曲方法可分为压弯、拉弯、折弯、滚弯等。最常见的是在压力机上压弯。

（2）拉深：拉深是使平面板料成形为中空形状零件的冲压工序。如图 5.39 所示。拉深工艺可分为不变薄拉深和变薄拉深两种，不变薄拉深件的壁厚与毛坯厚度基本相同，工业上应用较多，变薄拉深件的壁厚则明显小于毛坯厚度。

（3）翻边：将工件上的孔或边缘翻出竖立或有一定角度的直边，如图 5.40 所示。

（4）胀形：利用模具使空心件或管状件由内向外扩张的成形方法，如图 5.40 所示。

（5）缩口：利用模具使空心件或管状件的口部直径缩小的局部成形工艺，如图 5.40 所示。

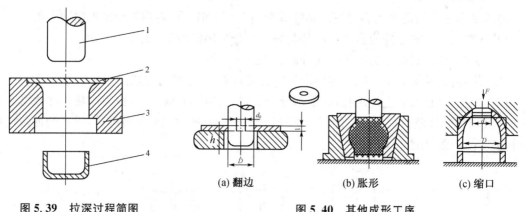

图 5.39　拉深过程简图　　　　　　　　图 5.40　其他成形工序

5.2.4　塑性加工发展趋势

金属塑性成形工艺的发展有着悠久的历史，近年来在计算机的应用、先进技术和设备的开发和应用等方面均已取得显著进展，并正向着高科技、自动化和精密成形的方向发展。

1. 先进成形技术的开发和应用

（1）发展省力成形工艺。塑性加工工艺相对于铸造、焊接工艺有产品内部组织致密、力学性能好且稳定的优点。但是传统的塑性加工工艺往往需要大吨位的压力机，相应的设备重量及初期投资非常大。可以采用超塑成形、液态模锻、旋压、辊锻、楔横轧、摆动辗压等方法降低变形力。

（2）提高成形精度。"少无余量成形"可以减少材料消耗，节约后续加工，成本低。提高产品精度，一方面要使金属能充填模腔中很精细的部位，另一方面又要有很小的模具变形。等温锻造由于模具与工件的温度一致，工件流动性好，变形力小，模具弹性变形小，是实现精锻的好方法。粉末锻造由于容易得到最终成形所需的精确的预制坯，所以既节省材料又节省能源。

（3）复合工艺和组合工艺。粉末锻造（粉末冶金＋锻造）、液态模锻（铸造＋模锻）等复合工艺有利于简化模具结构，提高坯料的塑性成形性能，应用越来越广泛。采用热锻-温整形、温锻-冷整形、热锻-冷整形等组合工艺，有利于大批量生产高强度、形状较复杂的锻件。

2. 计算机技术的应用

（1）塑性成形过程的数值模拟。计算机技术已应用于模拟和计算工件塑性变形区的应力场、应变场和温度场；预测金属充填模腔情况、锻造流线的分布和缺陷产生情况；可分析变形过程的热效应及其对组织结构和晶粒度的影响。

（2）CAD/CAE/CAM 的应用。在锻造生产中，利用 CAD/CAM 技术可进行锻件、锻模设计、材料选择、坯料计算、制坯工序、模锻工序及辅助工序设计，确定锻造设备及锻模加工等一系列工作。在板料冲压成形中，随着数控冲压设备的出现，CAD/CAE/CAM 技术得到了充分的应用，尤其是冲裁件 CAD/CAE/CAM 系统应用已经比较成熟。

（3）增强成形柔度。柔性加工是指应变能力很强的加工方法，它适于产品多变的场合。在市场经济条件下，柔度高的加工方法显然也有较强的竞争力。计算机控制和检测技术已广泛应用于自动生产线，塑性成形柔性加工系统（FMS）在发达国家已应用于生产。

3．实现产品-工艺-材料的一体化

以前，塑性成形往往是"来料加工"，近来由于机械合金化的出现，可以不通过熔炼得到各种性能的粉末，塑性加工时可以自配材料经热等静压（HIP）再经等温锻得到产品。

4．配套技术的发展

（1）模具生产技术发展高精度、高寿命模具和简易模具（柔件模、低熔点合金模等）的制造技术以及开发通用组合模具、成组模具、快速换模装置等。

（2）坯料加热方法火焰加热方式较经济，工艺适应性强，仍是国内外主要的坯料加热方法。生产效率高、加热质量和劳动条件好的电加热方式的应用正在逐年扩大。各类少、无氧化加热方法和相应设备将得到进一步开发和扩大应用。

5.3　焊　接

除了铸造、锻压加工以外，焊接也是零件或毛坯成形的主要方法。焊接是利用加热或加压（或加热和加压），借助于金属原子的结合与扩散，使分离的两部分金属牢固地、永久地结合起来的工艺。焊接的种类很多，通常按照焊接过程的特点分为：熔化焊、压力焊和钎焊三大类。焊接方法可以化大为小、化复杂为简单、拼小成大，还可以与铸、锻、冲压结合成复合工艺生产大型复杂件。主要用于制造金属构件，如锅炉、压力容器、管道、车辆、船舶、桥梁、飞机、火箭、起重机、海洋设备、冶金设备等。

作为不可拆卸的连接方法。在焊接被广泛应用以前，主要是用铆接来连接金属结构件（图5.41(a)）。焊接与铆接相比，具有节省金属、生产率高、致密性好和便于机械化、自动化操作等优点。故在工业生产中，大量铆接件已被焊接件所取代，焊接已成为制造金属结构和机器零件的一种基本工艺方法。例如，我国生产的万吨水压机、万吨级远洋货轮、高架吊车、汽车车身等都大量使用焊接。有些大型机床（如大型立式车床的机架）也常利用钢件焊接。此外，焊接还可用来修补铸、锻件的缺陷及磨损的机器零件。

焊接时，经受加热、熔化随后冷却凝固的那部分金属，称为焊缝。被焊的工件材料，称为母材（或称基本余属）。两个工件的连接处，称为焊接接头，它包括焊缝及焊缝附近的一段受热影响的区域（图 5.42）。

焊接方法种类很多，常用的有电弧焊和气焊等。

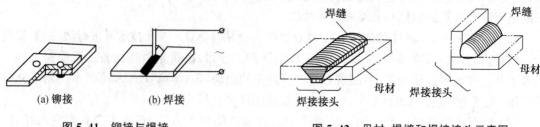

(a) 铆接　　　　(b) 焊接

图 5.41　铆接与焊接

图 5.42　母材、焊缝和焊接接头示意图

5.3.1　常用焊接方法

1. 手工电弧焊(手弧焊)

手工电弧焊是用手工操纵焊条进行焊接的电弧焊方法,如图 5.43 所示。它具有设备简单,应用灵活,成本低等优点,对焊接接头的装配尺寸要求不高,可在各种条件下进行各种位置的焊接,是目前生产中应用最广泛的焊接方法。但手工电弧焊时有强烈的弧光和烟尘,劳动条件差,生产率低,对工人的技术水平要求较高,焊接质量也不免稳定。一般用于单件小批量生产中焊接碳素钢、低合金结构钢、不锈钢及铸铁的补焊等。

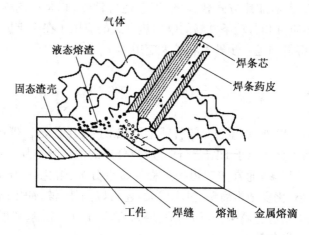

图 5.43　手工电弧焊过程示意图

1) 手弧焊电源种类

(1) 交流弧焊机。它是一种特殊的降压变压器,具有结构简单、噪声小、成本低等优点,但电弧稳定性较差。该焊机既适于酸性焊条焊接,又适于碱性焊条焊接。

(2) 直流弧焊机。它分为焊接发电机(旋转式)与弧焊整流器(整流式)两种。

(3) 逆变焊机。它是近几年发展起来的新一代焊接电源,它从电网吸取三相 380 V 交流电,经整流滤波成直流,然后经逆变器变成频率为 2 000~30 000 Hz 的交流电,再单相全波整流和滤波输出。它具有体积小、重量轻、节约材料、高效节能、适应性强等优点,是更新换代的电源。现已逐渐取代目前的整流弧焊机。

2) 焊条

(1) 焊条的组成与作用

手工电弧焊所使用的焊接材料,它由心部的金属焊芯和表面药皮涂层组成。

焊芯：作为电极,产生电弧,并传导焊接电流,焊芯熔化后作为填充金属成为焊缝的一部分。钢焊条的焊芯采用专门的焊接用钢丝,焊丝中硫磷等杂质的质量分数很低。焊条直径是由焊丝直径来表示的,一般为 1.6、2.0、2.5、3.2、4.0、5.0、6.0、8.0 mm 等规格,长度为 300～450 mm。

药皮：压涂在焊芯表面的涂料层,它的主要作用是保证电弧稳定燃烧；造气、造渣以隔绝空气,保护熔化金属；对熔化金属进行脱氧、去硫、渗合金元素等。焊条药皮的组成物按其作用分为稳弧剂、造气剂、造渣剂、脱氧剂、合金剂、粘结剂等,由矿石、铁合金、有机物和化工产品四大类原材料粉末,如碳酸钾、碳酸钠、大理石、萤石、锰铁、硅铁、钾钠水玻璃等配成。

(2) 焊条的种类

① 根据熔渣化学性质的不同,焊条可分为酸性焊条和碱性焊条。

酸性焊条：熔渣中以酸性氧化物为主,氧化性强,合金元素烧损大,故焊缝的塑性和韧度不高,且焊缝中氢含量高,抗裂性差；但酸性焊条具有良好的工艺性,对油、水、锈不敏感,交直流电源均可用,广泛用于一般结构件的焊接。

碱性焊条(又称低氢焊条)：药皮中以碱性氧化物以萤石为主,并含较多铁合金,脱氧、除氢、渗金属作用强,与酸性焊条相比,其焊缝金属的含氢量较低,有益元素较多,有害元素较少,因此焊缝力学性能与抗裂性好；但碱性焊条工艺性较差,电弧稳定性差,对油污、水、锈较敏感,抗气孔性能差,一般要求采用直流焊接电源,主要用于焊接重要的钢结构或合金钢结构。

② 焊条按用途可分为 11 大类：碳钢焊条、低合金钢焊条、钼和铬钼耐热钢焊条、低温钢焊条、不锈钢焊条、堆焊焊条、铸铁焊条、镍及镍合金焊条、铜及铜合金焊条、铝及铝合金焊条、特殊用途焊条。

(3) 焊条的选用

焊条的种类很多,应根据其性能特点,并考虑焊件的结构特点、工作条件、生产批量、施工条件及经济性等因素合理地选用焊条。

若按强度等级和化学成分选用焊条：

① 焊接一般结构,如低碳钢、低合金钢结构件时,一般选用与焊件强度等级相同的焊条,而不考虑化学成分相同或相近。

② 焊接异种结构钢时,按强度等级低的钢种选用焊条。

③ 焊接特殊性能钢种,如不锈钢、耐热钢时,应选用与焊件化学成分相同或相近的特种焊条。

④ 焊件的碳、硫、磷质量分数较大时,应选用碱性焊条。

⑤ 焊接铸造碳钢或合金钢时,因为碳和合金元素的质量分数较高,而且多数铸件厚度、刚性较大,形状复杂,故一般选用碱性焊条。

若按焊件的工作条件选用焊条：

① 焊接承受动载、交变载荷及冲击载荷的结构件时,应选用碱性焊条。

② 焊接承受静载的结构件时,可选用酸性焊条。

③ 焊接表面带有油、锈、污等难以清理的结构件时,应选用酸性焊条。

④ 焊接在特殊条件下(如在腐蚀介质、高温等条件)工作的结构件时,应选用特殊用途焊条。

若按焊件的形状、刚度及焊接位置选用焊条：

① 厚度、刚度大、形状复杂的结构件，应选用碱性焊条。

② 厚度、刚度不大，形状一般，尤其是均采用平焊的结构件，应选用适当的酸性焊条。

③ 除平焊外，立焊、横焊、仰焊等焊接位置的结构件应选用全位置焊条。

此外，还应根据现场条件选用适当的焊条。如需用低氢型焊条，又缺少直流弧焊源时，应选用加入稳弧剂的低氢型交、直流两用的焊条。

3）手弧焊焊接工艺规范

焊接工艺规范指制造焊件所有关的加工和实践要求的细则文件，可保证由熟练工操作时质量的再现性。焊接工艺规范包括焊条型号（牌号）、焊条直径、焊接电流、坡口形状、焊接层数等参数的选择。其中有些已在前面述及，有的将在焊接结构设计中详述。现在仅就焊条直径、焊接电流和焊接层数的选择问题简述如下。

（1）焊条直径的选择。由工件厚度、接头形式、焊缝位置和焊接层数等因素确定。选用较大直径的焊条，能提高生产率；但如用过大直径的焊条，会造成未焊透和焊缝成形不良。

（2）焊接电流的选择。主要由焊条直径和焊缝位置确定。

$$I = Kd$$

式中：I——焊接电流，A；

$\quad\quad d$——焊条直径，mm；

$\quad\quad K$——经验系数，一般为 25～60。

平焊时 K 取较大值；立、横、仰焊时取较小值；使用碱性焊条时焊接电流要比使用酸性焊条时略小。

增大焊接电流能提高生产率，但电流过大，易造成焊缝咬边和烧穿等缺陷；焊接电流过小，使生产率降低，并易造成夹渣、未焊透等缺陷。

（3）电弧长度和焊接速度。电弧长度一般不超过 2～4 mm。焊接速度以保证焊缝尺寸符合设计图样要求为准。

（4）焊接层数。厚件、易过热的材料焊接时，常采用开坡口、多层多道焊的方法，每层焊缝的厚度以 3～4 mm 为宜。

2. 埋弧自动焊（埋弧焊）

埋弧焊是将焊条电弧焊的引弧、焊条送进、电弧移动几个动作改由机械自动完成，电弧在焊剂层下燃烧，故称为埋弧自动焊，简称埋弧焊。如果部分动作由机械完成，其他动作仍由焊工辅助完成，则称为半自动焊。

1）埋弧自动焊的焊接过程：如图 5.44 所示，埋弧自动焊时，焊剂从焊剂漏斗中流出，均匀堆敷在焊件表面，焊丝由送丝机构自动送进，经导电嘴进入电弧区，焊接电源分别接在导电嘴和焊件上以产生电弧，焊剂漏斗、送丝机构及控制盘等通常都装在一台电动小车上可以按调定的速度沿着焊缝自动行走。

图 5.45 为埋弧自动焊纵截面图。电弧在颗粒状的焊剂层下燃烧，电弧周围的焊剂熔化形成熔渣，工件金属与焊丝熔化成较大体积的熔池，熔池被熔渣覆盖，熔渣既能起到隔绝空气保护熔池的作用，又阻挡了弧光对外辐射和金属飞溅，焊机带着焊丝均匀向前移动（或焊机不动，工件匀速运动），熔池金属被电弧气体排挤向后堆积形成焊缝。

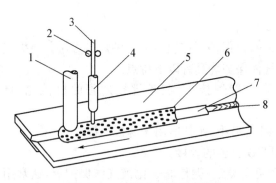

图 5.44　埋弧自动焊示意图

1-焊剂漏斗　2-送丝滚轮　3-焊丝　4-导电嘴
5-焊件　6-焊剂　7-渣壳　8-焊缝

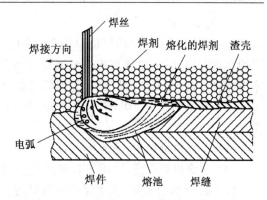

图 5.45　埋弧自动焊焊接过程纵截面图

2) 埋弧自动焊的特点

埋弧自动焊有以下优点:

(1) 生产率高。焊接电流比手工电弧焊时大得多,可以高达 1 000 A,一次熔深大,焊接速度大,且焊接过程可连续进行,无需频繁更换焊条,因此生产率比手工电弧焊高 5~20 倍。

(2) 焊接质量好。熔渣对熔化金属的保护严密,冶金反应较彻底,且焊接工艺参数稳定,焊缝成形美观,焊接质量稳定。

(3) 劳动条件好。焊接时没有弧光辐射,焊接烟尘小,焊接过程自动进行。

缺点:埋弧自动焊一般只适用于水平位置的长直焊缝和直径 250 mm 以上的环形焊缝,焊接的钢板厚度一般在 6~60 mm,适焊材料局限于钢、镍基合金、铜合金等,不能焊接铝、钛等活泼金属及其合金。

3) 埋弧焊的焊接材料。埋弧焊使用的焊接材料包括焊剂和焊丝。埋弧焊焊剂有熔炼焊剂和非熔炼焊剂两大类。

熔炼焊剂主要起保护作用,非熔炼焊剂除了保护作用外,还可以起脱氧、去硫、渗合金等冶金处理作用。我国目前使用的绝大多数焊剂是熔炼焊剂。焊剂牌号为"焊剂"或大写拼音"HJ"和三个数字表示,如"焊剂 430"或"HJ430"。

埋弧焊的焊丝是直径 1.6~6 mm 的实芯焊丝,起电极和填充金属以及脱氧、去硫、渗合金等冶金处理作用。其牌号与焊条焊芯同属一个国家标准(GB 1300)。

为了获得高质量的埋弧焊焊缝,必须正确选配焊丝和焊剂。

4) 埋弧自动焊工艺。埋弧焊对下料、坡口准备和装配要求较高。装配时,要求用优质焊条点固。由于埋弧焊焊接电流大、熔深大,因此对于厚度在 14 mm 以下的板材,可以不开坡口一次焊成;双面焊时,不开坡口的可焊厚度达 28 mm;当厚度较大时,为保证焊透,最常采用的坡口型式为 Y 型坡口和 X 型坡口。单面焊时,为防止烧穿、保证焊缝的反面成形,应采用反面衬垫,衬垫的形式有焊剂垫、钢垫板,或手工焊封底。另外,由于埋弧焊在引弧和熄弧处电弧不稳定,为保证焊缝质量,焊前应在焊缝两端接上引弧板和熄弧板,焊后去除,如图 5.46 所示。

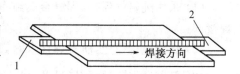

图 5.46　引弧板和熄弧板(引出板)

1-引弧板　2-熄弧板

3. 气体保护焊

气体保护电弧焊是用气体将电弧、熔化金属与周围的空气隔离,防止空气与熔化金属发生冶金反应,以保证焊接质量的一种焊接方法。保护气体主要有 Ar、He、CO_2、N_2 等。与埋弧焊相比,气体保护焊具有以下特点。

(1) 采用明弧焊,熔池可见性好,适用于全位置焊接,有利于焊接过程的机械化、自动化。

(2) 电弧热量集中,熔池小,热影响区窄,焊件变形小,尤其适用于薄板焊接。

(3) 可焊材料广泛,可用于各种黑色金属和非铁合金的焊接。

按电极材料的不同,气体保护电弧焊可分为两大类:一类是非熔化极气体保护焊,通常用钨棒或钨合金棒作电极,以惰性气体(氩气或氦气)作保护气体,焊缝填充金属(即焊丝)根据情况另外添加,其中应用较广的是氩气为保护气的钨极氩弧焊;另一类是熔化极气体保护焊,以焊丝作为电极,根据采用的保护气不同,可分为熔化极惰性气体保护焊、熔化极活性气体保护焊和 CO_2 气体保护焊,其中熔化极活性气体保护焊泛指同时采用惰性气体与适量 CO_2 等组成的混合气作为保护气的气体保护焊,CO_2 气体保护焊亦可看作是其中的一个特例。

1) 钨极氩弧焊

高熔点的钍钨棒或铈钨棒作电极,由于钨的熔点高达 3 410℃,焊接时钨棒基本不熔化,只是作为电极起导电作用,填充金属需另外添加。在焊接过程中,氩气通过喷嘴进入电弧区将电极、焊件、焊丝端部与空气隔绝开。钨极氩弧焊的焊接过程如图 5.47(a)所示,其焊接方式有手工焊和自动焊两种,它们的主要区别在于电弧移动和送丝方式,前者为手工完成,后者由机械自动完成。

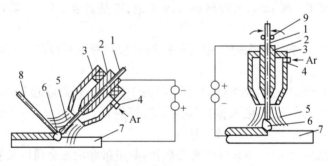

(a) 非熔化极氩弧焊　　　(b) 熔化极氩弧焊

图 5.47　氩弧焊示意图

1-电极或焊丝　2-导电嘴　3-喷嘴　4-进气管　5-氩气流　6-电弧　7-工件　8-填充焊丝　9-送丝辊轮

钨极氩弧焊的优点是:

(1) 采用纯氩气保护,焊缝金属纯净,特别适合于非铁合金、不锈钢、钛及钛合金等材料的焊接。

(2) 焊接过程稳定,所有焊接参数都能精确控制,明弧操作,易实现机械化、自动化。

(3) 焊缝成形好,特别适合 3 mm 以下的薄板焊接、全位置焊接和不用衬垫的单面焊双面成形。

在焊接钢、钛合金和铜合金时,应采用直流正接,这样可以使钨极处在温度较低的负极,减少其熔化烧损,同时也有利于焊件的熔化;在焊接铝镁合金时,通常采用交流电源,这主要是因为只有在焊件接负极时(即交流电的负半周),焊件表面接受正离子的撞击,使焊件表面的 Al_2O_3、MgO 等氧化膜被击碎,从而保证焊件的焊合,但这样会使钨极烧损严重,而交流电的正半周则可使钨极得到一定的冷却,从而减少其烧损。由于钨极的载流能力有限,为了减少钨极的烧损,焊接电流不宜过大,所以钨极氩弧焊通常只适用于 0.5~6 mm 的薄板。

工艺参数:钨极直径、焊接电流、电源种类和极性、喷嘴直径和氩气流量、焊丝直径等。

应用:易氧化的非铁合金、不锈钢、高温合金、钛及钛合金以及难熔的活性金属(钼、铌、锆)等材料的薄壁结构的焊接和钢结构的打底焊。

2) 熔化极氩弧焊

采用焊丝作电极并兼作填充金属,焊丝在送丝滚轮的输送下,进入到导电嘴,与焊件之间产生电弧,并不断熔化,形成很细小的熔滴,以喷射形式进入熔池,与熔化的母材一起形成焊缝。熔化极氩弧焊的焊接过程如图 5.47(b)所示。熔化极氩弧焊的焊接方式有半自动焊和自动焊两种。

熔化极氩弧焊均采用直流反接,以提高电弧的稳定性,没有电极烧损问题,焊接电流的范围大大增加,因此可以焊接中厚板,例如焊接铝镁合金时,当焊接电流为 450 A 左右时,不开坡口可一次焊透 20 mm,同样厚度用钨极氩弧焊时则要焊 6~7 层。

熔化极氩弧焊的焊接工艺参数:焊丝直径、焊接电流和电弧电压、送丝速度、保护气体的流量等。熔化极氩弧焊主要用于焊接高合金钢、化学性质活泼的金属及合金,如铝及铝合金、铜及铜合金、钛、锆及其合金等。

3) CO_2 气体保护焊

采用 CO_2 作为保护气,一方面 CO_2 可以将电弧、熔化金属与空气机械地隔离;另一方面,在电弧的高温作用下,CO_2 会分解为 CO 和 O_2,因而具有较强的氧化性,会使 Mn、Si 等合金元素烧损,焊缝增氧,力学性能下降,还会形成气孔。另外,由于 CO_2 气流的冷却作用及强烈的氧化反应,导致电弧稳定性差、金属飞溅大、弧光强、烟雾大等缺点,因此 CO_2 气体保护焊只适合焊接低碳钢和低合金结构钢,不能用于焊接高合金钢和非铁合金。图 5.48 为 CO_2 气体保护半自动焊示意图。

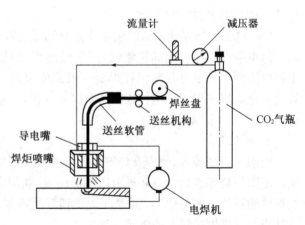

图 5.48　CO_2 气体保护焊示意图

CO_2 气体保护焊的优点:

(1) CO_2 气体保护焊的成本仅为手工电弧焊和埋弧焊的 40%~50%。

(2) CO_2 电弧穿透能力强,熔深大,生产率比手工电弧焊高 1~4 倍。

(3) 焊缝氢含量低,焊丝中 Mn 含量高,脱硫作用好,因而焊接接头的抗裂性好。

CO_2 气体保护焊在焊接低碳钢和低合金结构钢时,需采用含 Si、Mn 等合金元素的焊丝来实现脱氧和渗合金。常用的 CO_2 气体保护焊焊丝有 H08Mn2Si 和 H08Mn2SiA,及药芯焊丝 YJ502.1(YJ -结构钢药芯焊丝;50 -焊缝金属最低抗拉强度,单位为 kgf/mm^2;2 -钛钙型药皮,交直流两用;1-气体保护)。

CO_2 气体保护焊时,熔滴进入熔池的过渡形式有短路过渡和颗粒过渡两种,两种过渡形式选用的焊接规范不同,适用场合也不同。CO_2 气体保护焊的焊接规范包括焊丝直径、焊接电流、电弧电压、送丝速度、电源极性、焊接速度和保护气流量等。短路过渡一般用于细丝焊,焊丝直径为 0.6～1.2 mm,特点是电压低,电流小,飞溅小,焊缝成形好,适合焊接 0.8～4 mm 的薄板及全位置焊接,生产中应用较多。颗粒过渡一般用于粗丝焊,焊丝直径为 1.6～4 mm,其特点是焊接电流和电弧电压较大,电弧穿透能力强,飞溅大,焊缝成形不够光滑,适合焊接 3～25 mm 的中厚板,生产中应用较少。CO_2 气体保护焊时,为了减小飞溅,保持电弧稳定,要求使用直流焊机,且大多采用直流反接。焊接时 CO_2 流量通常为 5～15 L/min,保护气体流量偏大或偏小均会使保护效果变差。

4. 电渣焊

利用电流通过液体熔渣所产生的电阻热进行焊接的方法称电渣焊。焊前先把工件垂直放置,在两工件之间留有约 20～40 mm 的间隙,在工件下端装有起焊槽,上端装引出板,并在工件两侧表面装有强迫焊缝成形的水冷成形装置。开始焊接时.使焊丝与起焊槽短路起弧,不断加入少量固体焊剂,利用电弧的热量使之熔化,形成液态熔渣,待渣池达到一定深度时,增加焊丝送进速度,并降低焊接电压,使焊丝插入渣池,电弧熄灭,转入电渣焊接过程。特点和应用如下。

(1)可以一次焊接很厚的工件,从而可以提高焊接生产率。常焊的板厚约在 13～500 mm,厚的工件也不需开坡口。

(2)以立焊位置焊接,一般不易产生气孔和夹渣等缺陷。对于焊接易淬火的钢种,减少了近缝区产生淬火裂缝的可能性。

(3)对于调整焊缝金属的化学成分及降低有害杂质具有特殊意义。

但电渣焊容易引起晶粒粗大,产生过热组织,造成焊接接头冲击韧度降低。所以对某些钢种焊后一般都要求进行正火或回火热处理。电渣焊主要用于钢材或铁基金属的焊接,一般宜焊接板厚在 30 mm 以上的金属材料。

5. 电阻焊

电阻焊和摩擦焊、超声波焊等一起作为最常用的压力焊焊接方法。电阻焊是焊件组合后通过电极施加压力,利用电流通过接触处及焊件附近产生的电阻热,将焊件加热到塑性或局部熔化状态,再施加压力形成焊接接头的焊接方法。

电阻焊的基本形式有点焊、缝焊、凸焊、对焊等。

1)点焊

点焊时将焊件搭接并压紧在两个柱状电极之间,然后接通电流,焊件间接触面的电阻热使该点熔化形成熔核,同时熔核周围的金属也被加热产生塑性变形,形成一个塑性环,以防止周围气体对熔核的侵入和熔化金属的流失。断电后,在压力下凝固结晶,形成一个组织致密的焊点,由于焊接时的分流现象,两个焊点之间应有一定的距离,如图 5.49 所示。

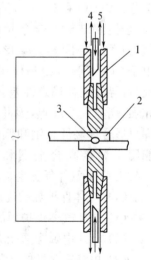

图 5.49　点焊示意图

1-电极　2-焊件　3-熔核

4-冷却水　5-压力

点焊方式及其选用:点焊方法很多,按供电方向和在一个焊接循环中所能形成焊点数,可分为双面单点焊、单面双点焊、双面多点焊等。其中双面单点焊焊接质量高,应优先选用。单面双点焊生产率高,适合大型、移动困难的工件。双面多点焊适于大批量生产。

点焊接头采用搭接形式。主要适用于焊接厚度 4 mm 以下的薄板结构和钢筋构件,还可焊接不锈钢、钛合金和铝镁合金等,目前广泛应用于汽车、飞机等制造业。

2) 缝焊

缝焊过程与点焊相似,只是用盘状滚动电极代替了柱状电极。焊接时,转动的盘状电极压紧并带动焊件向前移动,配合断续通电,形成连续重叠的焊点,所以,其焊缝具有良好的密封性,如图 5.50 所示。

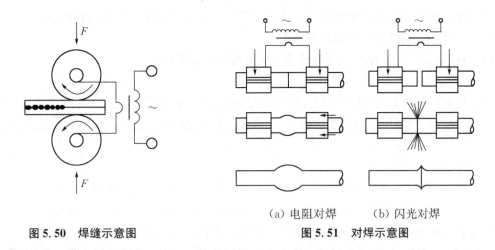

图 5.50 焊缝示意图

(a) 电阻对焊 　(b) 闪光对焊

图 5.51 对焊示意图

缝焊的分流现象比点焊严重,因此,在焊接同样厚度的焊件时,焊接电流为点焊的 1.5～2 倍。缝焊主要适用于焊接厚度 3 mm 以下、要求密封性的容器和管道等。

3) 凸焊

凸焊的特点是在焊接处事先加工出一个或多个凸起点,这些凸起点在焊接时和另一被焊工件紧密接触。通电后,凸起点被加热,压塌后形成焊点。

由于凸起点接触提高了凸焊时焊点的压力,并使接触电流比较集中,所以凸焊可以焊接厚度相差较大的工件。多点凸焊可以提高生产率,并且焊点的距离可以设计得比较小。

4) 对焊

对焊就是利用电阻热将两个对接焊件连接起来,如图 5.51 所示。按焊接工艺不同,可分为电阻对焊和闪光对焊两种。

(1) 电阻对焊

其焊接过程是:预压→通电→顶锻、断电→去压。它只适于焊接截面形状简单、直径小于 20 mm 和强度要求不高的焊件。

电阻焊的生产率高,不需填充金属,焊接变形小;操作简单,易于实现机械化和自动化。但是,由于焊接时电流很大(几千至几万安),故要求电源功率大,设备也较复杂,投资大,通常只用于大批量生产。

(2) 闪光对焊

焊接过程:工件在夹具中不紧密接触→通电→接触点受电阻热熔化及气化→液态金属发

生爆裂,产生火花与闪光→顶锻、断电→去压。其焊接质量较高,常用于焊接重要零件,可进行同种和异种金属焊接,也可焊接直径大或小的焊件。

6. 钎焊

钎焊是采用比母材熔点低的金属材料作钎料,将焊件(母材)与钎料加热到高于钎料熔点,但低于母材熔点的温度,利用液态钎料润湿母材,填充接头间隙,并与母材相互扩散而实现连接焊件的方法。钎焊接头形成包括三个基本过程:

① 液态钎料要润湿焊件金属,并能在焊件表面铺展。

② 通过毛细作用致密地填满接头间隙。

③ 钎料能同焊件金属之间发生作用,从而实现良好的冶金结合。

按钎焊过程中加热方式和保护条件不同,钎焊可分为:盐浴钎焊、火焰钎焊、电阻钎焊、感应钎焊、炉中钎焊、烙铁钎焊和波峰钎焊等。

按钎料熔点不同,钎焊方法又可分为硬钎焊和软钎焊两种。

1) 硬钎焊

硬钎焊的钎料熔点在 450℃以上,常用的是铜基钎料和银基钎料。硬钎焊接头强度较高(大于 200 MPa),主要用于接头受力较大、工作温度较高的焊件,如各种零件的连接、刀具的焊接等。

2) 软钎焊

软钎焊的钎料熔点在 450℃以下,常用的是锡基钎料。软钎焊接头强度较低(小于70 MPa),主要用于接头受力不大、工作强度较低的焊件,如电子元件和线路的连接等。

钎焊和熔焊相比,加热温度低,接头的金属组织和性能变化小,焊接变形小,焊件尺寸容易保证,接头光洁,气密性好;生产率高、易于实现机械化和自动化;可以焊接异种金属,甚至连接金属与非金属;还可以焊接某些形状复杂的接头。但是,钎焊接头强度较低,耐热能力较差,焊前准备工作要求较高。目前,钎焊主要用于焊接电子元件、精密仪表机械等。

5.3.2 焊接结构工艺性

焊接结构工艺性是指在一定的生产规模条件下,如何选择零件加工和装配的最佳工艺方案,因而焊接件的结构工艺性是焊接结构设计和生产中一个比较重要的问题,是经济原则在焊接结构生产中的具体体现。

在焊接结构的生产制造中,除考虑使用性能之外,还应考虑制造时焊接工艺的特点及要求,才能保证在较高的生产率和较低的成本下,获得符合设计要求的产品质量。

焊接件的结构工艺性一般包括焊接结构材料选择、焊接方法、焊缝的布置和焊接接头设计等几个方面。

1. 焊接结构材料的选择

随着焊接技术的发展,工业上常用的金属材料一般均可焊接。但材料的焊接性不同,焊接后接头质量差别很大。因此,应尽可能选择焊接性良好的焊接材料来制造焊接构析。特别是优先选用低碳钢和普通低合金钢等材料。

2. 焊接方法的选择

焊接方法选择的主要依据是材料的焊接性、工件的结构形式、厚度和各种焊接方法的适用范围、生产率等。

3. 焊接接头设计

1) 接头形式设计

根据施焊金属件的空间位置,常见的焊接接头型式有:对接接头、搭接接头、角接接头和丁字接头等。

其中对接接头受力均匀,是应用最多的接头型式。搭接接头受力时将产生附加弯矩,而且消耗金属量大,但不需开坡口,装配尺寸要求不高。

2) 焊缝布置

焊缝位置对焊接接头的质量、焊接应力和变形以及焊接生产率均有较大影响,因此在布置焊缝时,应考虑以下几个方面。

(1) 尽可能分散布置焊缝。如图 5.52 所示。焊缝集中分布容易使接头过热,材料的力学性能降低。两条焊缝的间距一般要求大于 3 倍或 5 倍的板厚。

(2) 焊缝应尽量避开最大应力和应力集中部位。如图 5.53 所示。以防止焊接应力与外加应力相互叠加,造成过大的应力而开裂。不可避免时,应附加刚性支承,以减小焊缝承受的应力。

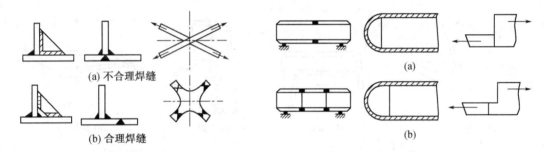

图 5.52　分散布置焊缝　　　图 5.53　焊缝避开最大应力集中部位

(3) 尽可能对称分布焊缝。如图 5.54 所示。焊缝的对称布置可以使各条焊缝的焊接变形相抵消,对减小梁柱结构的焊接变形有明显的效果。

(4) 尽量减少焊缝数量。采用型材、管材、冲压件、锻件和铸钢件等作为被焊材料。这样不仅能减小焊接应力和变形,还能减少焊接材料消耗,提高生产率。如图 5.55 所示箱体构件,如采用型材或冲压件(图 5.55(b))焊接,可较板材(图 5.55(a))减少两条焊缝。

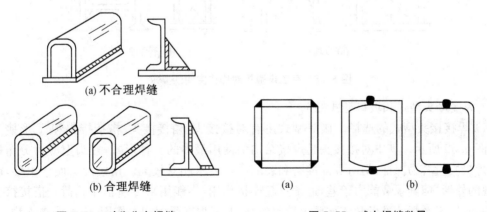

图 5.54　对称分布焊缝　　　图 5.55　减少焊缝数量

（5）焊缝应尽量避开机械加工面。一般情况下，焊接工序应在机械加工工序之前完成，以防止焊接损坏机械加工表面。此时焊缝的布置也应尽量避开需要加工的表面，因为焊缝的机械加工性能不好，且焊接残余应力会影响加工精度。如果焊接结构上某一部位的加工精度要求较高，又必须在机械加工完成之后进行焊接工序时，应将焊缝布置在远离加工面处，以避免焊接应力和变形对已加工表面精度的影响，如图 5.56 所示。

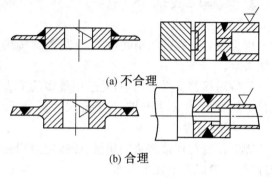

(a) 不合理

(b) 合理

图 5.56　焊缝远离机械加工表面

焊缝位置应便于施焊，有利于保证焊缝质量焊缝可分为平焊缝、横焊缝、立焊缝和仰焊缝四种型式，如图 5.57 所示。其中施焊操作最方便、焊接质量最容易保证的是平焊缝，因此在布置焊缝时应尽量使焊缝能在水平位置进行焊接。

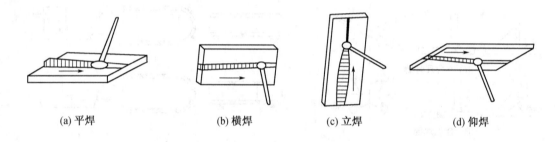

(a) 平焊　　　　　　(b) 横焊　　　　　　(c) 立焊　　　　　　(d) 仰焊

图 5.57　焊缝的空间位置

除焊缝空间位置外，还应考虑各种焊接方法所需要的施焊操作空间。图 5.58 所示为考虑手工电弧焊施焊空间时，对焊缝的布置要求。

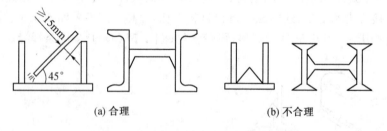

(a) 合理　　　　　　　　　　　　　(b) 不合理

图 5.58　手工电弧焊对操作空间的要求

3）焊接接头型式和坡口型式的选择

（1）焊接接头型式的选择。接头型式主有对接接头、角接接头、搭接接头和 T 形接头四种，如图 5.59 所示。其中对接接头是焊接结构中使用最多的一种形式，接头上应力分布比较均匀，焊接质量容易保证，但对焊前准备和装配质量要求相对较高。角接接头便于组装，能获得美观的外形，但其承载能力较差，通常只起连接作用，不能用来传递工作载荷。搭接接头便于组装，常用于对焊前准备和装配要求简单的结构，但焊缝受剪切力作用，应力分布不均，承载能力较低,且结构重量大,不经济。T 形接头也是一种应用非常广泛的接头型式,在船体结构中约有 70% 的焊缝采用 T 形接头,在机床焊接结构中的应用也十分广泛。

在结构设计时,设计者应综合考虑结构形状、使用要求、焊件厚度、变形大小、焊接材料的消耗量、坡口加工的难易程度等因素,以确定接头型式和总体结构型式。

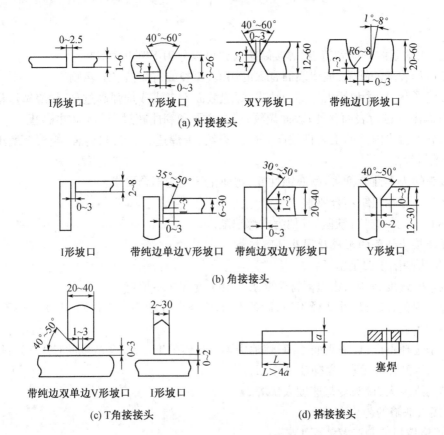

图 5.59　手弧焊接头及坡口型式

（2）焊接坡口型式的选择。保证厚度较大的焊件能够焊透,常将焊件接头边缘加工成一定形状的坡口。焊条电弧焊常采用的坡口形式有不开坡口（I 形坡口）、Y 形坡口、双 Y 形坡口、U 形坡口等,如图 5.59 所示。坡口除保证焊透外,还能起到调节母材金属和填充金属比例的作用,由此可以调整焊缝的性能。

坡口型式的选择主要根据板厚和采用的焊接方法确定,同时兼顾焊接工作量大小、焊接材料消耗、坡口加工成本和焊接施工条件等,以提高生产率和降低成本。如图 5.60 所示。

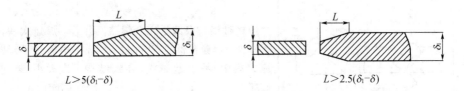

图 5.60　不同厚度钢板的对接

5.3.3 常见焊接缺陷产生原因分析及预防措施

现代的焊接技术是完全可以得到高质量的焊接接头的。然而,一个焊接产品的完成,要经过原材料划线、切割、坡口加工、装配、焊接等多种工序,并要使用多种设备、工艺装备和焊接材料。受操作者的技术水平等许多因素影响,因此,极易出现各种各样的焊接缺陷,如表5.3所示。

1. 常见焊接缺陷

焊接接头缺陷的分类和特点,焊接缺陷大致可以分为下列几类。

1) 坡口和装配的缺陷:坡口表面有深的切痕、龟裂或有熔渣、锈、污物。

2) 焊缝形状、尺寸和接头外部的缺陷:焊缝截面不丰满或加强高过高;焊缝宽度沿长度方向不恒定;满溢;咬边;表面气孔;表面裂纹;接头变形和翘曲超过产品允许的范围。

3) 焊缝和接头内部的工艺性缺陷:气孔、裂纹、未焊透、夹渣、未熔合、接头金属组织的缺陷(过热、偏析等)。

4) 接头的力学性能低劣,耐腐蚀性能、物理化学性能不合要求。

5) 接头的金相组织不合要求。

其中,1)、2)类为外部缺陷,其他为内部缺陷。

2. 焊接接头缺陷的形成原因及预防措施

焊接接头缺陷主要是由于:

1) 坡口的角度、间隙、错边不符合要求及沿长度方向不恒定。

2) 焊接规范、坡口尺寸选择不当;运条不当;焊条角度和摆动不正确;焊接顺序不对;收缩余量设置不当等。

3) 焊条选择不当;焊缝表面不净;熔池中溶入过多的 H_2、N_2 及产生的 CO 气体;熔池中含有较多的 S、P 等有害元素、含有较多的 H。

4) 结构刚度大;接头冷却速度太快等。

焊接接头缺陷的防止方法:

(1) 严格坡口的制造及装配工艺。

(2) 严格焊接规范。

(3) 严格焊接表面的清洗。

(4) 严格焊接工艺。

(5) 严格焊接检验。

表 5.3 常见焊接缺陷及产生原理

缺陷名称	图例	特征及危害性	产生原因
未焊透	未焊透	焊接时接头根部未完全焊透。由于减少了焊缝金属的有效面积,形成应力集中,易引起裂纹,导致结构破坏	焊速太快,焊接电流过小,坡口角度太小,装配间隙过窄

（续表）

缺陷名称	图例	特征及危害性	产生原因
夹渣	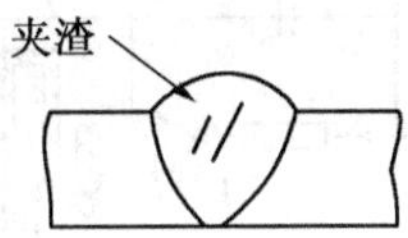 夹渣	焊后残留在焊缝中的熔渣。由于减少了焊缝金属的有效面积,导致裂纹的产生	焊件不洁,电流过小,焊速太快,多层焊时各层熔渣未清除干净
气孔	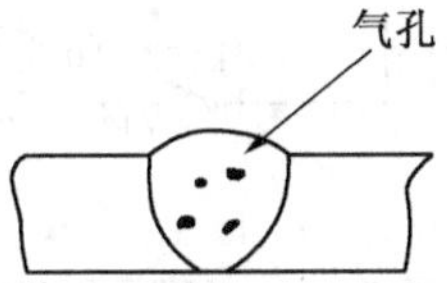 气孔	焊接时,熔池中的气泡在凝固时未能逸出而残留下来形成了空穴。由于减少了焊缝有效工作截面,破坏焊缝的致密性,产生应力集中,导致结构破坏	焊件不洁,焊条潮湿,电弧过长,焊速太快,电流过小
咬边	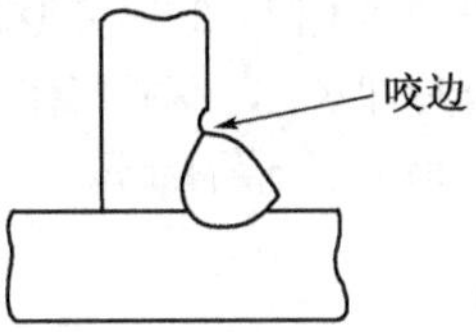 咬边	沿焊趾的母材部位产生的沟槽或凹陷。其危害性与未焊透的危害性相同	电流太大,焊条角度不对,运条方法不正确,电弧过长
焊瘤	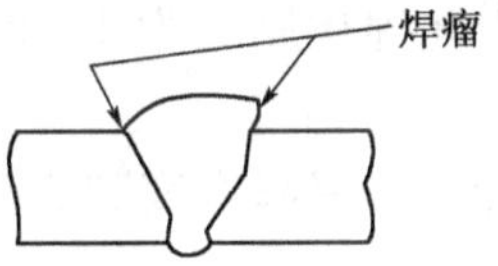 焊瘤	焊接过程中,熔化金属流淌到焊缝之外末熔化,在母材上所形成的金属瘤。影响成形美观,引起应力集中,焊瘤处易夹渣,不易熔合,导致裂纹的产生	焊接电流太大,电弧过长,运条不当,焊速太慢
裂纹	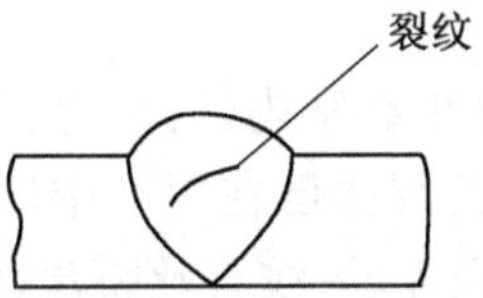 裂纹	在焊接应力及其他致脆因素共同作用下,由于焊接接头中局部的金属原子结合力遭到破坏而形成的新界面而产生的缝隙。往往在使用中开裂,酿成重大事故的发止	焊件含 C,S,P 过高,焊缝冷速太快,焊接顺序不工确,焊接应力过大

5.3.4　现代焊接技术与发展趋势

随着现代工业技术的发展,如原子能、航空、航天等技术的发展,需要焊接一些新的材料和结构,对焊接技术提出更高的要求,于是出现了一些新的焊接工艺,如等离子弧焊、真空电子束焊、激光焊、真空扩散焊等,本节仅对一些焊接新工艺及焊接技术发展趋势作简单介绍。

1. 现代焊接技术

1) 等离子弧焊接与切割

普通电弧焊中的电弧,不受外界约束,称为自由电弧,电弧区内的气体尚未完全电离,能量也未高度集中起来。等离子弧是经过压缩的高能量密度的电弧,它具有高温(可达 24 000～50 000 K)、高速(可数倍于声速)、高能量密度(可达 10^5～10^6 W/cm²)的特点。

(1) 等离子弧的产生

等离子电弧发生装置如图 5.61 所示,在钨极和工件之间加一较高电压,经高频振荡使气体电离形成电弧,此电弧被强迫通过具有细孔道的喷嘴时,弧柱截面缩小,此作用称为机械压缩效应。

当通入一定压力和流量的氮气或氩气时,冷气流均匀地包围着电弧,形成了一层环绕弧柱的低温气流层,弧柱被进一步压缩,这种压缩作用称为热压缩作用。同时,电弧周围存在磁场,电弧中定向运动的电子、离子流在自身磁场作用下,使弧柱被进一步压缩,此压缩称电磁压缩。在机械压缩、热压缩和电磁压缩的共同作用下,弧柱直径被压缩到很细的范围内,弧柱内的气体电离度很高,便成为稳定的等离子弧。

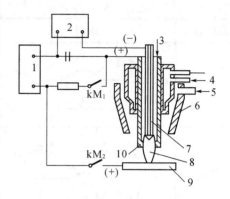

图 5.61　等离子弧发生装置示意图
1-焊接电源　2-高频振荡器　3-离子气
4-冷却水　5-保护气体　6-保护气罩
7-钨极　8-等离子弧　9-焊件　10-喷嘴

（2）等离子弧焊接

等离子弧焊是利用等离子弧作为热源进行焊接的一种熔焊方法。它采用氩气作为等离子气,另外还应同时通入氩气作为保护气体。等离子弧焊接使用专用的焊接设备和焊炬,焊炬的构造保证在等离子弧周围通以均匀的氩气流,以保护熔池和焊缝不受空气的有害作用。因此,等离子弧焊接实质上是一种有压缩效应的钨极氩弧焊。等离子弧焊除具有氩弧焊的优点外,还有以下特点。

① 等离子弧能量密度大,弧柱温度高,穿透能力强,因此焊接厚度为 12 mm 以下的焊件可不开坡口,能一次焊透,实现单面焊双面成形。

② 等离子弧焊的焊接速度高,生产率高,焊接热影响区小,焊缝宽度和高度较均匀一致,焊缝表面光洁。

③ 当电流小到 0.1 A 时,电弧仍能稳定燃烧,并保持良好的直线和方向性,故等离子弧焊可以焊接很薄的箔材。

但是等离子弧焊接设备比较复杂,气体消耗量大,只宜于在室内焊接。另外,小孔形等离子弧焊不适于手工操作,灵活性比钨极氩弧焊差。等离子弧焊接已在生产中广泛应用于焊接铜合金、合金钢、钨、钼、钴、钛等金属焊件。如钛合金导弹壳体、波纹管及膜盒、微型继电器、电容器的外壳等。

（3）等离子弧切割

等离子弧切割原理如图 5.62 所示,它是利用高温、高速、高能量密度的等离子焰流冲力大的特点,将被切割材料局部加热熔化并随即吹除,从而形成较整齐的割口。其割口窄,切割面的质量较好,切割速度快,切割厚度可达 150～200 mm。等离子弧可以切割不锈钢、铸铁、铝、铜、钛、镍、钨及其合金等。

2）电子束焊接

电子束焊是利用高速、集中的电子束轰击焊件表面所产生的热量进行焊接的一种熔焊方法。电子束焊可分为:高真空型、低真空型和非真空型等。

真空电子束焊接如图 5.63 所示。电子枪、工件及夹具全部装在真空室内。电子枪由加热灯丝、阴极、阳极及聚焦装置等组成。当阴极被灯丝加热到 2 600 K 时,能发出大量电子。这些电子在阴极与阳极（焊件）间的高压作用下,经电磁透镜聚集成电子流束,以极高速度（可达到 160 000 km/s）射向焊件表面,使电子的动能转变为热能,其能量密度（$10^6 \sim 10^8$ W/cm²）比普通电弧大 1 000 倍,故使焊件金属迅速熔化,甚至气化。根据焊件的熔化程度,适当移动焊件.即能得到要求的焊接接头。

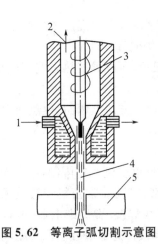

图 5.62　等离子弧切割示意图

1-冷却水　2-离子气　3-钍钨极

4-等离子弧　5-工件

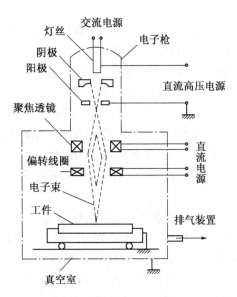

图 5.63　真空电子束焊示意图

电子束焊具有以下优点。

(1) 效率高、成本低,电子束的能量密度很高(约为手工电弧焊的 5 000～10 000 倍),穿透能力强,焊接速度快,焊缝深宽比大,在大批量或厚板焊件生产中,焊接成本仅为手工电弧焊的 50% 左右。

(2) 电子束可控性好、适应性强,焊接工艺参数范围宽且稳定,单道焊熔深 0.03～300 mm;既可以焊接低合金钢、不锈钢、铜、铝、钛及其合金,又可以焊接稀有金属、难熔金属、异种金属和非金属陶瓷等。

(3) 焊接质量很好。由于在高真空下进行焊接,无有害气体和金属电极污染,保证了焊缝金属的高纯度;焊接热影响区小,焊件变形也很小。

(4) 厚件也不用开坡口,焊接时一般不需另加填充金属。电子束焊的主要缺点是焊接设备复杂,价格高,使用维护技术要求高,焊件尺寸受真空室限制,对接头装配质量要求严格。电子束焊已在航空航天、核能、汽车等部门获得广泛应用,如焊接航空发动机喷管、起落架、各种压缩机转子、叶轮组件、反应堆壳体、齿轮组合件等。

3) 激光焊接

激光是一种亮度高、方向性强、单色性好的光束。激光束经聚焦后能量密度可达 10^6～$1\,012$ W/cm^2,可用作焊接热源。在焊接中应用的激光器有固体及气体介质两种。固体激光器常用的激光材料是红宝石、钕玻璃或掺钕钇铝石榴石。气体激光器则使用二氧化碳。激光焊接的示意图,如图 5.64 所示。其基本原理是:利用激光器受激产生的激光束,通过聚焦系统可聚焦到十分微小的

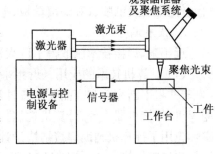

图 5.64　激光焊接示意图

焦点(光斑)上,其能量密度很高。当调焦到焊件接缝时,光能转换为热能.使金属熔化形成焊接接头。

根据激光器的工作方式,激光焊接可分为脉冲激光点焊和连续激光焊接两种。目前脉冲激光点焊已得到广泛应用。

激光焊接的特点是:

(1)激光辐射的能量释放极其迅速,点焊过程只需几毫秒,不仅提高了生产率,而且被焊材料不易氧化。因此可在大气中进行焊接,不需要气体保护或真空环境。

(2)激光焊接的能量密度很高,热量集中,作用时间很短,所以焊接热影响区极小,焊件不变形,特别适用于热敏感材料的焊接。

(3)激光束可用反射镜、偏转棱镜或光导纤维将其在任何方向上弯曲、聚焦或引导到难以接近的部位。

(4)激光可对绝缘材料直接焊接,易焊接异种金属材料。

但激光焊接的设备复杂,投资大,功率较小,可焊接的厚度受到一定限制,而且操作与维护的技术要求较高。脉冲激光点焊特别适合焊接微型、精密、排列非常密集和热敏感材料的焊件,已广泛应用于微电子元件的焊接,如集成电路内外引线焊接、微型继电器、电容器等的焊接。连续激光焊可实现从薄板到 50 mm 厚板的焊接,如焊接传感器、波纹管、小型电机定子及变速箱齿轮组件等。

4)扩散焊接

扩散焊是在真空或保护性气氛下,使焊接表面在一定温度和压力下相互接触,通过微观塑性变形或连接表面产生微量液相而扩大物理接触,经较长时间的原子扩散,使焊接区的成分和组织均匀化,实现完全冶金结合的一种压焊方法。扩散焊的加热方法常采用感应加热或电阻辐射加热,加压系统常采用液压,小型扩散焊机也可采用机械加压方式。

扩散焊的优点:

(1)焊接时母材不过热或熔化,焊缝成分、组织、性能与母材接近或相同,不出现有过热组织的热影响区、裂纹和气孔等缺陷,焊接质量好且稳定。

(2)可进行结构复杂以及厚度相差很大的焊件焊接。

(3)可以焊接不同类型的材料,包括异种金属、金属与陶瓷等。

(4)劳动条件好,容易实现焊接过程的程序化。

扩散焊的主要缺点是焊接时间长,生产率低,焊前对焊件加工和装配要求高,设备投资大,焊件尺寸受焊机真空室的限制。

扩散焊在核能、航空航天、电子和机械制造等工业部门中应用广泛,如焊接水冷反应堆燃料元件、发动机的喷管和蜂窝壁板、电真空器件、镍基高温合金泵轮等。

2. 发展趋势

近年来,焊接技术已取得了巨大进步,发展步伐加快,力争在以下方面不断取得新的进展。

(1)计算机技术的应用。近年来,多种类型和用途的焊接数据库和焊接专家系统已开发出来,并将不断完善和商品化。各种类型的微型化、智能化设备大量涌现,如数控焊接电源、智能焊机、焊接机器人等,计算机控制技术正向自适应控制和智能控制方向发展。焊接生产中已实际应用了计算机辅助焊接结构设计(CAD)、计算机辅助焊接工艺设计(CAPP)、计算机辅助执行与控制焊接生产过程(CAM)及计算机辅助焊接材料配方设计(MCDD)等。目前,更高级的自动化生产系统,如柔性制造系统(FMS)和计算机集成制造系统(CIMS)也正在得到开发和应用。

(2)扩大焊接结构的应用。焊接作为一种高柔性的制造工艺,可充分体现结构设计中的先进构思,制造出不同使用要求的产品,包括改进原焊接结构和把非焊接结构合理地改变为焊接结构,以减轻重量、提高功能和经济性。随着焊接技术的发展,具有高参数、长寿命、大型化或微型化等特征的焊接制品将会不断涌现,焊接结构的应用范围将不断扩大。

(3)焊接工艺的改进。优质、高效的焊接技术将不断完善和迅速推广,如高效焊条电弧焊、药芯焊丝 CO_2 焊、混合气体保护焊、高效堆焊等。新型焊接技术将进一步开发和应用,如等离子弧焊、电子束焊、激光焊、扩散焊、线性摩擦焊、搅拌摩擦焊和真空钎焊等,以适应新材料、新结构和特殊工作环境的需要。

(4)焊接热源的开发及应用。现有的热源尤其是电子束和激光束将得到改善,使其更方便、有效和经济适用。新的更有效的热源正在开发中,如等离子弧和激光、电弧和激光、电子束和激光等叠加热源,以期获得能量密度更大、利用效率更高的焊接热源。

(5)焊接材料的开发及应用。与优质、高效的焊接技术相匹配的焊接材料将得到相应发展。高效焊条如铁粉焊条、重力焊条、埋弧焊高速焊剂、药芯焊丝等将发展为多品种、多规格,以扩大其应用范围,二元、三元等混合保护气体将得到进一步开发和扩大应用,以提高气体保护焊的焊接质量和效率。

5.4　铆　接

铆接,即铆钉连接,是利用轴向力将零件铆钉孔内钉杆墩粗并形成钉头,使多个零件(通常是板材或型材)相连接的工艺方法。与焊接、胶接一样,铆接也是一种不可拆连接。

二十世纪六十年代初,瑞士贝瑞克公司为适应大工业生产对高质量、高效率、低能耗、低噪音的要求,率先将摆动碾压原理运用于铆接行业,从而开创了铆接技术领域。与其他连接方法相比,铆接工艺具有工艺比较简单、连接比较稳定、操纵比较简单、质量方便检查、故障容易排除等优点。

铆接具有工艺设备简单、抗振、耐冲击和牢固可靠等优点,但结构一般较为笨重,被连接件(或被铆件)上由于制有钉孔,使强度受到较大的削弱,铆接时一般噪声比较大,工作环境较差。因此,目前除了桥梁、建筑、造船、重型机械以及飞机制造等工业部门仍经常采用外,铆接应用已经逐渐减少,有被焊接和胶接所代替的趋势。

5.4.1　铆接的种类

根据铆接的使用场合及铆缝的性能不同,铆接分为强固铆接、紧密铆接和强密铆接三种类型。

1. 强固铆接

应用于结构需要有足够强度,承受强大作用力的地方,如桥梁、车辆和起重机等。

2. 紧密铆接

应用于低压容器装置,这种铆接只能承受很小的均匀压力,但对接缝处的密封性要求比较高,以防止渗漏,如气包、水箱、油罐等。

3. 强密铆接

即使在很大压力下,液体或气体也保持不渗漏。一般应用于蒸汽锅炉、压缩空气罐及其他高压容器的铆接。

根据铆接作用力性质的不同,铆接分为锤铆(冲击力)和压铆(静压力)。

(1) 锤铆

锤铆是指利用铆枪的活塞撞击铆卡,铆卡撞击铆钉,在铆钉的另一端由顶铁顶住,使钉杆镦粗,形成镦头的铆接方法。锤铆分为正铆法和反铆法,前者顶铁顶住铆钉头,铆枪的撞击力直接打在钉杆上而形成镦头;后者铆枪在铆钉头那面锤击,用顶铁顶住钉杆一端而形成镦头。

(2) 压铆

锤铆是指利用静压力镦粗铆钉杆,形成镦头。用到的压铆机有手提式压铆机和固定式压铆机两种。

也可根据铆接后结合件是否可活动,铆接分为活动铆接和固定铆接。

(1) 活动铆接

活动铆接的结合件可以相互转动,如剪刀、钳子等。活动铆接不是刚性连接。

(2) 固定铆接

固定铆接的结合件不能相互活动,如角尺、三环锁上的铭牌、桥梁建筑等。固定铆接属于刚性连接。

5.4.2　铆接的形式

常用的铆接接缝的形式主要有搭接缝、单盖板对接缝和双盖板对接缝三种形式,如图5.65 所示。

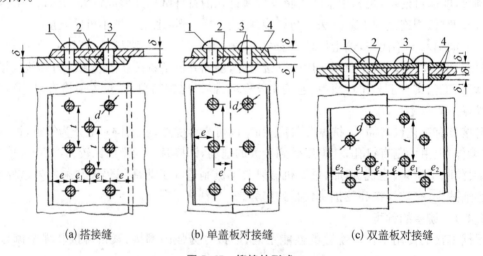

(a) 搭接缝　　　　　(b) 单盖板对接缝　　　　　(c) 双盖板对接缝

图 5.65　铆接的形式

1-铆钉　2、3-被连接件　4-盖板

此外,还有一种特殊的铆接,即无铆钉铆接。无铆钉铆接是一项钣金件冲压连接核心技术。采用气液增压缸式冲压设备和专用的标准连接模具,利用钣金件本身的塑性变形,通过一个冲压过程,即可在连接处形成一个互相镶嵌的圆点,由此将钣金件连接起来(如图5.66 所示)。该铆接点不损伤工件表面的镀层或漆层,连接点可保持钣件原有的抗腐蚀性。

(a) 准备无铆钉铆接　　　(b) 铆接过程　　　(c) 铆接结束后的情况

图 5.66　无铆接连接的过程

5.4.3　铆钉的类型

铆钉是用于连接两个带通孔，一端有帽的零件（或构件）的钉形物件。在铆接中，利用自身形变或过盈连接被铆接的零件。铆钉种类很多，而且不拘形式。

按照结构可分为半圆头铆钉、平头铆钉、沉头铆钉、抽芯铆钉、空心铆钉等，这些通常是利用自身形变连接被铆接件。一般小于 8 毫米的用冷铆（在常温状态下进行的铆接），大于这个尺寸的用热铆（通过提高温度将两种金属的连接部位变形乃至融化在一起）。

按照受力形式，铆钉又可分为剪力铆钉、拉力铆钉和剪拉铆钉三类。

市场上常见的铆钉如图 5.67 所示。

图 5.67　常见铆钉

不同类型的铆钉使用场合也不尽相同，如半圆头铆钉主要用于受较大横向载荷的铆接场合，应用最广；沉头铆钉主要用于表面需平滑、受载荷不大的铆接场合；平锥头铆钉由于钉头肥大，能耐腐蚀，常用于船壳、锅炉水箱等腐蚀强烈的铆接场合。

大多数铆钉已标准化了，我国常用铆钉标准见表 5.4 所示。

表 5.4　我国常用铆钉标准

标准代号	名　称	材　料	涂　复
GB/T 109 - 1986	平头铆钉	碳素钢、不锈钢铜、铝及合金	镀锌钝化、阳极氧化、不经处理

（续表）

标准代号	名　称	材　料	涂　复
GB /T 863.1 - 1986	半圆头铆钉（粗制）	碳素钢、不锈钢 铜、铝及合金	镀锌钝化、阳极氧化、不 经处理
GB /T 863.2 - 1986	小半圆头铆钉（粗制）	碳素钢、不锈钢 铜、铝及合金	镀锌钝化、阳极氧化、不 经处理
GB /T 865 - 1986	沉头铆钉（粗制）	碳素钢、不锈钢 铜、铝及合金	镀锌钝化、阳极氧化、不 经处理
GB /T 866 - 1986	半沉头铆钉（粗制）	碳素钢、不锈钢 铜、铝及合金	镀锌钝化、阳极氧化、不 经处理
GB /T 867 - 1986	半圆头铆钉	碳素钢、不锈钢 铜、铝及合金	镀锌钝化、阳极氧化、不 经处理
GB /T 869 - 1986	沉头铆钉	碳素钢、不锈钢 铜、铝及合金	镀锌钝化、阳极氧化、不 经处理
GB /T 872 - 1986	扁平头铆钉	碳素钢、不锈钢 铜、铝及合金	镀锌钝化、阳极氧化、不 经处理
GB /T 873 - 1986	扁圆头半空心铆钉	碳素钢、不锈钢 铜、铝及合金	镀锌钝化、阳极氧化、不 经处理
GB /T 875 - 1986	扁平头半空心铆钉	碳素钢、不锈钢 铜、铝及合金	镀锌钝化、阳极氧化、不 经处理
GB /T 876 - 1986	空心铆钉	碳素钢、不锈钢 铜、铝及合金	镀锌钝化、阳极氧化、不 经处理
GB /T 12615.1 - 2004	封闭型扁圆头抽芯铆钉 11 级	钉体:碳素钢、不锈钢,铝及 合金 钉芯:铝、不锈钢、碳素钢	不经处理 镀锌钝化、喷塑 不经处理 镀锌钝化
GB /T 12616.1 - 2004	封闭型沉头抽芯铆钉 11 级	钉体:碳素钢、不锈钢,铝及 合金 钉芯:铝、不锈钢、碳素钢	不经处理 镀锌钝化、喷塑 不经处理 镀锌钝化
GB /T 12617 - 1990	开口型沉头抽芯铆钉	钉体:碳素钢、不锈钢、铝及 合金 钉芯:铝、不锈钢、碳素钢	不经处理 镀锌钝化、喷塑 不经处理 镀锌钝化
GB /T 12618 - 1990	开口型扁圆头抽芯铆钉	钉体:碳素钢、不锈钢、铝及 合金 钉芯:铝、不锈钢、碳素钢	不经处理 镀锌钝化、喷塑 不经处理 镀锌钝化

5.4.4　铆接的工艺流程

下面以半圆头铆钉和沉头铆钉为例,简要介绍铆接的工艺流程。

1. 半圆头铆钉的铆接

半圆头铆钉的铆接步骤,如图 5.68 所示。

(1) 铆钉插入配钻好的钉孔后,将顶模夹紧或置于垂直而稳固的状态,使铆钉半圆头与顶模凹圆相接,用压紧冲头把被铆接件压紧贴实(图 a)。

(2) 用锤子垂直锤打铆钉伸出部分使其镦粗(图 b)。

(3) 用锤子斜着均匀锤打周边,初步成型铆钉头(图 c)。

(4) 用罩模铆打,并不时地转动罩模,垂直锤打,成型半圆头(图 d)。

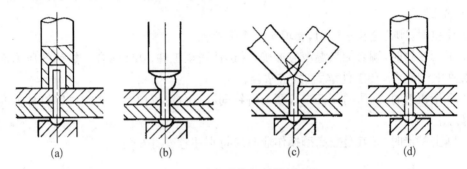

(a)　　　　　(b)　　　　　(c)　　　　　(d)

图 5.68　半圆头铆钉的铆接步骤

2. 沉头铆钉的铆接

沉头铆钉铆接的步骤,如图 5.69 所示。

(1) 铆钉插入孔后,在被铆接件下面支承好淬火平垫铁,在正中镦粗面 1、2。

(2) 铆合面 2。

(3) 铆合面 1。

(4) 最后用平头冲子修整。

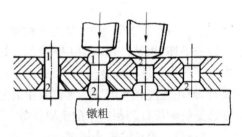

镦粗

图 5.69　沉头铆钉的铆接步骤

5.4.5　铆距、铆钉直径等参数的确定

1. 铆距

铆距是指铆钉间或铆钉与铆接件板边缘的距离。铆钉并列排列时,铆钉距 $t \geqslant 3d$(d 为铆钉直径);铆钉交错排列时,铆钉对角间的距离 $t \geqslant 3.5d$。由铆钉中心到铆件边缘的距离 a,与铆钉孔是冲孔或是钻孔有关,钻孔时,$a \approx 1.5d$;冲孔时 $a \approx 2.5d$。

2. 铆钉直径的确定

铆钉直径与工件的厚度有关。工件越厚,工件间铆接力越大,铆钉强度越大,直径越大;工件越薄,工件间铆接力越小,铆钉强度越小,直径越小。铆钉直径 d 一般按板厚 δ 的 1.8 倍来确定。

3. 铆钉长度的确定

一般情况下,半圆头铆钉的伸出部分长度为铆钉直径的 1.25~1.5 倍;埋沉头铆钉的伸出部分长度为铆钉直径的 0.8~1.2 倍;击心铆钉的伸出部分长度应为 2 mm~3 mm;抽心铆钉的伸出部分长度应为 3 mm~6 mm。

4. 铆钉孔直径的确定

铆钉孔直径可按表 5.5 中的实例来确定。

表 5.5 铆钉孔的直径

铆钉直径 d		2.0	2.5	3.0	3.5	4.0	5.0	6.0	8.0	10.0
钉孔直径 d	精装配	2.1	2.6	3.1	3.6	4.1	5.2	6.2	8.2	10.3
	粗装配							6.5	8.5	11

5.4.6 铆接时应注意的问题

(1) 铆接零件表面与钉孔要擦净,钉孔对准(最好采用配钻),不得有毛刺、铁屑,铆接零件应紧密贴合。

(2) 铆接时,铆钉全长被镦粗,要填实整个铆钉孔。

(3) 采用热铆时,铆钉加热温度应准确,并迅速送至工件,立即铆合。热铆的压力需持续,维持一定的冷却时间,使工件牢固,紧密贴合。

(4) 采用机铆时,加压的压杆中心要与铆钉同心。拉铆枪拉力方向应与铆钉杆方向一致,不可拉斜。

(5) 锤击铆接时,尤其是登高铆接作业时应特别注意人身安全。

5.5 典型机械零件毛坯生产方法的选择

在机械零件的制造中,绝大多数零件是由原材料通过铸造、锻造、冲压或焊接等成形方法先制成毛坯,再经过切削加工制成的。切削加工只是为了提高毛坯件的精度和表面质量,它基本上不改变毛坯件的物理、化学和力学性能,而毛坯的成形方法选择正确与否,对零件的制造质量、使用性能和生产成本等都有很大的影响。因此,正确地选择机械零件毛坯的种类及成形方法是机械设计与制造中的重要任务。

5.5.1 毛坯的选择原则

毛坯的选择是机械制造过程中非常重要的环节,正确认识毛坯的种类和成形方法特点,掌握毛坯选择的原则,从而正确地为机器零件选择毛坯成形方法是每一个工程技术人员必备的知识和技能。

1. 毛坯的分类

机械零件毛坯可以分为铸件、锻件、冲压件、焊接件、型材、粉末冶金件及各种非金属件等。不同种类的毛坯在满足零件使用性能要求方面各有特点,现将各种毛坯的成形特点及其适用范围分述如下。

1) 铸件

形状结构较为复杂的零件毛坯,选用铸件比较适宜。铸造与其他生产方法相比较,具有适应性广、灵活性大、成本低和加工余量较小等特点,在机床、内燃机、重型机械、汽车、拖拉机、农业机械、纺织机械等领域中占有很大的比重。因此,在一般机械中,铸件是零件毛坯的主要来源,其重量经常占到整机重量的 50% 以上。铸件的主要缺点是内部组织疏松,力学性能较差。

在各类铸件中,应用最多的是灰铸铁件。灰铸铁虽然抗拉强度低,塑性差,但是其抗压强度不低,减振性和减磨性好,缺口敏感性低,生产成本是金属材料中最低的,因而广泛应用于制造一般零件或承受中等负荷的重要件,如皮带罩、轴承座、机座、箱体、床身、汽缸体、衬套、泵体、带轮、齿轮和液压件等;可锻铸铁由于其具有一定的塑韧性,用于制造一些形状复杂,承受一定冲击载荷的薄壁件,如弯头、三通等水暖管件,犁刀、犁柱、护刃器、万向接头、棘轮、扳手等;球墨铸铁由于其良好的综合力学性能,经不同热处理后,可代替 35、40、45 钢及 35CrMo、20CrMnTi 钢,用于制造负荷较大的重要零件,如中压阀体、阀盖、机油泵齿轮、柴油机曲轴、传动齿轮、空压机缸体、缸套等,也可取代部分可锻铸铁件,生产力学性能介于基体相同的灰铸铁和球墨铸铁之间的铸件,如大型柴油机汽缸体、缸盖、制动盘、钢锭模、金属模等;耐磨铸铁件常用于轧辊、车轮、犁铧等;耐热铸铁常用于炉底板、换热器、坩埚等;耐蚀铸铁常用于化工部件中的阀门、管道、泵壳、容器等;受力要求高且形状复杂的零件可以采用铸钢件,如坦克履带板、火车道岔、破碎机额板等;一些形状复杂而又要求重量轻、耐磨、耐蚀的零件毛坯,可以采用铝合金、铜合金等,如摩托车汽缸、汽车活塞、轴瓦等等。铸造生产方法较多,根据零件的产量、尺寸及精度要求,可以采用不同的铸造方法。手工砂型铸造一般用于单件小批量生产,尺寸精度和表面质量较差;机器造型的铸件毛坯生产率较高,适于成批大量生产;熔模铸造适用于生产形状复杂的小型精密铸钢件;金属型铸造、压力铸造和离心铸造等特种铸造方法生产的毛坯精度、表面质量、力学性能及生产率都较高,但对零件的形状特征和尺寸大小有一定的适应性要求。

2)锻件

由于锻件是金属材料经塑性变形获得的,其组织和性能比铸态的要好得多,但其形状复杂程度受到很大限制。力学性能要求高的零件其毛坯多为锻件。锻造生产方法主要是自由锻和模锻。自由锻的适应性较强,但锻件毛坯的形状较为简单,而且加工余量大、生产率低,适于单件小批量生产和大型锻件的生产;模锻件的尺寸精度较高、加工余量小、生产率高,而且可以获得较为复杂的零件,但是,受到锻模加工、坯料流动条件和锻件出模条件的限制,无法制造出形状复杂的锻件,尤其要求复杂内腔的零件毛坯更是无法锻出,而且,生产成本高于铸件,其适于重量小于 150 kg 锻件的大批量生产。

锻件主要应用于受力情况复杂、重载、力学性能要求较高的零件及工具模具的毛坯制造,如常见的锻件有齿轮、连杆、传动轴、主轴、曲轴、吊钩、拨叉、配气阀、气门阀、摇臂、冲模、刀杆、刀体等。零件的挤压和轧制适于生产一些具有特定形状的零件,如氧气瓶、麻花钻头、轴承座圈、活动扳手、连杆、旋耕机的犁刀、火车轮圈、丝木工和叶片等。

3)冲压件

绝大多数冲压件是通过常温下对具有良好塑性的金属薄板进行变形或分离工序制成的。板料冲压件的主要特点是具有足够强度和刚度、有很高的尺寸精度、表面质量好、切削加工性及互换性好,因此,应用十分广泛。但其模具生产成本高,故冲压件只适于大批量生产条件。

冲压件所用的材料有碳钢、合金结构钢及塑性较高的有色金属。常见的冲压件有汽车覆盖件、轮翼、油箱、电器柜、弹壳、链条、滚珠轴承的隔离圈、消音器壳、风扇叶片、自行车链盘、电机的硅钢片、收割机的滚筒壳、播种机的圆盘等。

4)焊接件

焊接是一种永久性的连接金属的方法,其主要用途不是生产机器零件毛坯,而是制造金属结构件,如梁、柱、桁架、容器等。

焊接方法在制造机械零件毛坯时,主要用于下列情况。

(1) 复杂的大型结构件的生产。焊接件在制造大型或特大型零件时,具有突出的优越性,可拼小成大,或采用铸—焊、锻—焊、冲压—焊复合工艺,这是其他工艺方法难以做到的,如万吨水压机的主柱和横梁可以通过电渣焊方法完成。

(2) 生产异种材质零件。锻件或铸件通常都是单一材质的,这显然不能满足有些零件不同部位的不同使用性能要求的特点,而采用焊接方法可以比较方便地制造不同种材质的零件或结构件。例如,硬质合金刀头与中碳钢刀体的焊接等。

(3) 某些特殊形状的零件或结构件。例如,蜂窝状结构的零件、波纹管、同轴凸轮组等,这些只能或主要依靠焊接的方法生产毛坯或零件。

(4) 单件或小批量生产。在铸造或模锻生产单件小批量零件时,由于模样或模具的制造费用在生产成本中所占比例太大,而自由锻件的形状一般又很简单,因此,采用焊接件代替铸锻件更合理。例如,以焊接件代替铸件生产箱体或机架,代替锻件制造齿轮或连杆毛坯等。

5) 型材

机械制造中常用的型材有圆钢、方钢、扁钢、钢管及钢板,切割下料后可直接作为毛坯进行机械加工。型材根据精度分为普通精度的热轧料和高精度的冷拉料两种。普通机械零件毛坯多采用热轧型材,当成品零件的尺寸精度与冷拉料精度相符时,其最大外形尺寸可不进行机械加工。型材的尺寸有多种规格,可根据零件的尺寸选用,使切去的金属最少。

6) 粉末冶金件

粉末冶金是将按一定比例均匀混合的金属粉末或金属与非金属粉末,经过压制、烧结工艺制成毛坯或零件的加工方法。粉末冶金件一般具有某些特殊性能,如良好的减摩性、耐磨性、密封性、过滤性、多孔性、耐热性及某些特殊的电磁性等。主要应用于含油轴承、离合器片、摩擦片及硬质合金刀具等。

7) 非金属件

非金属材料在各类机械中的应用日益广泛,尤其以工程塑料发展迅猛。与金属材料相比,工程塑料具有重量轻、化学稳定性好、绝缘、耐磨、减振、成形及切削加工性好,以及材料来源丰富、价格低等一系列优点,但其力学性能比金属材料低很多。

常用的工程塑料有聚酰胺(尼龙)、聚甲醛、聚碳酸酯、聚砜、ABS、聚四氟乙烯、环氧树脂等,可用于制造一般结构件、传动件、摩擦件、耐蚀件、绝缘件、高强度高模量结构件等。常见的零件有油管、螺母、轴套、齿轮、带轮、叶轮、凸轮、电机外壳、仪表壳、各类容器、阀体、蜗轮、蜗杆、传动链、闸瓦、刹车片及减摩件、密封件等。

2. 毛坯的选择原则

优质、高效、低耗是生产任何产品所遵循的原则,毛坯的选择原则也不例外,应该在满足使用要求的前提下,尽量降低生产成本。同一个零件的毛坯可以用不同的材料和不同的工艺方法去制造,应对各种生产方案进行多方面的比较,从中选出综合性能指标最佳的制造方法。具体体现为要遵循以下三个原则:即适应性原则、经济性原则和可行性原则。

1) 适应性原则

在多数情况下,零件的使用性能要求直接决定了毛坯的材料,同时在很大程度上也决定了毛坯的成形方法。因此,在选择毛坯时,首先要考虑的是零件毛坯的材料和成形方法均能最大程度地满足零件的使用要求。

零件的使用要求具体体现在对其形状、尺寸、加工精度、表面粗糙度等外观质量,和对其化学成分、金相组织、力学性能、物理性能和化学性能等内部质量的要求上。例如,对于强度要求较高,且具有一定综合力学性能的重要轴类零件,通常选用合金结构钢经过适当热处理才能满足使用性能要求。从毛坯生产方式上看,采用锻件可以获得比选择其他成形方式都要可靠的毛坯。纺织机械的机架、支承板、托架等零件的结构形状比较复杂,要求具有一定的吸振性能,选择普通灰铸铁件即可满足使用性能要求,不仅制造成本低,而且比碳钢焊接件的振动噪声小得多。汽车、拖拉机的传动齿轮要求具有足够的强度、硬度、耐磨性及冲击韧度,一般选合金渗碳钢 20CrMnTi 模锻件毛坯或球墨铸铁 QT1200 - 1 铸件毛坯均可满足使用性能要求。20CrMnTi 经渗碳及淬火处理,QT1200 - 1 经等温淬火后,均能获得良好的使用性能。因此,上述两种毛坯的选择是较为普遍的。

2) 经济性原则

选择毛坯种类及其制造方法时,应在满足零件适应性的基础上,将可能采用的技术方案进行综合分析,从中选择出成本最低的方案。

当零件的生产数量很大时,最好是采用生产率高的毛坯生产方式,如精密铸件、精密模锻件。这样可使毛坯的制造成本下降,同时能节省大量金属材料,并可以降低机械加工的成本。例如,CA6140 车床中采用 1 000 kg 的精密铸件可以节省机械加工工时 3 500 个,具有十分显著的经济效益。

3) 可行性原则

毛坯选择的可行性原则,就是要把主观设想的毛坯制造方案与特定企业的生产条件以及社会协作条件和供货条件结合起来,以便保质、保量、按时获得所需要的毛坯或零件。

例如,中等批量生产汽车、拖拉机的后半轴,如果采用平锻机进行模锻,其毛坯精度与生产率最高,但需昂贵的模锻设备,对一些中小型企业来说完全不具备这种生产条件。如果采用热轧棒料局部加热后在摩擦压力机上进行顶镦,工艺是十分简便可行的,同样会收到比较理想的技术经济效果。再如,某零件原设计的毛坯为锻钢,但某厂具有稳定生产球墨铸铁件的条件和经验,而球铁件在稍微改动零件设计后,不仅可以满足使用要求,而且可以显著降低生产成本。

在上述三个原则中,适应性原则是第一位的,一切产品必须满足其使用性能要求,否则,在使用过程中会造成严重的恶果。可行性是确定毛坯或零件生产方案的现实出发点。与此同时,还要尽量降低生产成本。

5.5.2　典型机械零件毛坯生产方法的选择

常用的机器零件按照其结构形状特征可分为:轴杆类零件、盘套类零件和机架、箱体类零件三大类。

1. 轴杆类零件

轴杆类零件是各种机械产品中用量较大的重要结构件,常见的有光轴、阶梯轴、曲轴、凸轮轴、齿轮轴、连杆、销轴等。轴在工作中大多承受着交变扭转载荷、交变弯曲载荷和冲击载荷,有的同时还承受拉-压交变载荷。

1) 材料选择

从选材角度考虑,轴杆类零件必须要有较高的综合力学性能、淬透性和抗疲劳性能,对局部承受摩擦的部位如轴颈、花键等还应有一定硬度。为此,一般用中碳钢或合金调质钢制造,主要钢种有 45、40Cr、40MnB、30CrMnSi、35CrMo 和 40CrNiMo 等。其中 45 钢价格较低,调质状态具有优异的综合力学性能,在碳钢中用得最多。常采用的合金钢为 40Cr 钢。对于受力较小且不重要的轴,可采用 Q235 - A 及 Q275 普通碳钢制造。而一些重载、高转速工作的轴,如磨床主轴、汽车花键轴等可采用 20CrMnTi、20Mn2B 等制造,以保证较高的表面硬度、耐磨性和一定的心部强度及抗冲击的能力。对于一些大型结构复杂的轴,如柴油机曲轴和凸轮轴已普遍采用 QT600 - 2、QT800 - 2 球墨铸铁来制造,球墨铸铁具有足够的强度以及良好的耐磨性、吸振性,对应力集中敏感性低,适宜于结构形状复杂的轴类零件。

2) 成形方法选择

获得轴类杆类零件毛坯的成形方法通常有锻造、铸造和直接选用轧制的棒料等。锻造生产的轴,组织致密,并能获得具有较高抗拉和抗弯强度的纤维组织。重要的机床主轴、发电机轴、高速或大功率内燃机曲轴等可采用锻造毛坯。单件小批量生产或重型轴的生产采用自由锻;大批量生产应采用模锻;中、小批量生产可采用胎模锻。大多数轴杆类零件的毛坯采用锻件。球墨铸铁曲轴毛坯成形容易,加工余量较小,制造成本较低。热轧棒料毛坯,主要在大批量生产中用于制造小直径的轴,或是在单件小批量生产中用于制造中小直径的阶梯轴。冷拉棒料因其尺寸精度较高,在农业机械和起重设备中有时可不经加工直接作为小型光轴使用。

2. 盘套类零件

盘套类零件在机械制造中用得最多,常见的盘类零件有齿轮、带轮、凸轮、端盖、法兰盘等,常见的套筒类零件有轴套、汽缸套、液压油缸套、轴承套等。由于这类零件在各种机械中的工作条件和使用性能要求差异很大,因此,它们所选用的材料和毛坯也各不相同。

1) 齿轮类零件

齿轮是用来传递功率和调节速度的重要传动零件(盘类零件的代表),从钟表齿轮到直径 2 m 大的矿山设备齿轮,所选用的毛坯种类是多种多样的。齿轮的工作条件较为复杂,齿面要求具有高硬度和高耐磨性,齿根和轮齿心部要求高的强度、韧性和耐疲劳性,这是选择齿轮材料的主要依据。在选择齿轮毛坯制造方法时,则要根据齿轮的结构形状、尺寸、生产批量及生产条件来选择经济性好的生产方法。

(1) 材料的选择。普通齿轮常采用的材料为具有良好综合性能的中碳钢 40 钢或 45 钢,进行正火或调质处理。高速中载冲击条件下工作的汽车、拖拉机齿轮,常选 20Cr、20CrMnTi 等合金渗碳钢进行表面强硬化处理。以耐疲劳性能要求为主的齿轮,可选 35CrMo、40Cr、40MnB 等合金调质钢,调质处理或采用表面淬火处理。对于一些开式传动、低速轻载齿轮,如拖拉机正时齿轮、油泵齿轮、农机传动齿轮等可采用铸铁齿轮,常用铸铁牌号有 HT200、HT250、KTZ450 - 5、QT500 - 5、QT600 - 2 等。对有特殊耐磨耐蚀性要求的齿轮、蜗轮,应采用 ZQSn10 - 1、ZQA19 - 4 铸造青铜制造。

此外,粉末冶金齿轮、胶木和工程塑料齿轮也多用于受力不大的传动机构。

(2) 成形方法选择。多数齿轮是在冲击条件下工作的,因此锻件毛坯是齿轮制造中的主要毛坯形式。单件小批量生产的齿轮和较大型齿轮选自由锻件;批量较大的齿轮应在专业化条件下模锻,以求获得最佳经济性;形状复杂的大型齿轮(直径 500 mm 以上)则应选用铸钢件或球铁件毛坯；仪器仪表中的齿轮则可采用冲压件。

2）套筒类零件

套筒零件根据不同的使用要求，其材料和成形方法选择有较大的差异。

（1）材料的选择。套筒类零件选用的材料通常有 Q235 - A、45、40Cr、HT200、QT600 - 2、QT700 - 2、ZQSn10 - 1、ZQSn6 - 6 - 3 等。

（2）成形方法选择。套筒类零件常用的毛坯有普通砂型铸件、离心铸件、金属型铸件、自由锻件、板料冲压件、轧制件、挤压件及焊接件等多种形式。对孔径小于 20 mm 的套筒，一般采用热轧棒料或实心铸件；对孔径较大的套筒也可选用无缝钢管；对一些技术要求较高的套类零件，如耐磨铸铁汽缸套和大型铸造青铜轴套则应采用离心铸件。

此外，端盖、带轮、凸轮及法兰盘等盘类零件的毛坯依使用要求而定，多采用铸铁件、铸钢件、锻钢件或用圆钢切割。

3. 机架、壳体类零件

机架、壳体类零件是机器的基础零件，包括各种机械的机身、底座、支架、减速器壳体、机床主轴箱、内燃机汽缸体、汽缸盖、电机壳体、阀体、泵体等。一般来说，这类零件的尺寸较大、结构复杂、薄壁多孔、设有加强筋及凸台等结构，重量由几千克到数十吨。要求具有一定的强度、刚度、抗振性及良好的切削加工性。

1）材料的选择

机架、壳体类零件的毛坯在一般受力情况下多采用 HT200 和 HT250 铸铁件；一些负荷较大的部件可采用 KT330 - 08、QT420 - 10、QT700 - 2 或 ZG40 等铸件；对小型汽油机缸体、化油器壳体、调速器壳体、手电钻外壳、仪表外壳等则可采用 ZL101 等铸造铝合金毛坯。由于机架、壳体类零件结构复杂，铸件毛坯内残余较大的内应力，所以加工前均应进行去应力退火。

2）成形方法选择

这类部件的成形方法主要是铸造。单件小批量生产时，采用手工造型；大批量生产采用金属型机器造型；小型铝合金壳体件最好采用压力铸造；对单件小批量生产的形状简单的零件，为了缩短生产周期，可采用 Q235 - A 钢板焊接；对薄壁壳罩类零件，在大批量生产时则常采用板料冲压件。

5.5.3　毛坯选择实例

1. 齿轮减速器

图 5.70 所示为一台单级齿轮减速器，外形尺寸为 430 mm×410 mm×320 mm，传动功率 5 kW，传动比 3.95。这台齿轮减速器部分零件的材料和毛坯选择方案列于表 5.6。

表 5.6　单级齿轮减速器部分零件的材料及毛坯选择

零件序号	零件名称	受力状况及使用要求	毛坯类别和制造方法		材　料
			单件小批量	大批量	
1	窥视孔盖	观察箱内情况及加油	钢板下料或铸铁件	冲压件或铸铁件	钢板：Q235 铸铁：HT150 冲压件：08 钢
2	箱盖	结构复杂，箱体承受压力，要求有良好的刚性、减振性和密封性	铸铁件或焊接件	铸铁件（机器造型）	铸铁：HT150 焊接件：Q235A

（续表）

零件序号	零件名称	受力状况及使用要求	毛坯类别和制造方法		材 料
			单件小批量	大批量	
3	螺栓	固定箱体和箱盖,受纵向拉应力和横向切应力	镦、挤标准件		Q235A
4	螺母				
5	弹簧垫圈	防止螺栓松动	冲压标准件		60Mn
6	箱体	结构复杂,箱体承受压力,要求有良好的刚性、减振性和密封性	铸铁件或焊接件	铸铁件(机器造型)	铸铁:HT150焊接件:Q235A
7	调整环	调整环调整轴和齿轮轴的轴向位置	圆钢车制	冲压件	圆钢:Q235A冲压:08 钢
8	端盖	端盖防止轴承窜动	铸铁(手工造型)或圆钢车	铸铁(机器造型)	铸铁件:HT150圆钢:Q235A
9	齿轮轴	重要传动件,轴杆部分应有较好的综合力学性能;轮齿部分受较大的接触和弯曲应力,应有良好的耐磨性和较高的强度	锻件(自由锻或胎模锻)或圆钢车制	模锻件	45 钢
12	传动轴	重要的传动件,受弯曲和扭转力,应有良好的综合力学性能			
13	齿 轮	重要的传动件,轮齿部分有较大的弯曲和接触应力			
10	挡油盘	防止箱内机油进入轴承	圆钢车制	冲压件	圆钢:Q235A冲压:08 钢
11	滚动轴承	受径向和轴向压应力,要求有较高的强度和耐磨性	标准件,内外环用扩孔锻造,滚珠用螺旋斜轧,保持器为压件		内外环及滚珠:GGr15;保持器:08 钢

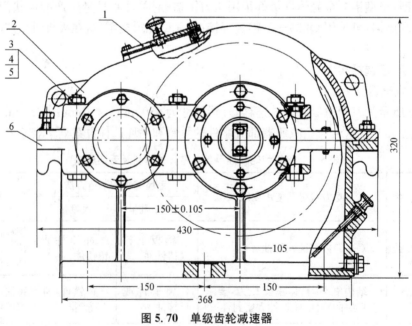

图 5.70　单级齿轮减速器

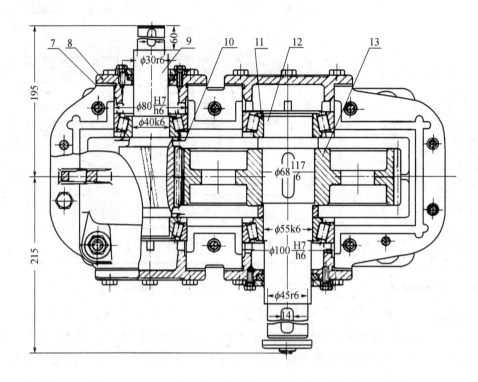

图 5.70(续)　单级齿轮减速器

2. 螺旋起重器

图 5.71 是螺旋起重器的结构,在车辆维修时经常使用,将车架顶起,以便更换轴承、轮胎等。工作时绕轴线转动手柄,带动螺杆在螺母(装在支座上)中转动,推动托杯顶起重物。表5.7 是螺旋起重器主要零部件的材料及毛坯生产方法。

表 5.7　螺旋起重器主要零部件的工作条件、性能要求、材料和毛坯生产方法

名称	工作条件及性能要求	选择材料	毛坯生产方法	热处理方法
支座	主要承受压力,要求刚度好	HT200	铸造	去应力退火
螺杆	承受较大的轴向压应力;螺纹承受弯曲应力和摩擦力,要求耐磨。	45	锻造	淬火、低温回火
螺母	有相对摩擦,要求减磨性	ZCuSn10Pb1	铸造	
托杯	主要承受压力,要求刚度好	HT200	铸造	去应力退火
手柄	主要承受弯曲应力,受力不大,结构形状简单	Q235A	型材	

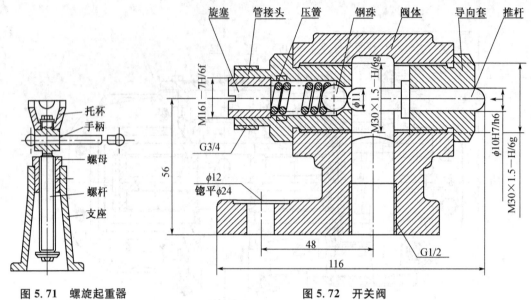

图 5.71　螺旋起重器　　　　　　　　　　　图 5.72　开关阀

3. 开关阀

图 5.72 为开关阀结构图,安装在管路系统中,用以控制管路的"通"或"不通"。当推杆受外力作用向左移动时,钢球压缩弹簧,阀门被打开。外力去掉时,钢珠在弹簧作用下,将阀门关闭。开关阀外形尺寸为 116 mm×58 mm×84 mm,其零部件的材料及毛坯生产方法见表 5.8。

表 5.8　开关阀主要零部件的工作条件、性能要求、材料和毛坯生产方法(成批生产)

名称	工作条件及性能要求	选择材料	毛坯生产方法	热处理方法
推杆	轴类零件,承受压应力和摩擦力,要求耐磨性好	45 钢	型材	淬火、低温回火
导向套	套类零件,起定位和导向作用,受力小,内孔要求有一定的耐磨性	30 钢	型材	
阀体	起支承和定位作用,承受压应力,结构复杂,形状不规则,要求刚性好、减振性好、密封性好	HT200	铸造	去应力退火
钢珠	承受压应力和一定的冲击力,要求有高的强度和耐磨性,有一定的韧性	GCr15	标准件	淬火、低温回火
压簧	起缓冲、吸振作用,承受循环载荷,要求弹性好、疲劳强度好	65Mn	冷拉弹簧钢丝	去应力退火
管接头	套类零件,起定位作用,受力小	30 钢	型材	
旋塞	套类零件,起调整弹簧压力作用,受力小	30 钢	型材	

【本章小结】

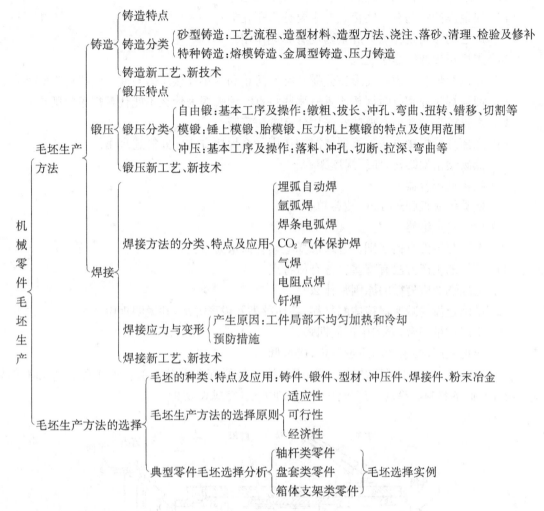

【思考与习题】

1. 何谓铸造？铸造生产的特点及其存在的主要问题是什么？试用框图表示砂型铸造的工艺过程。

2. 比较下列名词。(1) 模样与铸型；(2) 铸件与零件；(3) 浇注位置与浇道位置。

3. 造型材料的性能要求主要有哪些？说出与型砂的性能有关的四种以上铸造缺陷。

4. 锻压生产有何特点？试举例说明它的应用。

5. 钢材锻造时，为什么要先加热？铸铁加热后是否也能锻造？为什么？

6. 自由锻的设备有哪几类？

7. 自由锻有哪些基本工序？各工序操作时应注意哪些问题？

8. 计算坯料的下料尺寸时应考虑哪些问题？选择锻造工序的依据有哪些？

9. 什么是模锻？什么是胎膜锻？和自由锻相比各有何优缺点？它们的应用范围如何？

10. 过热和过烧对锻件质量有什么影响？如何防止过热和过烧？

11. 简述冲压的特点和应用？它有哪些主要工序？

12. 何谓焊接？它有哪些特点？主要分为哪几类？

13. 焊芯的作用是什么？焊条药皮有哪些作用？

14. 怎样正确选择焊接规范？

15. 什么叫焊接应力与变形？分哪几类？防止和减小焊接应力与变形的措施有哪些？

16. 埋弧焊与焊条电弧焊相比具有哪些特点？埋弧焊为什么不能代替焊条电弧焊？

17. 常见的焊接缺陷有哪些？采用什么方法克服？

18. 如何选择焊接方法？下列情况应选用什么焊接方法？并简述理由。

(1) 低碳钢桁架结构，如厂房屋架；

(2) 纯铝低压容器；

(3) 低碳钢薄板(厚 1 mm)皮带罩；

(4) 供水管道维修。

19. 毛坯与零件有何区别？合理选择毛坯有何重要意义？

20. 毛坯的生产方法有哪些？各有何特点？

21. 毛坯选择应遵循的原则是什么？

22. 试确定齿轮减速器箱体的材料、毛坯种类及成形方法，并说明理由。

(1) 生产数量一台，要求生产周期短；

(2) 成批生产，要求产品质量稳定，成本低。

23. 图 5.73 为车床尾架结构简图，请根据工作原理和主要零部件的工作条件和性能要求，选择它们的材料和毛坯生产方法及热处理方法(完成表 5.9)。

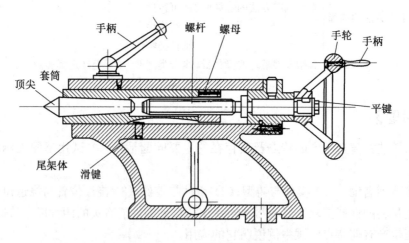

图 5.73　车床尾架结构简图

工作原理：尾架的功用主要是靠顶尖与车床主轴一起共同对工件进行中心定位以便加工。为了适应不同长度工件的加工，要求顶尖做轴向移动。顶尖装在套筒中，套筒用螺钉与螺母固定。当转动固定在手轮上的手柄时，通过平键使螺杆旋转，带动套筒及装在其上的顶尖随同螺母在尾架体的孔中移动，滑键限制套筒只能做轴向移动。当顶尖移动到所需的位置时，再转动手柄将套筒锁紧。

表 5.9　车床尾架主要零部件的工作条件、性能要求、材料和毛坯生产方法

名称	工作条件及性能要求	选择材料	毛坯生产方法	热处理方法
顶尖	尖部与工件顶尖孔有强烈摩擦,但冲击力不大;顶尖尾部与套筒配合精度很高,并需经常装卸,要求硬度 57～62 HRC			
套筒	在其内孔安装顶尖尾部,配合精度很高,并经常因装卸顶尖而产生摩擦,要求硬度 45～48 HRC,外圆及槽部也有一定的摩擦			
手柄	承受一般应力			
螺杆	受较大的轴向力,并有相互摩擦,要求耐磨			
螺母	有相对摩擦,要求有减磨性			
尾架体	起支撑作用,主要承受压应力和切削力			
平键	承受一般应力			
滑键	与套筒槽相对滑动,有摩擦			
手轮	承受一般应力			

第6章　典型机械零件的加工

【学习目标】

熟悉工业生产中常用的金属切削加工方法和设备,掌握机械零件生产工艺过程和典型机械零件的加工工艺。

【知识点】

金属切削加工、金属切削机床、机械加工工艺过程、各种表面的加工方法、典型机械零件的加工等。

【技能点】

机械加工工艺过程分析与典型机械零件的加工。

6.1　金属切削加工基础知识

金属切削加工也叫冷加工,它是利用刀具(或磨具)和工件之间的相对运动,从毛坯或半成品上切去多余的金属,以获得所需要的精度和表面质量的零件。

金属切削加工的具体方法很多,一般可分为车削加工、铣削加工、钻削加工、镗削加工、刨削加工、磨削加工、拉削加工、齿轮加工及钳工等。各种加工的方式虽然不同,但它们具有相同的本质,具有共同的特征。

金属切削加工具有加工精度高、生产率高及适应性好等特点,凡是要求具有一定形状精度、尺寸精度和表面粗糙度的零件,通常都采用切削加工方法来制造。

6.1.1　切削运动与切削用量

1. 切削运动

切削加工时,刀具和工件之间的相对运动称为切削运动。按其所起的作用,切削运动分为主运动和进给运动两类。

主运动:切削运动中切下切屑所必需的基本运动。在切削运动中,主运动的速度最高,消耗的功率也最大。例如,车削外圆时主轴带动工件的旋转运动,钻孔时钻头的旋转运动,铣平面时铣刀的旋转运动,磨外圆时砂轮的旋转运动都是主运动。在切削过程中,主运动有且只有一个。

进给运动:使被切削的金属层不断投入切削的运动。例如车削外圆时车刀沿纵向的直线运动,铣平面时工件的纵向直线移动,钻孔时钻头沿轴线移动等。与主运动不同的是,进给运动可以有一个或多个。

由于金属切削加工方式的不同,这两种运动的表现形式也不相同,如图 6.1 所示。

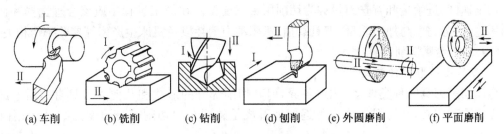

(a) 车削　　　(b) 铣削　　　(c) 钻削　　　(d) 刨削　　　(e) 外圆磨削　　　(f) 平面磨削

图 6.1　几种主要切削加工的运动形式

Ⅰ-主运动　Ⅱ-进给运动

2. 切削用量

切削用量是指切削速度、进给量及背吃刀量的总称。在切削加工时,工件上会形成三个不断变化的表面。以图 6.2 所示的车削为例,即:

待加工表面——需要切去金属的表面;

已加工表面——切削后得到的表面;

过渡表面——正在被切削的表面。过渡表面亦称为切削表面或加工表面,在切削过程中不断变化着。

1) 切削速度

切削速度指刀具切削刃上选定点相对于待加工表面在主运动方向上的线速度,以 v 表示,单位为 m/s。当主运动为旋转运动时,切削速度可按下式计算。

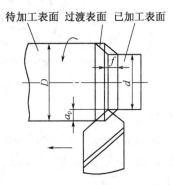

图 6.2　工件上的三种表面及切削用量

$$v = \frac{\pi D n}{6\,000}$$

式中:D—被切削件(或刀具)的直径,mm;

　　　n—被切削件(或刀具)的转速,r/min。

由上式可知:当已知机床主轴转速(即工件或刀具的转速)n 和工件直径 D 时,可求出切削速度 v。当已知工件直径 D 和切削速度 v 时,也可求出机床主轴的转速 n。

切削刃上不同选定点的切削速度不等,切削速度大的部位在切削时产生的热量多、刀具磨损快。一般在无特殊说明时,切削速度指主切削刃上的最大切削速度。

2) 进给量

进给量指刀具在进给方向上相对于工件的位移量,即工件(或刀具)每转一转时,刀具(或工件)沿进给方向移动的距离(也称走刀量),以 f 表示,单位为 mm/r。如果主运动为往复直线运动(如刨削、插削),则进给量的单位为 mm/次。

3) 背吃刀量

背吃刀量指工件已加工表面和待加工表面间的垂直距离,以 a_{p} 表示,单位为 mm。在车床上车外圆时,背吃刀量的计算公式如下。

$$a_{\mathrm{p}} = \frac{D - d}{2}$$

式中：D—工件待加工表面的直径，mm；

　　　d—工件已加工表面的直径，mm。

切削速度、进给量和背吃刀量称为切削用量三要素。在加工过程中应该合理选择和使用切削用量，因为它们与加工质量、刀具磨损、机床动力消耗以及机床生产率等参数密切相关。

6.1.2　金属切削刀具

1. 刀具几何形状种类及用途

金属切削刀具的种类繁多，构造各异，但其切削部分的形状和几何参数具有本质上的共性。无论哪种刀具，其切削部分均可近似地看成是外圆车刀切削部分演变的结果，如图 6.3 所示。

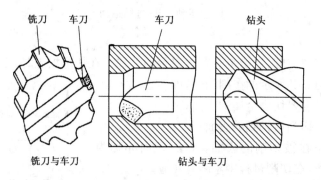

图 6.3　几种刀具切削部分的形状比较

1) 车刀的组成

车刀由刀头和刀杆两部分组成，刀头为切削部分，刀杆为支承部分，如图 6.4 所示。刀头由前刀面、主后刀面、副后刀面、主切削刃、副切削刃、刀尖组成，简称三面、两刃、一尖，定义如下。

前刀面（前面）：切屑流出所经过的刀面。

主后刀面（后面）：对着工件切削表面的刀面。

副后刀面（副后面）：对着工件已加工表面的刀面。

主切削刃：前刀面与主后刀面的交线。

副切削刃：前刀面与副后刀面的交线。

刀尖：主切削刃与副切削刃的交点，一般为半径很小的圆弧，以保证刀尖具有足够的强度。

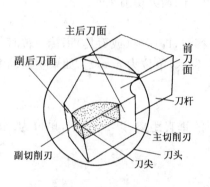

图 6.4　车刀的组成

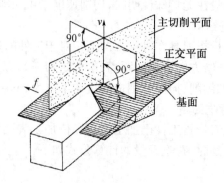

图 6.5　车刀上的三个辅助平面

2）刀具切削部分的几何角度

（1）辅助平面

为了确定各刀面与刀刃在空间的位置和测量角度，需选择一些辅助平面作为基准，如图 6.5 所示。常用的辅助平面有：

基面——切削刃上任意一点的基面是通过该点并垂直于该点主运动方向的平面；

切削平面——切削刃上任意一点的切削平面是通过该点并和工件切削表面相切的平面；

正交平面——主切削刃上任意一点的正交平面是通过该点并垂直于主切削刃在基面上投影的平面。

上述三个平面在空间是互相垂直的。

（2）车刀的主要几何角度

在正交平面内测量的主要有前角、后角，如图 6.6 所示。

前角 γ_0：前刀面与基面之间的夹角。当前刀面与主切削平面夹角为锐角时，前角为正值；为钝角时，前角为负值。前角表示前刀面的倾斜程度，前角越大，刀就越锋利，切削就越省力。但前角不能过大，否则刀刃强度降低，影响刀具的寿命。前角的选取决定于工件材料、刀具材料和加工性质。

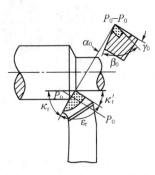

后角 α_0：主后刀面与切削平面之间的夹角，它表示主后刀面的倾斜程度。合适的后角可以减少主后刀面与工件过渡表面之间的摩擦，后角越大，摩擦越小。后角不能过大，否则会使刀刃的强度降低，影响刀具的寿命。

图 6.6　车刀的主要几何角度

在基面内测量的角度主要有主偏角。

主偏角 κ_r：主切削刃在基面上的投影与进给方向的夹角。主偏角会影响主切削刃和刀头受力情况及散热情况。当背吃刀量与进给量不变时，改变主偏角的大小可改变切削刃参加切削的工作长度，使切削厚度和切削宽度发生变化。主偏角一般为正值。在加工强度、硬度较高的材料时，应选较小的主偏角，以提高刀具的耐用度。在加工细长工件时，应选较大的主偏角，以减少径向切削力所引起的工件变形和振动。

在切削平面内测量的角度主要是刃倾角。

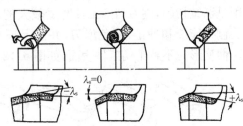

刃倾角 λ_s：在切削平面内主切削刃与基面之间的夹角。刃倾角的作用是影响刀尖强度并控制切屑流出的方向，角度可为正值、负值或零，如图 6.7 所示。

图 6.7　刃倾角及其对排屑方向的影响

3）刀具的种类和用途

（1）车刀

车刀是车削加工所使用的刀具，它的种类很多，按其用途的不同可分为外圆车刀、镗孔刀、切断刀、螺纹车刀、成形车刀等。对于外圆车刀，按主偏角的大小不同又分为 90°、75° 和 45° 的外圆车刀等。如图 6.8 所示为常用车刀种类及形状。

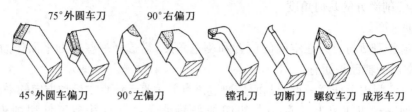

图 6.8 常用车刀

（2）铣刀

铣刀种类很多，常用的铣刀如图 6.9 所示。加工平面可选用圆柱形铣刀和端铣刀；加工各种沟槽可选用三面刃铣刀、立铣刀、键槽铣刀和 T 形铣刀；加工角度时选用角度铣刀；成形铣刀则用于加工成形面。

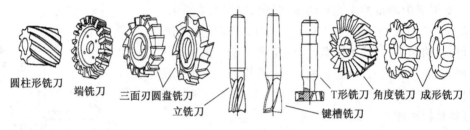

图 6.9 常用铣刀

（3）钻头

钻头种类较多，有中心钻、麻花钻、扩孔钻、深孔钻等，其中常用的是麻花钻。标准麻花钻由钻柄、工作部分和颈部组成，如图 6.10 所示。

（4）刨刀

刨刀与车刀的形状及几何参数相似，如图 6.11所示。刨刀的刀杆比较粗，而且常制成弯头，因为刨削是断续切削，刨刀切削工件时受较大的冲击力。弯头刨刀能缓和冲击、避免崩刃，并能保证在受力发生弯曲变形时不致啃伤工件表面，如图 6.12 所示。

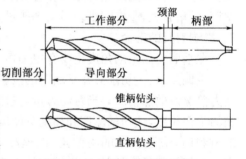

图 6.10 标准麻花钻的组成

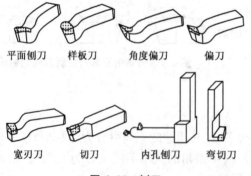

图 6.11 刨刀

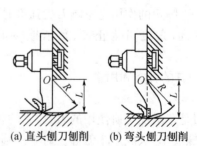

图 6.12 直头刨刀和弯头刨刀刨削时的情况

（5）砂轮

砂轮是磨削工具，它是用颗粒状的磨料经结合剂粘结而成的多孔体，其构造如图6.13所示。磨料、粒度、硬度、结合剂及砂轮组织等因素决定了砂轮的性能。

砂轮可制成不同的形状和规格，以满足不同的磨削加工需要，常用的砂轮有平板形、碗形、碟形等（见图6.14）。常用的砂轮磨料有刚玉类（主要成分是 Al_2O_3）和碳化物类（主要成分是 SiC）。刚玉类砂轮的韧性好，硬度较低，主要用于磨削各种钢。碳化物类砂轮的硬度较高，主要用于磨削硬质合金及非金属材料。

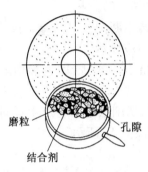

图 6.13 砂轮的组成

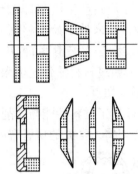

图 6.14 常用砂轮的形式

2. 刀具材料

刀具材料通常指刀具切削部分的材料。正确地选择刀具材料是设计和选用刀具的重要内容。

1）刀具材料应具备的性能

在切削加工中，刀具直接完成切削工作。刀具能否胜任切削工作，决定于刀具切削部分材料的性能。刀具切削部分的材料应满足下列要求。

高的硬度：刀具材料应具有较高的硬度，且必须高于工件的硬度。

高的耐热性：刀具在切削加工中，经受剧烈摩擦，磨损要小。

高的热硬性：刀具材料在高温下，能够继续保持一定的硬度和强度。

足够的坚韧性：刀具材料具有承受一定冲击和振动而不断裂或崩刃的能力。

良好的工艺性：刀具材料应具有良好的可加工性能，例如切削加工性、锻造、焊接、热处理等性能。若刀具材料具有良好的工艺性，便于刀具制造。

2）常用的刀具材料

常用的刀具材料有碳素工具钢、合金工具钢、高速钢、硬质合金及非金属陶瓷材料等，其中应用最多的是高速钢和硬质合金。承受一定切削速度、形状复杂的刀具，如铣刀、拉刀、齿轮加工刀具等主要采用高速钢制造。硬质合金由于性能较脆，一般不宜做成形状复杂的刀具，主要用做车刀、铣刀、刨刀、铰刀等刀具的镶焊刀片。

6.1.3 金属切削过程及其物理现象

1. 金属切削过程

金属切削过程是刀具与工件间相互作用又相对运动的过程。金属变形是切削过程的基本问题。切削过程中产生的各种物理现象，如切削力、切削热和刀具磨损等，都是由于切削过程中金属变形和摩擦引起的。研究金属切削过程中的物理现象，对加工质量、生产率和生产成本都有其重要意义。

2. 切屑的形成与种类

切屑形成过程的实质是一种挤压过程。被切削的金属在挤压过程中主要经历剪切滑移变形而形成切屑。切削塑性材料时,当工件受到刀具挤压后,在接触处开始产生弹性变形。随着刀具继续切入,材料内部的应力、应变逐渐增大。当与切削速度方向呈一定夹角的 OA 晶面上(约45°),产生的应力达到材料的屈服点时,开始产生滑移即塑性变形(见图 6.15)。随着刀具连续切入,原来处于始滑移面 OA 上的金属不断向刀具靠近,当滑移过程进入终滑移面 OE 位置时,应力应变达

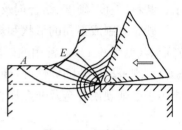

图 6.15　切削变形

到最大值,当切应力超过材料的强度极限时,材料被挤裂。越过 OE 面后切削层脱离工件,沿着前刀面流出而形成切屑。

切削时,由于被加工材料性能与切削条件的不同,切削层金属将产生不同程度的变形,从而形成不同类型的切屑。常见的切屑有以下三种,如图 6.16 所示。

(a) 带状切屑　　　　　　　(b) 节状切屑　　　　　　　(c) 崩碎切屑

图 6.16　切屑类型

1) 带状切屑

切屑呈连续的带状或螺旋状,与前刀面接触的面很光滑,背面则呈毛茸状。用较大前角、较高的切削速度和较小的进给量切削塑性材料时,容易得到带状切屑。形成带状切屑时,切削过程较平稳,切削力波动较小,加工表面较光洁。但切屑连续不断,易缠绕在工件上,不利于切屑的清除和运输,应采取断屑措施。生产上常采用在车刀上磨断屑槽等方法断屑。

2) 节状切屑

切屑的背面呈锯齿形,底面有时出现裂纹。采用较低的切削速度和较大的进给量切削中等硬度的钢件时,容易得到节状切屑。节状切屑的形成过程是典型的金属切削过程,由于切削力波动较大,切削过程不平稳,工件表面较粗糙。

3) 崩碎切屑

切削铸铁等脆性材料时,切削层产生弹性变形后,一般不经过塑性变形就突然崩碎,形成不规则的碎块状屑片,称为崩碎切屑。产生崩碎切屑过程时,切削热和切削力都集中在主切削刃和刀尖附近,刀尖易磨损,切削过程不平稳,影响表面质量。

切屑形状随着切削条件不同而变化。例如,加大前角、提高切削速度或减小进给量可将节状切屑变成带状切屑。因此,生产上常根据具体情况采取不同措施得到所需的切屑,以保证切削顺利进行。

3. 积屑瘤

1) 积屑瘤的形成

切削塑性材料时,由于切屑底面与前刀面的挤压和剧烈摩擦,使切屑底层的流动速度低于上层的流动速度,形成滞流层。当前刀面对滞流层的摩擦阻力大于切屑本身分子间结合力时,滞流层的部分新鲜金属就会粘附在刀刃附近,形成楔形的积屑瘤,见图 6.17。

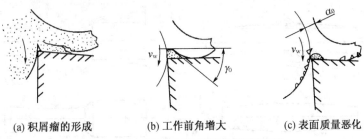

(a) 积屑瘤的形成　　　　(b) 工作前角增大　　　　(c) 表面质量恶化

图 6.17　积屑瘤及其对切削过程的影响

2) 积屑瘤对切削过程的影响

积屑瘤对切削加工有积极的一面。积屑瘤经过强烈的塑性变形而被强化,其硬度远高于被切金属的硬度,能代替切削刃进行切削,起到保护切削刃和减少刀具磨损的作用。积屑瘤的产生增大了刀具的工作前角,使切屑容易变形并减小切削力,见图 6.17(b)。所以,粗加工时产生积屑瘤有一定好处。

积屑瘤对切削加工又存在不利的一面。积屑瘤不稳定,时大时小,时有时无,其顶端伸出刀尖之外,使切削深度和切削厚度不断变化,影响尺寸精度,并导致切削力变化,引起振动。同时,积屑瘤会在已加工表面刻划出不均匀的沟痕,并有一些积屑瘤碎片粘附在已加工表面上,影响到表面粗糙度。所以精加工时应避免产生积屑瘤。

3) 积屑瘤的控制

防止积屑瘤的产生,通常可采用低速或高速切削,减小进给量,增大刀具前角,精细研磨前刀面,合理选用切削液等措施。

4. 切削力

1) 切削力的分解

在切削过程中,刀具上所有参与切削的各切削部分所产生的切削力的合力称为刀具的总切削力,它是工件材料抵抗刀具切削所产生的阻力。在进行工艺分析时,常将总切削力分解成三个相互垂直的力,如图 6.18 所示。

总切削力在主运动方向上的正投影,称为切削力,也称切向力,用符号 F_c 表示。切削力的大小约占总切削力的 90% 以上,是计算机床动力、设计主传动系统的零件、夹具强度和刚度的主要依据,也是计算刀柄、刀体强度和选择切削用量的依据。

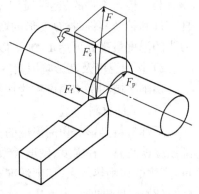

图 6.18　总切削力的分解

总切削力在进给方向上的正投影,称为进给力,也称轴向力,用符号 F_f 表示。进给力是设计和验算进给机构各零件强度和刚度的主要依据,影响零件的几何精度。

总切削力在垂直于工作平面上的分力,称为背向力,也称径向力,用符号 F_p 表示,是设计机床主轴轴承和校验机床刚度的主要依据。背向力对工件的加工精度影响最大。切削加工时,F_p 作用在机床和工件刚度最差的方向上,易使工件产生弹性弯曲,引起振动。对于刚度差的细长轴类工件,背向力对其加工精度的影响见图 6.19。使用双顶尖装夹时,加工后工件易呈鼓形;使用三爪自定心卡盘装夹时,加工后工件呈喇叭形。

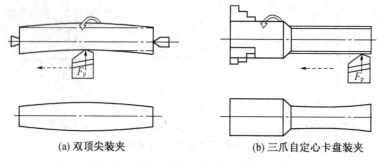

(a) 双顶尖装夹　　　　　　(b) 三爪自定心卡盘装夹

图 6.19　背向力 F_p 对形状误差的影响

在切削过程中,切削力能使工件、机床、刀具与夹具变形,影响加工精度。减小切削力,增大工艺系统刚度可提高加工精度。

2) 影响切削力的因素

影响切削力的因素很多,其中工件材料、切削用量、刀具角度影响较大。材料的强度、硬度越高,则变形抗力越大,切削力也越大;切削用量增大,将导致切削力增大;刀具前角增大、刃口锋利,可使切削力减小。

除上述因素之外,刀尖圆弧半径、刀具的磨损、刀具材料和冷却润滑条件都可以影响切削力。

5. 切削热与切削温度

1) 切削热的产生与传散

在切削过程中所消耗的功,绝大部分转变为热,即切削热。切削热的主要来源是被切削层金属的变形、切屑与前刀面的摩擦和工件与刀具后面的摩擦。切削热的产生和传散,影响切削区域的温度。

切削热通过切屑、工件、刀具以及周围介质传散。传入切屑和介质的切削热越多,对加工越有利。传入工件的热会引起工件热变形,影响尺寸和形状精度。特别是加工薄壁零件、细长杆零件和精密零件时,热变形的影响最大。传入刀具的热会使刀头的温度升高,高速切削时,刀头的温度最高处可达 1 000 ℃以上。刀头的温度过高,将加快刀具的磨损。

2) 切削温度及其影响因素

切削区域的平均温度称为切削温度。影响切削温度的因素主要有以下 4 点。

(1) 工件材料

工件材料是影响切削温度的重要因素。材料的强度、硬度越高,切削时消耗的功越多,切削温度就越高。在强度、硬度大致相同的条件下,塑性、韧性好的金属材料切削时塑性变形严重,产生的切削热较多,切削温度升高。材料的热导性好,可降低切削温度。

(2) 刀具角度

刀具前角和主偏角对切削温度也有较大影响。一般来说,增大前角、减小主偏角会使切削温度降低。

(3) 切削用量

切削速度、进给量、背吃刀量对切削温度的影响中,切削速度影响最大,背吃刀量影响最小。从降低切削温度的角度考虑,优先采用大的背吃刀量和进给量,再确定合理的切削速度。

（4）切削液

切削液既能迅速从切削区带走大量的热,又能减小摩擦,可使切削温度明显下降。

6.刀具的磨损和耐用度

在切削过程中,刀具在高压、高温和强烈摩擦条件下工作,切削刃由锋利逐渐变钝以至失去正常切削能力。刀具磨损超过允许值后,须及时刃磨,否则会引起振动并使加工质量下降。

1）刀具的磨损形式

刀具正常磨损时,按磨损部位不同,可分为主后面磨损、前刀面磨损、前刀面和主后面同时磨损三种形式,如图 6.20 所示。

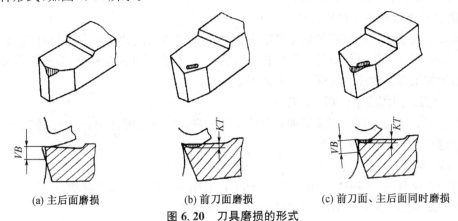

（a）主后面磨损　　　　（b）前刀面磨损　　　　（c）前刀面、主后面同时磨损

图 6.20　刀具磨损的形式

（1）主后面磨损

切削脆性材料或以较低的切削速度和较小的切削层公称厚度切削塑性材料时,前刀面上的摩擦力不大,温度较低,这时磨损主要发生在主后面上。主后面磨损程度用平均磨损高度 VB 表示。

（2）前刀面磨损

以较高的切削速度和较大的切削层公称厚度切削塑性材料时,切屑对前刀面的压力大,摩擦剧烈,温度高,在前刀面附近出现月牙洼,月牙洼扩大到一定程度,容易造成刀具崩刃。前刀面磨损程度用月牙洼最大深度 KT 表示。

（3）前刀面、主后刀面同时磨损

以中等切削速度和中等切削层公称厚度切削塑性材料时,常会发生前刀面和主后刀面的同时磨损。

刀具磨损的主要原因有磨料磨损、粘结磨损、扩散磨损、氧化磨损、相变磨损等。刀具的磨损过程可分为初期磨损、正常磨损、急剧磨损三个阶段。

2）刀具耐用度

刀具的耐用度是指刀具两次刃磨之间实际切削的时间。在实际生产中,不可能经常测量刀具的磨损程度,而是规定刀具的使用时间。对于制造和刃磨都比较复杂且成本较高的刀具,耐用度可以定的高一些,对于制造和刃磨都比较简单且成本不高的刀具,耐用度可以定得低一些。制造实践表明:硬质合金车刀,耐用度大致为 60～90 min,钻头的耐用度大致为 80～120 min,硬质合金铣刀的耐用度大致为 90～180 min,齿轮刀具的耐用度大致为 200～

300 min。有经验的操作者常根据切削过程中出现的异常现象,来判断刀具是否已经磨钝。例如切屑变色发毛、切削力突然增大、振动与噪声以及表面粗糙度值显著增大等。

刀具耐用度的选择与生产率、成本有直接关系。选择高的刀具耐用度,会限制切削用量的提高,特别是要限制切削速度,这就影响到生产率。若选择过低的耐用度,则会增加磨刀次数、增加辅助时间和刀具材料消耗,仍然影响到生产率和成本。所以应根据切削条件选用合理的刀具耐用度。刀具耐用度与刀具重磨次数的乘积称为刀具寿命。

工件和刀具材料、刀具角度、切削用量以及是否使用切削液等都会影响刀具耐用度。在切削用量中,切削速度对耐用度的影响最大。

6.1.4　工件材料的切削加工性

1. 衡量材料切削加工性的指标

切削加工性表征材料被切削加工的难易程度。切削加工性具有一定的相对性,某种材料切削加工性的好坏一般是相对另一种材料而言的。所以,在不同的条件下,需要用不同的指标来衡量切削加工性。常用的指标主要有以下 5 点。

1）一定刀具耐用度下的切削速度 v_T

当耐用度为 $T(\min)$ 时,切削某种材料所允许的最大切削速度称为 v_T。v_T 越高,材料的切削加工性越好。

2）相对加工性 K_τ

以切削正火状态 45 钢的 $v60$（通常 $T = 60\ \min$,则 v_T 写作 $v60$）作基准,写作 $(v60)j$,而把其他各种材料的 $v60$ 同 $(v60)j$ 相比,其比值 K_τ 称为相对加工性。

$$K_\tau = v60/(v60)j$$

$K_\tau > 1$ 表示材料的加工性比 45 钢好,反之较差。K_τ 也反映了不同材料对刀具磨损和刀具耐用度的影响。

v_T 和 K_τ 是最常用的切削加工性能指标,对各种切削条件都适用。

3）已加工表面质量

容易获得好的表面质量的材料其切削加工性较好,反之较差。精加工时,常用此项指标来衡量切削加工性好坏。

4）切屑控制或断屑的难易

容易控制或易于断屑的材料,其切削加工性较好,反之较差。在自动机床或自动线上加工时,常用此项指标来衡量。

5）切削力的大小

在相同的切削条件下,切削力小的材料,其切削加工性好,反之较差。在粗加工时,当机床刚度或动力不足时,常用此项指标来衡量。

2. 影响材料切削加工性的因素

1）工件材料的性能

材料的强度、硬度、塑性和热导性都会影响到材料的切削加工性。材料的强度和硬度高,则切削力大、切削温度高、刀具易磨损,切削加工性差。材料塑性高,则不易断屑,难获得好的表面质量,切削加工性差。材料的热导性差,切削热不易传散,切削温度高,故切削加工性差。

2）工件材料的化学成分及组织结构

随着钢的含碳量增加,其强度、硬度增加,塑性、韧性降低。低碳钢塑性、韧性高,高碳钢强度、硬度高,都对切削加工不利。中碳钢的性能指标较为适中,具有较好的切削加工性能。

硫、铅等元素可以改善切削加工性,常用来制造易切削钢。铝、硅、钛等元素在钢中形成硬的碳化物、硅酸盐和氧化物,使刀具磨损加剧,含有这些元素的钢,切削性能变差。低碳钢中的锰、磷、氮等元素可改善切削加工性能,而高合金钢中的这些元素,则会使切削性能变差。

材料的组织结构,也直接影响材料的切削加工性,其中主要是碳化物的形状和分布状态。网状碳化物对刀具磨损严重,粒状或球状碳化物对刀具磨损较小。

6.1.5　金属切削机床的分类及型号

机械零件的表面主要有外圆、内孔、平面和各种成形面等。零件的形状、尺寸和表面不同,其加工方法和所使用的加工设备也不相同。金属切削机床是进行切削加工的主要设备。

金属切削机床简称机床,它是用切削加工方法将金属(或其他材料)的毛坯或半成品加工成零件的机器。机床是制造机械的机器,故又称“工作母机”或“工具机”。机床在一般机械制造工厂中是主要的加工设备。按台数计,机床约占总设备的 50%～80%。

金属切削机床的品种和规格很多,为了便于区别、管理和使用,需要对每种机床编制一个型号。目前,我国机床型号的编制按 GB/T 15375－94“金属切削机床型号编制方法”实施,采用汉语拼音字母和阿拉伯数字按一定的规律排列组合而成。机床型号不仅是一个代号,还可以反映出机床的类别、结构特征、特性和主要技术规格。

1. 通用机床

通用机床的型号由基本部分和辅助部分组成,中间用“/”隔开,读作“之”。基本部分需统一管理,辅助部分纳入型号与否由生产厂家自定。型号的构成如下。

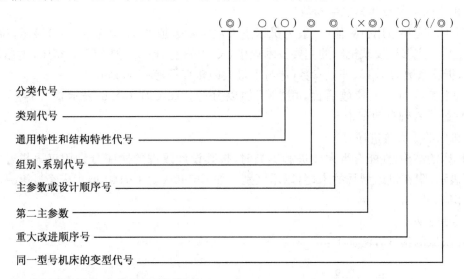

注:(1) 有“○”符号者,为大写的汉语拼音;

　　(2) 有“◎”符号者,为阿拉伯数字;

　　(3) “()”的代号或数字,当无内容时,则不表示,若有内容,则不带括号。

1) 机床的类代号

机床的类代号用大写汉语拼音字母表示,位于型号的首位(见表 6.1)。我国机床为十一大类,其中如有分类者,在类代号前用数字表示区别(第一分类不表示),如第二分类的磨床,在

"M"前加"2",写成"2M"。

表 6.1　机床类代号和分类代号

类别	车床	钻床	镗床	磨床			齿轮加工机床	螺纹加工机床	铣床	刨床	拉床	割床	其他机床
代号	C	Z	T	M	2M	3M	Y	S	X	B	L	G	Q
读音	车	钻	镗	磨	二磨	三磨	牙	丝	铣	刨	拉	割	其

2) 通用特性代号

如果某类型机床除有普通型式外,还具有表 6.2 所列的通用特性,则在类代号之后,用大写的汉语拼音字母表示,例如数控车床,在 C 后面加 K。

表 6.2　机床通用特性代号

通用特性	高精度	精密	自动	半自动	数控	加工中心（自动换刀）	仿型	轻型	加重型	简式或经济型	柔性加工单元	数显	高速
代号	G	M	Z	B	K	H	F	Q	C	J	R	X	S
读音	高	精	自	半	控	换	仿	轻	重	简	柔	显	速

3) 机床的组、系代号

每类机床划分为若干组,每组又划分为若干系(系列)。主要布局或使用范围基本相同的同类机床,即为同一组;主参数相同,主要结构及布局型式相同的同一组机床,即为同一系。

机床的组用一位阿拉伯数字表示,位于类代号或通用特性代号之后。机床的系用一位阿拉伯数字表示,位于组代号之后。

4) 机床的主参数和第二主参数

型号中的主参数用折算值(一般为机床主参数实际数值的 1/10 或 1/100)表示,位于组、系代号之后。主参数反映机床的主要技术规格,尺寸单位为mm。如 C6150 车床,主参数折算值为 50,折算系为 1/10,即主参数(床身上最大回转直径)为 500 mm。

第二主参数加在主参数后面,用"×"加以分开。如 C2150×6 表示最大棒料直径为50 mm 的卧式六轴自动车床。

5) 机床的重大改进序号

当机床的结构、性能有重大改进和提高时,按其设计改进的次序分别用汉语拼音"A、B、C、D…"表示,附在机床型号的末尾,以示区别。如 C6140A 是 C6140 型车床经过第一次重大改进的车床。

2. 专用机床

专用机床的编号方法如下:

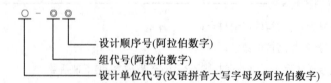

1) 设计单位代号

设计单位为机床厂时,设计单位代号由机床厂所在城市名称的大写汉语拼音字母及该机床厂在该城市建立的先后顺序号,或机床厂名称的大写汉语拼音字母表示;设计单位为机床研究所时,设计单位顺序号由研究所名称的大写汉语拼音字母表示。

2) 专用机床的组代号

专用机床的组代号用一位阿拉伯数字表示,由 1 起始,位于设计单位代号之后,并用"-"分开,读作"至"。

专用机床的组代号由各机床厂、所根据各自的产品情况,按产品的工作原理划分,自行确定。

3) 专用机床的设计顺序号

专用机床的设计顺序号按各机床厂、所的设计顺序排列,由"001"起始,位于专用机床的组代号之后。

6.1.6　机械加工工艺过程简介

1. 生产过程与工艺过程

1) 生产过程

将原材料转变为成品的全过程,称为生产过程。对机械制造而言,它包括下列过程:原材料运输和保存、生产准备工作、毛坯制造、机械加工、热处理、装配、检测、调试,以及油漆和包装等。

不同机械产品的具体制造方法和过程不尽相同,但是其生产过程大致可分为毛坯制造、零件加工和产品装配三个过程。

2) 工艺过程

生产过程中,直接改变生产对象的形状、尺寸、相对位置和性能等,使其成为成品或半成品的过程,称为工艺过程,它是生产过程中的主要部分。生产过程中的毛坯制造、零件加工和产品装配过程都属于工艺过程。机械加工车间生产过程中的主要部分(即采用机械加工的方法,使毛坯成为合格零件所进行的全部过程),称为机械加工工艺过程;装配车间生产过程中的主要部分(即将零件装配成部件或整机的过程),称为装配工艺过程。

2. 机械加工工艺过程的组成

要完成一个零件的工艺过程,需要采用多种不同的加工方法和设备,并通过一系列加工工序完成。工艺过程就是由一个或若干个顺序排列的工序组成。

1) 工序

工序是指一个(或一组)工人,在一个工作地点(或一台机床)上,对一个(或同时对几个)工件所连续完成的那一部分工艺过程。工序是工艺路线的基本组成部分,也是安排生产计划的基本单元。划分工序的主要依据是工作地点是否变动和工作是否连续。

2) 工步

在加工表面(或装配时的连接表面)、加工(或装配)工具、转速和进给量都不变的情况下所连续完成的那一部分工艺过程,称为工步。以上任一因素改变后,即成为新的工步。工步是构成工序的基本单元,一个工序可由一个或几个工步组成。为简化工步文件,对于那些连续进行的若干个相同的工步,通常都看作一个工步,称为复合工步。例如,在同一个工序中,连续钻几个相同的孔就可看作一个复合工步。

3) 走刀

同一工步中,若加工余量大,需用同一刀具在相同转速和进给量下,对同一加工面进行多次切削,则每切削一次,就是一次走刀。

4) 安装

使工件在机床或夹具中占有正确位置的过程称为定位。工件定位后将其固定不动的过程称为夹紧。将工件在机床或夹具中定位、夹紧的过程称为安装。在同一工序中,工件可能要经过几次安装。加工中应尽量减少安装次数,因为多一次安装,就会增加一次安装时间,同时还会增加定位和夹紧误差。

5) 工位

为完成一定的工序部分,一次装夹后,工件(或装配单元)与夹具或设备的可动部分一起相对刀具和设备的固定部分所占据的每一个位置。例如,用分度头铣六方,每转位一次即为一个工位。采用多工位加工可以减少安装次数,缩短辅助时间,提高生产率。

3. 生产纲领与生产类型

1) 生产纲领

企业根据市场及自身的生产能力制订生产计划,在计划内应当生产的产品产量和进度计划,称为生产纲领。工厂一年制造的产品的数量,称为年生产纲领,也称年产量。生产纲领对工厂的生产过程与管理有着决定性影响。零件生产纲领是包括备品和废品在内的年产量,按下式计算。

$$N_零 = N n(1 + \alpha + \beta)$$

式中:$N_零$—零件的生产纲领;

N—产品的生产纲领;

n—每台产品中该零件的数量;

α—零件的备品率;

β—零件的平均废品率。

2) 生产类型

根据产品的大小和生产纲领的不同,按企业(或车间、工段、班组,工作地)生产专业化程度,可以确定零件的生产类型,一般把机械制造生产分为三种类型,即单件生产、成批生产、大量生产。

① 单件生产

产品品种不固定,单个制造一种产品,很少重复或不重复生产,称为单件生产。例如重型机器厂或机修车间的生产、新产品试制等。

② 成批生产

产品品种基本固定,成批制造相同的零件(或产品),一般是周期性的重复进行生产,称为成批生产。每批所投入或产出的同一零件(或产品)的数量,称为批量。成批生产根据批量的大小和产品的特征又可分为小批生产、中批生产和大批生产。

③ 大量生产

产品品种固定,零件(或产品)的制造数量很多,大多数工作地点经常重复地进行一种零件的某一工序的加工,称为大量生产。例如汽车厂、轴承厂等的生产,一般都属于大量生产。

生产类型主要根据加工同种零件的年产量,零件的重量、复杂程度、加工劳动量等因素确定。各种生产类型的划分和工艺特征见表 6.3 和表 6.4。

表 6.3　生产类型的划分

生产类型		同种零件的年产量/件		
		重型(30 kg 以上)	中型(4～30 kg)	轻型(4 kg 以上)
单件生产		5 以下	10 以下	100 以下
成批生产	小批生产	5～100	10～200	100～500
	中批生产	100～300	200～500	500～5 000
	大批生产	300～1 000	500～5 000	5 000～50 000
大量生产		1 000 以上	5 000 以上	50 000 以上

表 6.4　各种生产类型的工艺特征

项　目	单件、小批生产	成批生产	大批、大量生产
产品数量	少	中等	大量
加工对象	经常变换	周期性变换	固定不变
机床设备和布置	采用通用(万能的)设备按机群布置	通用的和部分专用设备,按工艺路线布置成流水线	广泛采用高效率专用设备和自动化生产线
夹具	极少用专用夹具和特种工具	广泛使用专用夹具和特种工具	广泛使用高效率专用夹具和特种工具
刀具和量具	一般刀具和通用量具	部分地采用专用刀具和量具	采用高效率专用刀具和量具
安装方法	划线找正	部分划线找正	不需划线找正
加工方法	根据测量进行试切加工	用调整法加工,有时还可组织成组加工	使用调整法自动化加工
装配方法	钳工试配	普遍应用互换性,同时保留某些试配	全部互换,某些精度较高的配合件用配磨、配研、选择装配,不需钳工试配
毛坯制造	木模造型和自由锻	部分采用金属模造型和模锻	采用金属模机器造型、模锻、压力铸造等高效率毛坯制造方法
工人技术水平	需技术熟练工人	需技术比较熟练的工人	调整工要求技术数练,操作工要求技术熟练程度较低
工艺过程的要求	只编制简单的工艺过程卡	除有较详细的工艺过程卡,对重要零件的关键工序需有详细说明的工序操作卡	详细编制工艺过程和各种工艺文件
生产率	低	中	高
成本	高	中	低

4. 工件的安装与定位

1) 工件的安装

(1) 直接安装

直接安装是将工件直接安装在工作台或通用夹具上,例如用三爪卡盘、四爪卡盘、平口钳、电磁吸盘等安装工件。有时直接安装工件不需另行找正即可夹紧,例如利用三爪卡盘或电磁吸盘安装工件。有时工件需要进行找正安装。用百分表、划针或用目测,在机床上直接找正工件,使工件获得正确位置的方法称为直接找正法。当零件形状很复杂时,可先用划针在工件上画出中心线、对称线或各加工表面的加工位置,然后再按划好的线来找正工件在机床上的位置的方法称为划线找正法。图 6.21 所示为划线找正安装工件示意图。

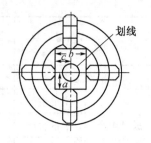

图 6.21 划线找正安装工件

找正安装的定位精度和工作效率,取决于找正面(或划线)的精度、找正方法、所用工具和工人技术水平。如划线找正,一般找正精度为 0.2～0.5 mm。由于此法安装找正费时,定位精度不易保证,生产率低,所以适用于单件小批生产及大型工件的粗加工。

(2) 夹具装夹

如图 6.22 所示,工件直接安装在为其加工而专门设计和制造的夹具中,无需进行找正,就可迅速可靠地保证工件对机床和刀具的正确相对位置。此法易于保证加工精度,能大大地提高生产率而缩短辅助时间,同时能大大地减轻工人劳动强度。但因专用夹具的设计、制造和维修,需要投资,所以在成批生产或大批大量生产中应用很广。

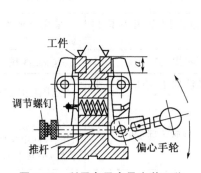

图 6.22 利用专用夹具安装工作

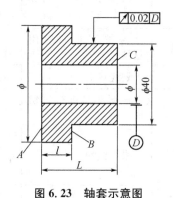

图 6.23 轴套示意图

2) 基准的种类

基准就是用来确定生产对象上几何要素间的几何关系所依据的点、线、面。按照基准的不同功用,将其分为设计基准和工艺基准两大类。

(1) 设计基准

在零件设计图上用以确定其他点、线、面位置的基准(点、线、面),称为设计基准。如图 6.23所示的轴套,轴线就是各外圆和内孔的设计基准,端面 A 是端面 B、C 的设计基准。

(2) 工艺基准

零件在加工、检验和装配过程中所采用的基准,即在工艺过程中所采用的基准,称为工艺基准。工艺基准按其用途不同,又分为定位基准、测量基准和装配基准。

定位基准是在加工中用作定位的基准。如图 6.24 所示的机体,将底面 3 安装在夹具上来加工 4、5 孔,则底面就是定位基准。需要说明的是,工件上作为定位基准的点、线,通常是用具体表面来体现的,这些表面称为定位基面。例如回转表面的轴线是定位基准,而回转表面就是定位基面。工件以平面定位时,其定位基准与定位基面一致。

测量基准是测量时所用的基准。如图 6.23 所示的轴套,内孔是检验 $\phi40$ 外圆径向跳动的测量基准,表面 A 是检验长度 L、l 的测量基准。

装配基准是装配时用来确定零件或部件在产品中的相对位置所采用的基准。图 6.23 中的轴套内孔就是装配基准。

3) 定位基准的选择

工件在加工过程中,如果以未经加工过的毛坯面作为定位基准的表面,称此种基准面为粗基准;若是已经加工过的表面,称为精基准。

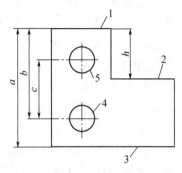

图 6.24　机体示意图

(1) 粗基准的选择

选择粗基准主要是选择第一道机械加工工序的定位基准,以便为后续加工提供精基准。用作粗基准的表面应保证所有加工面都有足够的加工余量,而且各加工面对不加工面应具有一定的位置精度。

选择不需加工的表面作粗基准。如果零件上有几个不需加工的表面,为保证零件上加工面与不加工面之间相互位置误差最小,应选择与加工面有较高相互位置精度要求的不加工表面作粗基准。例如图 6.25 所示的工件,选择不

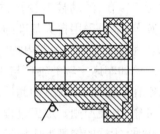

图 6.25　用不加工而作粗基准

加工的外圆表面作粗基准可保证各加工面与外圆表面之间有较高的同轴度或垂直度,而且可在一次安装中,加工出绝大部分需要加工的表面。

选择加工余量和公差最小的表面作粗基准。如果零件的所有表面都需加工,这样选择可保证作为粗基准的表面加工余量均匀。例如图 6.26 所示的车床床身,要求导轨面耐磨性好,希望在加工时只切除一层薄而均匀的金属,使其表层保留均匀一致的金相组织和高硬度。在加工过程中,先选择导轨面作粗基准,加工床腿的底平面(见图 6.26(a)),然后以床腿的底平面为精基准去加工导轨面(见图 6.26(b)),就可达到此目的。

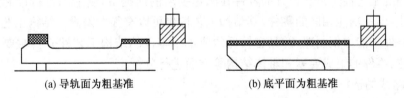

(a) 导轨面为粗基准　　　　　　　　(b) 底平面为粗基准

图 6.26　卧式车床床身的粗基准

选择光洁、平整、面积足够大,装夹稳定的表面作粗基准。粗基准不应有浇口、冒口、飞边、毛刺和其他缺陷,以便定位可靠。

粗基准应避免重复使用。粗基准精度低、粗糙度大,如重复使用,则定位误差大,会使加工面产生较大的位置误差。

(2) 精基准的选择

在第一道工序之后,就应当使用精基准定位。选择精基准时,应从整个工艺过程来考虑如何保证工件的尺寸精度和位置精度并使装夹方便可靠,其选择原则如下。

基准重合原则。采用设计基准作为定位基准称为基准重合。为避免基准不重合而引起的基准不重合误差,保证加工精度,应遵循基准重合原则。例如在加工带孔齿轮和套类零件的齿形和外圆时,用心轴插入已加工好的孔中定位,这样可使定位基准与装配基准和设计基准重合,以提高加工精度。

基准统一原则。在工件的加工过程中尽可能地采用统一的定位基准称为基准统一原则。采用基准统一原则可以避免基准变换所产生的误差,有利于保证各加工面的位置精度。此外,还可使许多工序使用的夹具的某些结构相同或类似,简化了夹具的设计与制造。

自为基准原则。对于某些精加工或光整加工工序,要求加工余量小且均匀时,可用被加工面本身作精基准定位。如图 6.27 所示,磨削床身导轨面时,用导轨面本身(精基准)找正定位,导轨面本身的位置精度应由前道工序保证。此外,浮动镗刀镗孔、浮动铰刀铰孔、拉刀拉孔、珩磨孔、无心磨床磨外圆等,都是采用自为基准的实例。

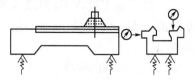

图 6.27　采用自为基准磨削导轨面

互为基准原则。为获得均匀的加工余量或较高的位置精度,可采用互为基准、反复加工的方法。例如车床主轴的轴颈与主轴锥孔的同轴度要求较高,在加工时先以轴颈定位加工锥孔,再以锥孔定位加工轴颈,如此反复加工以达到同轴度要求。

可靠、方便原则。加工过程中,应选择面积较大、精度较高、安装稳定可靠的表面作为精基准。同时,所选的精基准应使夹具结构简单、装夹和加工工件方便。

在实际生产中,很难使精基准的选择完全符合上述原则,所以应根据具体情况进行分析,选用最有利的精基准。

5. 机械加工工艺路线的制订

1) 制订加工工艺路线的原则

制订工艺路线时,基本原则是保证零件的加工质量,达到零件图样所提出的全部技术要求,并在此基础上具有较高的生产率和经济性。在制订机械加工工艺路线时,除了遵循以上基本原则外,还应满足技术上的先进性、经济上的合理性和良好的劳动条件。

2) 零件结构的工艺性分析

零件结构的工艺性是指所设计的零件在满足要求的前提下,制造的可行性和经济性。在机械制造行业,即使功能相同的零件,其结构工艺性仍可以有很大差异。结构工艺性好的零件在现有工艺条件下能方便制造,并具有较低的成本。零件的结构工艺性分析主要从零件尺寸和公差的标注、零件的组成要素和整体结构等方面进行分析。

3) 加工路线的选择

一般先根据表面的精度和表面粗糙度要求选定最终的加工方法,然后再由后向前确定各工序的加工方法。

4) 工艺阶段的划分

零件加工时,一般不是依次加工完各个表面,而是将各表面的粗、精加工分开进行,先加工哪些表面,后加工哪些表面,如何安排热处理工序和检验工序等,均需要统筹合理安排。为此,通常将整个工艺过程划分为以下四个加工阶段。

(1) 粗加工阶段

粗加工阶段的主要作用是切除毛坯大部分加工余量,为半精加工提供定位基准和均匀而适当的余量。因此,此阶段的主要目标是提高生产率。

（2）半精加工阶段

半精加工阶段的作用是减小粗加工后留下的误差和表面缺陷层,为零件主要表面的精加工做好准备(达到一定的精度、粗糙度和精加工余量),同时完成一些次要表面的加工(如钻孔、攻螺纹、铣键槽等),一般在热处理前进行。

（3）精加工阶段

精加工阶段的作用是使零件主要表面的加工达到图样的全部技术要求,此阶段切去的余量很少。此阶段的主要目标是全面保证加工质量。

（4）光整加工阶段

光整加工阶段的作用是进一步提高加工面的尺寸精度和表面质量,减小加工表面粗糙度值,主要适用于公差等级高于 IT6,粗糙度值 R_a 在 $0.2~\mu m$ 以下的表面。光整加工一般不用于纠正形状误差和位置误差。

5）工序的集中与分散

工序集中就是将零件的加工集中在少数几道工序中完成,每道工序加工的内容多。工序分散就是将零件的加工分散到很多道工序内完成,每道工序加工的内容少,工艺路线很长。在制订工艺路线时,主要根据生产规模、零件的结构特点和技术要求来确定工序集中或分散的程度。

一般情况下,单件小批生产时,按工序集中原则组织生产,如在一台普通机床上加工出尽量多的表面;大批大量生产时,既可以采用多刀、多轴等高效、自动机床,将工序集中,也可以将工序分散后组织流水生产。对于尺寸和质量都很大的笨重零件,为了减少工件装卸和运输的劳动量,应采用工序集中的原则;对于刚性差且精度高的精密工件,则工序应适当分散。

随着数控技术的普及,多品种中小批量生产中,越来越多地使用加工中心机床,从技术发展方向来看,倾向于采用工序集中的方法来组织生产。

6）机械加工顺序的安排

（1）基面先行

作为其他加工表面的精基准一般应安排在工艺过程一开始就进行加工,再以精基准定位加工其他表面。例如轴类零件先加工两端中心孔,然后再以中心孔作为精基准,粗、精加工各外圆表面。箱体零件一般是以主要孔为粗基准来加工平面,再以平面为精基准来加工孔系。

（2）先粗后精

精基准加工好以后,整个零件的加工工序,应是粗加工工序在前,再进行半精加工、精加工及光整加工。这样有利于加工误差和表面缺陷层的逐渐消除,从而逐步提高零件的加工精度和表面质量。在对重要表面精加工之前,有时需对精基准进行修整,以利于保证重要表面的加工精度,如主轴的高精度磨削时,精磨和超精磨削前都须研磨中心孔。

（3）先主后次

零件的主要工作表面、装配基面应先加工,以及早发现毛坯中可能出现的缺陷。螺孔、键槽、光孔等可穿插进行,一般放在主要表面加工到一定精度之后,最终精加工之前进行。

（4）先面后孔

对于箱体、底座、支架等零件上轮廓尺寸较大的平面,用它作为精基准加工孔,比较稳定可靠,也容易加工,有利于保证孔的精度。如果先加工孔,再以孔为基准加工平面,则比较困难,加工质量也受影响。

（5）配套加工

有些表面的最后精加工安排在部装或总装过程中进行，以保证较高的配合精度。如连杆大头孔就要在连杆盖和连杆体装配好后再精镗和研磨。

7）热处理工序的安排

热处理的主要目的是用来提高材料的力学性能，改善工件材料的加工性能和消除内应力。

（1）预备热处理

预备热处理包括退火、正火、调质等，其主要目的是改善切削加工性能，消除毛坯制造时所产生的残余应力。预备热处理工序位置多在粗加工前后。调质可以为表面淬火或渗氮时减小变形作好组织准备，即可作为预备热处理工序。如果调质是以取得较好的综合力学性能为目的，则调质属于最终热处理工序。

（2）消除残余应力处理

常用的消除残余应力处理工序有人工时效、退火等，一般安排在粗、精加工之间进行。

（3）最终热处理

最终热处理常安排在精加工前后，目的是提高零件的强度、表面硬度和耐磨性。常用的是淬火—回火，还有渗碳淬火、渗氮、液体碳氮共渗等化学热处理。

8）辅助工序的安排

辅助工序主要包括：检验、清洗、去毛刺、去磁、倒棱边、涂防锈油和平衡等。检验工序是主要的辅助工序，是保证产品质量的主要措施。

（1）检验工序的安排

除了操作者在加工过程中自检外，在粗加工阶段后，重要工序和工时长的工序加工前后，工件从一个车间转到另一个车间前，磁力探伤、密封试验、动平衡试验等特种检验之前，全部加工结束后也应安排检验工序。

（2）其他辅助工序的安排

去毛刺、倒棱边、去磁、清洗等，应适当穿插在工艺过程中进行。有些大型铸件内腔的不加工面，常在加工前先涂防锈油漆等。其他辅助工序也要引起高度重视，以避免给最终的产品质量带来不良后果。

6.2　轴类零件的加工

6.2.1　轴类零件的功用及分类

轴是组成机器的重要零件，其主要功用是支承旋转零件（例如齿轮、蜗轮等）、传递运动和动力。

根据轴承受的载荷不同，可将轴分为转轴、心轴和传动轴三种。心轴是只承受弯矩的轴，如定滑轮轴、自行车轴；转轴在工作时既承受弯矩又承受转矩，如减速器中的输出和输入轴；传动轴只传递转矩而不承受弯矩，如汽车中连接变速箱与后桥之间的轴。

根据轴线形状的不同，可将轴分为直轴、曲轴和挠性钢丝轴。曲轴和挠性钢丝轴属于专用零件。钢丝软轴可以把回转运动灵活地传到不敞开的空间位置，常用于医疗器械和小型机具中。直轴按外形不同又可分为光轴和阶梯轴。一般情况下，直轴多制成实心轴，但为了减少重量或满足有些机器结构上的需要,也制成空心轴,如车床主轴。

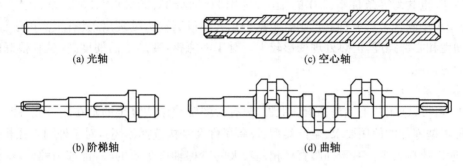

(a) 光轴   (c) 空心轴

(b) 阶梯轴   (d) 曲轴

图 6.28 常见的轴类

6.2.2 轴类零件的主要技术要求

1. 尺寸精度

轴类零件的尺寸精度主要指轴的直径尺寸精度和轴长尺寸精度。根据使用要求,主要轴颈直径尺寸精度通常为 IT9～IT6 级,精密的轴颈也可达 IT5 级。轴长尺寸通常规定为公称尺寸,对于阶梯轴的各台阶长度按使用要求可相应给定公差。相对来说,直径精度比长度精度要严格得多。

2. 形状精度

除了尺寸精度外,一般还对支承轴颈的几何形状精度提出要求,如圆度、圆柱度等。对于一般精度的轴颈,几何形状误差应限制在直径公差范围内,当要求高时,应在零件图样上另行规定其允许的公差值。

3. 位置精度

装配传动件的配合轴颈相对于支承轴颈间的同轴度是轴类零件相互位置精度的普遍要求。对于普通精度的轴,配合精度对支承轴颈的径向圆跳动一般为 0.01～0.03 mm,高精度轴为 0.001～0.005 mm。此外,相互位置精度还有内外圆柱面的同轴度、轴向定位端面与轴心线的垂直度要求等。

4. 表面粗糙度

根据机械的精密程度、运转速度的高低不同,轴类零件表面粗糙度要求也不相同。一般情况下,支承轴颈的表面粗糙度 R_a 值为 0.63～0.16 μm,配合轴颈的表面粗糙度 R_a 值为 2.5～0.63 μm。

5. 其他要求

其他要求包括热处理、倒角、倒棱及外观修饰等。

6.2.3 轴类零件的材料、毛坯及热处理

1. 轴类零件的材料

一般轴类零件的常用材料为 45 钢,可根据不同的工作条件采用不同的热处理工艺(如正火、调质、淬火等),以获得相应的强度、韧性和耐磨性。

中等精度但转速较高的轴类零件,可选用 40Cr 等合金钢。这类材料经调质和表面淬火处理后,具有较高的综合力学件能。

精度较高的轴,有时还可选用轴承钢 GCr15 和弹簧钢 65Mn 等材料,它们通过调质和表

面淬火处理后,具有更高的耐磨性和耐疲劳性能。

高转速、重载荷等条件下工作的轴,可选用 20CrMnTi、20Mn2B、20Cr 等低碳合金钢或 38CrMoAlA 中碳合金渗氮钢。低碳合金钢经正火和渗碳淬火处理后,具有很高的表面硬度、抗冲击韧性和心部强度,但热处理变形较大。对于渗氮钢,变形小而硬度高,具有很好的耐磨性和耐疲劳强度。

2. 轴类零件的毛坯

轴类零件最常用的毛坯是棒料和锻件,只有大型轴或结构复杂的轴在质量允许时才采用铸件。可根据零件的使用要求、生产类型、设备条件及结构选择毛坯。对于外圆直径相差不大的轴,一般以棒料为主。对于外圆直径相差较大的阶梯轴或重要的轴,常选用锻件,这样既节约资源又减少了机械加工的工作量,还可改善零件的机械性能。

毛坯的锻造方式有自由锻和模锻两种,可根据生产规模的大小合理选择。中小批生产多采用自由锻,大批量生产时多采用模锻。

3. 轴类零件的热处理

轴类零件的性能除与所选的材料种类有关外,还与采用的热处理工艺有关。锻造毛坯在切削加工前,均需安排正火或退火处理,使钢材内部晶粒细化,消除锻造应力,降低材料硬度,改善切削加工性能。

调质一般安排在粗车之后、半精车之前,以获得良好的物理力学性能。表面淬火一般安排在精加工之前,这样可以纠正因淬火引起的局部变形。精度要求高的轴,在局部淬火或粗磨之后,还需进行低温时效处理,以保持轴的精度。

6.2.4 轴类零件的装夹

1. 用外圆表面装夹

对于长径比(L/d)不大的零件,可用工件的外圆面定位、夹紧并传递扭矩。一般采用三爪卡盘、四爪卡盘等通用夹具,或各种高精度的自动定心专用夹具,如液性塑料薄壁定心夹具、膜片卡盘等。

2. 用两中心孔定位装夹

当工件的长径比(L/d)较大时,一般先以重要的外圆表面作为粗基准定位加工出中心孔,然后再以中心孔为精基准定位,尽可能做到基准统一、基准重合、互为基准,实现一次装夹加工多个表面。中心孔是工件加工中统一的定位基准和检验基准,它自身质量非常重要,其准备工作也相对复杂。通常以支承轴颈定位,车(钻)中心锥孔;以中心孔定位,精车外圆;以外圆定位,粗磨锥孔;以中心孔定位,精磨外圆;最后以支承轴颈外圆定位,精磨锥孔,使锥孔的各项精度达到要求。

3. 用内孔表面装夹

加工空心轴的外圆表面时,作为定位基准的中心孔已不存在,为了使以后各道工序有统一的定位基准,常用带中心孔的各种堵头或拉杆心轴来装夹工件。当空心轴孔端有小锥度锥孔时(如莫氏锥孔),常使用锥堵;若为圆柱孔时,也可采用小锥度的锥堵定位。

当锥孔的锥度较大时(如 7:22,1:10 等),可用带锥堵的拉杆心轴装夹。当空心轴孔端无锥孔也不允许做出锥孔时,可采用自动定心的弹簧堵头。当空心轴内孔直径不是很大时,也可将孔端做成长 2～3 mm 的 60°圆锥孔,然后直接用顶尖装夹。

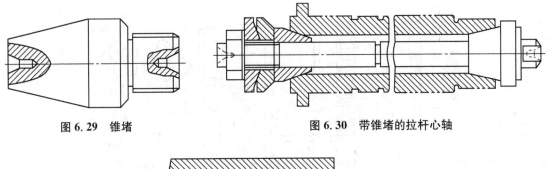

图 6.29　锥堵　　　　　　　　　图 6.30　带锥堵的拉杆心轴

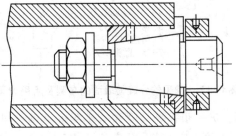

图 6.31　弹簧堵头

6.2.5　主要表面的加工

外圆表面是轴类零件的最主要组成表面,在加工过程中也是最重要的加工表面,主要的加工方法有车削加工和磨削加工。

1. 车削加工

车床主要用于外圆表面加工,生产上常用的有卧式车床、立式车床、转塔车床、自动和半自动车床等,其中卧式车床应用最广。图 6.32 为 CA6140 车床,图 6.33 为外圆表面在车床上的车削及所用刀具。

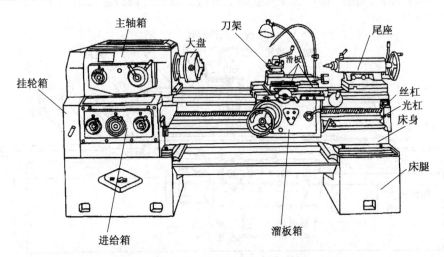

图 6.32　CA6140 卧式车床

车外圆分为粗车、半精车和精车。

粗车是以切除大部分加工余量为主要目的加工,对精度及表面粗糙度无太高要求。公差等级为 IT13~IT11,表面粗糙度 R_a 值为 50~12.5 μm。

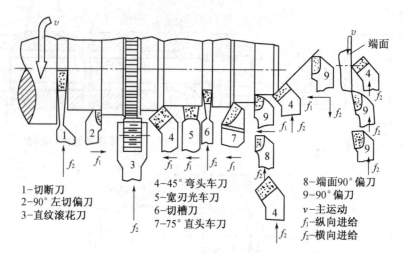

图 6.33　常见的外旋转表面的车削及所用刀具

1-切断刀
2-90°左切偏刀
3-直纹滚花刀
4-45°弯头车刀
5-宽刃光车刀
6-切槽刀
7-75°直头车刀
8-端面90°偏刀
9-90°偏刀
v-主运动
f_1-纵向进给
f_2-横向进给

半精车是在粗车基础上,进一步提高精度和减小粗糙度值。可作为中等精度表面的终加工,也可作为精车或磨削前的预加工。其公差等级为 IT10～IT9,表面粗糙度 R_a 值为 6.3～3.2 μm。

精车是使工件达到预定的精度和表面质量的加工。精车的公差等级为 IT8～IT6,表面粗糙度 R_a 值为 1.6～0.8 μm。

2. **磨削加工**

用砂轮或涂覆磨具以较高的线速度对工件表面进行加工的方法称为磨削加工,它大多在磨床上进行。磨削加工是一种精密的切削加工方法,能获得高精度和低粗糙度的表面,能够加工高硬度的材料及某些难加工的材料,有时也可用于粗加工。

磨外圆在普通外圆磨床和万能外圆磨床上进行。万能外圆磨床见图 6.34。

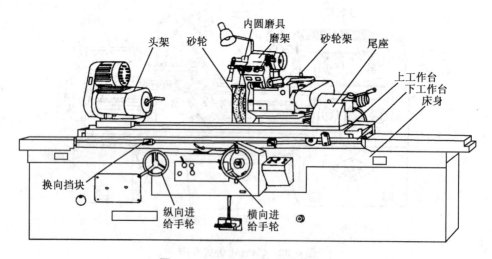

图 6.34　M1432A 型万能外圆磨床

磨外圆有纵磨法和横磨法两种,如图 6.35,6.36 所示。这两种方法相比,纵磨法加工精度较高,表面粗糙度值较小,但生产率较低;横磨法生产率较高,但加工精度较低,表面粗糙度值较大。纵磨法广泛用于各种类型的生产中,而横磨法只适用于大批量生产中磨削刚度较好、精度较低、长度较短的轴类零件上的外圆表面和成形面。

磨削的公差等级为 IT7~IT5,表面粗糙度 R_a 值为 0.8~0.2 μm。

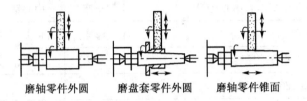

磨轴零件外圆　　磨盘套零件外圆　　磨轴零件锥面

图 6.35　纵磨法磨外圆

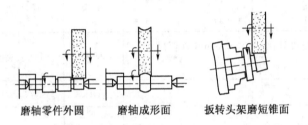

磨轴零件外圆　　磨轴成形面　　扳转头架磨短锥面

图 6.36　横磨法磨外圆

6.2.6　轴类零件加工示例

表 6.5 为中批生产的输出轴(见图 6.37)加工工艺过程。

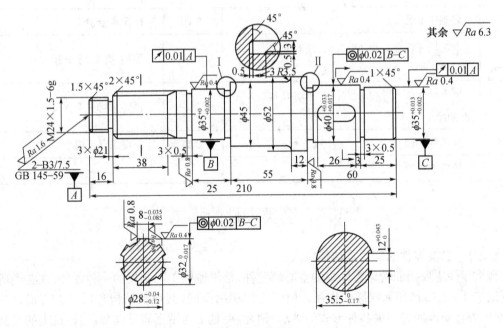

图 6.37　输出轴

表 6.5　输出轴的加工工艺过程

工序号	工序内容	机　床	刀、夹、量具
1	下 $\phi58\times217$ 圆棒料	锯床	
2	车端面保证全长 213,打中心孔	车床	中心钻、三爪卡盘
3	粗车右三段外圆,均留余量 3	车床	顶尖、夹头
4	调头车左四段外圆,均留余量 3	车床	顶尖、夹头
5	热处理(调质 220～250HB)		
6	车端面保证全长 210,修整中心孔	车床	中心钻、三爪卡盘
7	半精车右三段外圆,$R_a\leqslant0.8\,\mu m$ 处留磨削余量 0.4 mm	车床	顶尖、夹头
8	半精车左四段外圆,$R_a\leqslant0.8\,\mu m$ 处留磨削余量 0.4 mm	车床	顶尖、夹头
9	车螺纹 M24$\times$1.5-6 g	车床	螺纹车刀、顶尖、夹头、螺纹环规
10	划键槽线		
11	铣键槽 $12^{+0.043}_{0}$,深 $4.6^{+0.085}_{+0.008}$	立铣	键槽铣刀、平口钳
12	滚花键,留键宽磨削余量 0.2 mm	花键磨床	花键滚刀
13	去毛刺		
14	热处理(花键处高频淬火,50～55HRC)		
15	修整中心孔	车床	硬质合金顶尖
16	磨右段 $\phi35^{+0.016}_{+0.002}$ 和 $\phi40^{+0.033}_{+0.017}$,靠磨 $R_a\leqslant0.8\,\mu m$ 处端面		顶尖、夹头、千分尺
17	磨左段 $\phi35^{+0.016}_{+0.002}$ 和 $\phi32^{0}_{-0.017}$,靠磨 $R_a\leqslant0.8\,\mu m$ 处端面		顶尖、夹头、千分尺
18	磨花键侧面	花键磨床	花键综合环规
19	按要求检验各尺寸		

6.3　套类零件的加工

6.3.1　套类零件的功用及结构特点

　　套类零件主要指回转体零件中的空心薄壁件,是机械加工中常见的一种零件,在各类机器中应用广泛,主要起支承或导向作用。由于它们功用不同,其形状结构和尺寸也有很大的差异,常见的有支承回转轴的各种形式的轴承、轴套,夹具上的钻套和导向套,内燃机上的气缸套和液压系统中的液压缸、电液伺服阀的阀套等。图 6.38 所示为几种常见的套类零件,(a)和(b)为滑动轴承,(c)为钻套,(d)为轴承衬套,(e)为气缸套,(f)为液压缸。

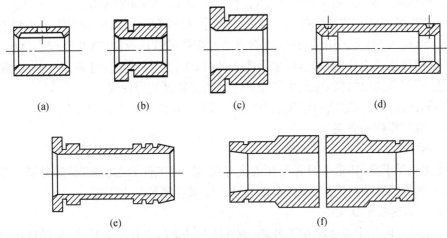

图 6.38 常见的套类零件

由于功用不同,套类零件的结构和尺寸有着很大差异,但其结构一般都具有以下特点:外圆直径 d 一般小于其长度 L,内孔与外圆直径之差较小,壁薄易变形,内外圆回转面的同轴度要求较高,结构比较简单。

6.3.2 套类零件的主要技术要求

套类零件的外圆表面多以过盈或过渡配合与机架或箱体孔相配合,内孔主要起导向作用或支承作用,常与运动轴、主轴、活塞、滑阀相配合。有些套筒的端面或凸缘端面起定位或承受载荷的作用。套筒类零件虽然形状结构不同,但仍有一些共同特点和技术要求。

1. 内孔与外圆的精度要求

外圆直径精度通常为 IT7~IT5,表面粗糙度 R_a 为 5~0.63 μm,要求较高的可达 0.04 μm。内孔作为套类零件支承或导向的主要表面,要求内孔尺寸精度一般为 IT7~IT6,为保证其耐磨性要求,对表面粗糙度要求较高,R_a 为 2.5~0.16 μm。有的精密套筒及阀套的内孔尺寸精度要求为 IT5~IT4,也有的套筒(如油缸、气缸缸筒)由于与其相配的活塞上有密封圈,故对尺寸精度要求较低,一般为 IT9~IT8,但对表面粗糙度要求较高,R_a 一般为 2.5~0.16 μm。

2. 几何形状精度要求

一般将外圆与内孔的几何形状精度控制在孔径公差内即可,对精密轴套有时控制在孔径公差的 1/2~1/3,甚至更严。对较长的套筒,除圆度有要求以外,还对孔的圆柱度有所要求。为了提高耐磨性,有的内孔表面粗糙度要求为 R_a 为 1.6~0.1 μm,有的高达 0.025 μm。套类零件外圆形状精度一般应在外径尺寸公差内,表面粗糙度 R_a 为 5~0.63 μm。

3. 位置精度要求

套类零件在机器中的功用和要求不同,则其位置精度要求也不同。如果内孔的最终加工是在套筒装配之后进行,则可降低对套筒内、外圆表面的同轴度要求。如果内孔的最终加工是在装配之前进行,则同轴度要求较高,通常同轴度为 0.01~0.06 mm。套筒端面或凸缘端面常用来定位或承受载荷,对端面与外圆和内孔轴心线的垂直度要求较高,一般为 0.02~0.05 mm。

6.3.3 套类零件的材料、毛坯及热处理

套类零件材料的选择主要取决于零件的功能要求、结构特点及使用时的工作条件。套类零件一般用钢、铸铁、青铜或黄铜和粉末冶金等材料制成。对于一些强度和硬度要求较高的套

类零件可选用优质合金钢,如 40CrNiMoA、38CrMoAlA、18CrNiWA 等。

套类零件毛坯制造方式的选择与毛坯结构尺寸、材料和生产批量的大小等因素有关。孔径较大($D>20$ mm)时,常采用型材(如无缝钢管)、带孔的锻件或铸件;孔径较小($D<20$ mm)时,一般多选择热轧或冷拉棒料,也可采用实心铸件;大批量生产时,可采用冷挤压、粉末冶金等先进工艺,不仅节约原材料,而且生产率及毛坯质量精度均可提高。

套筒类零件的热处理方法有渗碳、表面淬火、调质、高温时效及渗氮等。

6.3.4　套类零件的装夹

1. 用外圆(或外圆与端面)定位装夹

一般使用三爪卡盘、四爪卡盘和弹簧夹头等夹具。当工件为毛坯件时,以外圆为粗基准定位装夹;当工件外圆和端面已加工时,常以外圆或外圆与端面定位装夹。

2. 用已加工内孔定位装夹

在精加工后以内孔定位来精加工外圆(或外圆与端面),可保证零件内、外圆的同轴度。圆柱形心轴或可胀式弹性心轴可用在内、外圆同轴度要求不高的场合。

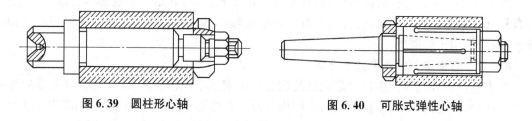

图 6.39　圆柱形心轴　　　　　　　　　　图 6.40　可胀式弹性心轴

图 6.41　锥心轴

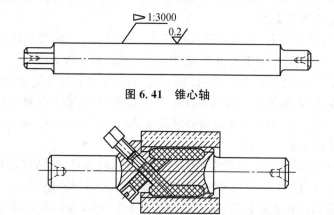

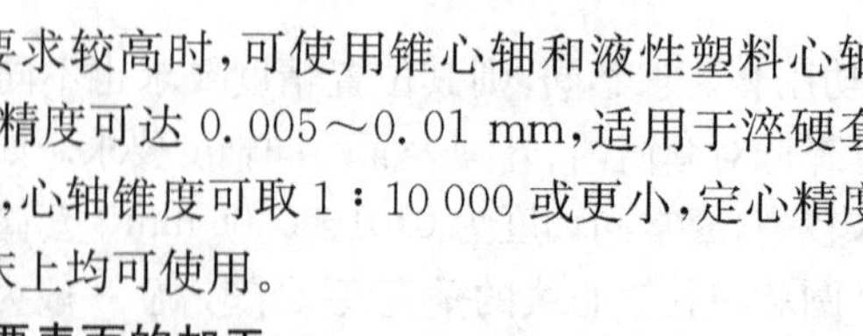

图 6.42　液性塑料心轴

当内、外圆的同轴度要求较高时,可使用锥心轴和液性塑料心轴。锥心轴的锥度一般为 $1:1\,000\sim1:5\,000$,定心精度可达 $0.005\sim0.01$ mm,适用于淬硬套类零件的磨削加工。如果要得到更高的定心精度,心轴锥度可取 $1:10\,000$ 或更小,定心精度可达 $2\sim3$ μm,且工件不限于淬硬钢,在车床或磨床上均可使用。

6.3.5　套类零件主要表面的加工

套类零件的主要表面为内孔,其加工方法也有很多。孔的技术要求与外圆面的技术要求基本相同,加工方法主要有钻孔、镗孔、拉孔等。

1. 钻削加工

用钻头或铰刀、锪刀等刀具在工件上加工孔的方法,统称钻削加工。它可在钻床上进行,也可在车床、铣床和镗床上进行。

钻床的种类很多,常用的有台式钻床、立式钻床、摇臂钻床等。摇臂钻床应用最广泛,其外形及组成见图 6.43。钻床的工作见图 6.44。

在钻床上用钻头在零件上加工孔的方法称钻孔。钻头的种类很多,最常用的是麻花钻。麻花钻的组成与结构见图 6.45。切削部分担负主要的切削工作;导向部分起引导作用,也是切削部分的后备部分,切削部分和导向部分统称为工作部分。

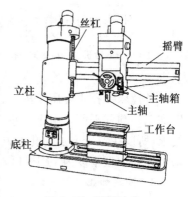

图 6.43　摇臂钻床

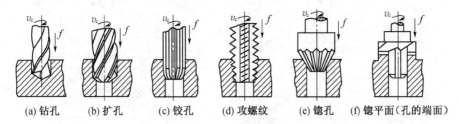

(a) 钻孔　(b) 扩孔　(c) 铰孔　(d) 攻螺纹　(e) 锪孔　(f) 锪平面(孔的端面)

图 6.44　钻床所能完成的工作

用普通麻花钻钻孔存在着钻头易磨损、排屑困难及孔的精度不高等问题,但经过长期实践,麻花钻的结构得到改进,已形成系列群钻,提高了钻头的耐用度、钻削生产率及加工精度,并使操作更加简便,适应性更广。钻孔的加工精度一般为 IT13～IT11,表面粗糙度 R_a 值为 50～12.5 μm。

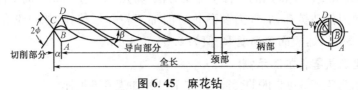

图 6.45　麻花钻

2. 镗削加工

镗刀旋转做主运动,工件或镗刀做进给运动的切削加工方法称为镗削加工。镗削加工主要在铣镗床、镗床上进行,是常用的孔加工方法。

卧式铣镗床见图 6.46,卧式铣镗床的典型加工方法见图 6.47。

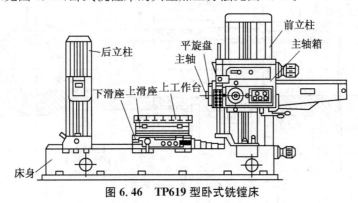

图 6.46　TP619 型卧式铣镗床

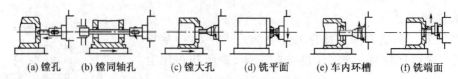

(a) 镗孔　　(b) 镗同轴孔　　(c) 镗大孔　　(d) 铣平面　　(e) 车内环槽　　(f) 铣端面

图 6.47　卧式铣镗床的典型加工方法

铣镗床镗孔主要用于机座、箱体、支架等大型零件上孔和孔系的加工。此外，铣镗床还可以加工外圆和平面。由于一些箱体和大型零件上的一些外圆和端面与它们上的孔有位置精度要求，所以在镗床上加工孔的同时，也希望能在一次装夹工位内把这些外圆和端面都加工出来。镗孔加工精度为 IT8～IT7，表面粗糙度 R_a 值为 0.8～0.1 μm。

3. 拉削加工

拉孔是在拉床上用拉刀通过工件已有孔来完成孔的半精加工或精加工，见图 6.48。

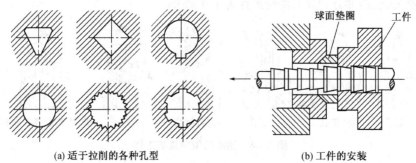

(a) 适于拉削的各种孔型　　　　　　(b) 工件的安装

图 6.48　各种形状孔及拉削示意图

拉削可看成是多把刨刀排列成队的多刃刨削，拉削时工件不动，拉刀相对工件做直线运动。拉孔是大批大量生产中常用的一种精加工方法，特点是：生产率高；机床管理简单；简化了工艺过程（一把拉刀代替扩孔钻、铰刀和砂轮）；能加工特殊形状孔（如花键孔）；拉孔精度高。拉削精度可达 IT8～IT6，表面粗糙度 R_a 值为 0.8～0.4 μm。

6.3.6　典型套类零件加工示例

图 6.49 所示为年产 3 000 件的套筒，其加工过程如表 6.6 所示。

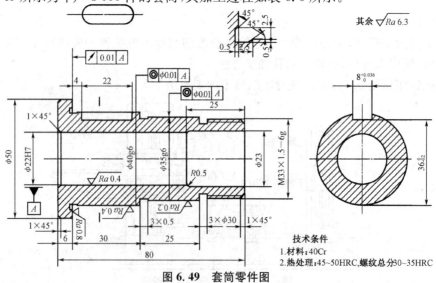

图 6.49　套筒零件图

表 6.6　套筒的加工工艺过程

序号	工序内容	设备	刀、夹、量具
1	下料:$\phi54\times87$	锯床	
2	粗车:两端面,保证全长 81.4,钻、镗孔至 $\phi20$	车床	偏刀、内孔刀、麻花钻、三爪卡盘
3	粗车:各段外圆,均留余量 1	车床	偏刀、心轴
4	半精车:端面,镗孔至 $\phi21.6_0^{+0.14}$ 孔口倒角,偏另一端面保证全长 80,镗孔 $\phi23\times25$	车床	偏刀、内孔刀、三爪卡盘
5	半精车:车两段外圆至 $\phi40.4_{-0.17}^0$ 和 $\phi35.4_{-0.17}^0$,切槽,车螺纹	车床	偏刀、螺纹车刀、螺纹环规、心轴
6	钳工:键槽划线		
7	铣:铣键槽 $8_0^{+0.038}$,深度尺寸 $36.2_{-0.205}^{-0.008}$	立铣	键槽铣刀、平口钳
8	钳工:去毛刺		
9	热处理:淬火 45～50 HRC,螺纹 30～35 HRC		
10	磨:孔 $\phi22H7(_0^{+0.021})$	内圆磨床	极限塞规
11	磨:外圆 $\phi40m6(_{+0.009}^{+0.029})$,$\phi35g6(_{-0.025}^{-0.009})$,靠磨台阶端面	外圆磨床	千分尺

6.4　齿轮零件的加工

6.4.1　齿轮的功用与结构特点

1. 齿轮的功用

齿轮在机器和仪器中应用非常广泛,其功用是按一定的传动比传递运动和动力。齿轮传动是机械传动中最重要的、也是应用最为广泛的一种传动形式。齿轮传动的主要优点:

① 工作可靠,寿命较长;

② 传动比稳定,传动效率高;

③ 可实现平行轴、任意角相交轴、任意角交错轴之间的传动;

④ 适用的功率和速度范围广。

缺点:

① 加工和装夹精度要求较高,制造成本也较高;

② 不适宜于远距离两轴之间的传动。

2. 齿轮的结构特点

齿轮因其在机器中的功用不同而结构有所差异,但总是由齿圈和轮体组成。齿圈上均布着直齿、斜齿等轮齿,在轮体上有轮辐、轮毂、孔、键槽等。按轮齿在齿圈上的分布形式,齿轮可分为直齿轮、斜齿轮和人字齿轮等;按轮体的结构形式,齿轮可分为盘类、齿轮轴和齿条等。

6.4.2　齿轮的主要技术要求

齿轮本身的制造精度,直接影响着整个机器的工作性能、承载能力及使用寿命。根据其使用条件,齿轮应满足以下几个方面的要求。

1. 传递运动准确性

要求齿轮较准确地传递运动,传动比恒定,即要求齿轮在一转中的转角误差在一定范围内。

2. 传递运动平稳性

要求齿轮传递运动平稳,以减小冲击、振动和噪声,即要求限制齿轮转动时瞬时速比的变化。

3. 载荷分布均匀性

要求齿轮工作时,齿面接触要均匀,以使齿轮在传递动力时不致因载荷分布不均匀而导致接触应力过大,引起齿面过早磨损。

4. 传动侧隙的合理性

要求齿轮工作时,非工作齿面间留有一定的间隙,以贮存润滑油,补偿因温度、弹性变形所引起的尺寸变化和加工、装配时的一些误差。

齿轮的制造精度和齿侧间隙主要根据齿轮的用途和工作条件确定。对于分度传动用的齿轮,要求齿轮的运动精度较高;对于重载低速传动用的齿轮,为保证齿轮不致过早磨损,要求齿面有较高的接触精度;对于高速动力传动用齿轮,工作平稳性精度要求较高,以减少冲击和噪声;对于换向传动和读数机构用的齿轮,则应严格控制齿侧间隙,必要时须消除间隙。

6.4.3 齿轮的材料、毛坯及热处理

1. 齿轮材料的基本要求

齿轮材料的基本要求为:

(1) 齿面应有足够的硬度,以抵抗齿面磨损、点蚀、胶合以及塑性变形等;

(2) 齿芯应有足够的强度和较好的韧性,以抵抗齿根折断和冲击载荷;

(3) 应有良好的加工工艺性能及热处理性能,便于加工、提高其力学性能。

2. 齿轮的常用材料

一般来说,对于低速重载的传力齿轮,齿面受压产生塑性变形和磨损,且轮齿易折断,应选用机械强度、硬度等综合力学性能较好的材料,如 20CrMnTi 等;线速度高的传力齿轮,齿面容易产生疲劳点蚀,所以齿面应有较高的硬度,可用 38CrMoAlA 渗氮钢;承受冲击载荷的传力齿轮,应选用韧性好的材料,如低碳合金钢 18CrMnTi;非传力齿轮可以选用不淬火钢,铸铁、夹布胶木、尼龙等非金属材料。一般用途的齿轮可采用 45 钢等中碳结构钢和低碳合金钢如 20Cr、20CrMnTi 等制成。

3. 齿轮的毛坯

齿轮工作时,齿面承受接触应力和摩擦力,齿根承受弯曲应力,有时还承受冲击力,所以齿轮应具有良好的综合力学性能,一般选用锻钢毛坯。大批量生产时还可采用热轧齿轮或精密模锻齿轮,以提高力学性能。在单件或小批量生产时,直径 100 mm 以下的小齿轮也可用圆钢棒为毛坯。直径大于 400~500 mm 的大型齿轮,锻造比较困难,可用铸钢或球墨铸铁件为毛坯,铸造齿轮一般以辐条结构代替模锻齿轮的辐板结构。在单件生产时,也可采用焊接方式制造大型齿轮的毛坯。低速运转且受力不大或者在多粉尘环境下运转的开式齿轮,也可采用灰铸铁铸造成形。受力小的仪器仪表齿轮在大量生产时,可采用板材冲压或非铁合金压力铸造成形,也可用塑料注塑成形。

4. 齿轮的热处理

1）表面淬火

一般用于中碳钢和中碳合金钢，表面淬火处理后齿面硬度可达 52～56 HRC，耐磨性好，齿面接触强度高。表面淬火的方法有高频淬火和火焰淬火等。

2）渗碳淬火

一般用于处理低碳钢和低碳合金钢，渗碳淬火后齿面硬度可达 56～62 HRC，齿面接触强度高，耐磨性好，而轮齿芯部仍保持有较高的韧性，常用于受冲击载荷的重要齿轮传动。

3）调质

一般用于处理中碳钢和中碳合金钢，调质处理后齿面硬度可达 220～260 HBW。

4）正火

正火能消除内应力，细化晶粒，改善力学性能和切削性能。中碳钢正火处理可用于机械强度要求不高的齿轮传动中。

经热处理后齿面硬度 HBW≤350 的齿轮称为软齿面齿轮，多用于中、低速机械。当大小齿轮都是软齿面时，考虑到小齿轮齿根较薄，弯曲强度较低，且承载次数较多，应使小齿轮齿面硬度比大齿轮高 20～50 HBW。齿面硬度 HBW＞350 的齿轮称为硬齿面齿轮，其最终热处理在轮齿精加工后进行。热处理后轮齿会发生变形，所以对于精度要求高的齿轮，需进行磨齿。当大小齿轮都是硬齿面时，小齿轮的硬度应略高，也可和大齿轮相等。

6.4.4　齿形的加工方法

齿轮齿形的加工，按加工原理不同分为成形法和范成法。成形法是用与被切齿轮齿间形状相符的成形铣刀切出齿轮齿形的方法，这种方法制造出来的齿轮精度较低，只能用于低速的齿轮传动。范成法是利用齿轮刀具与被切齿轮的啮合运动而切出齿轮齿形的方法，利用这种方法制造出来的齿轮精度高，但需要专用机床，常见的有滚齿机、插齿机、刨齿机和磨齿机等。

1. 成形法（仿形法）加工齿轮

在万能铣床上铣制圆柱齿轮见图 6.50，这种铣齿方法属于成形法。铣制时，工件安装在铣床的分度头上，用一定模数的盘状（或指状）铣刀对齿轮齿间进行铣削。当加工完一个齿间后，进行分度，再铣下一个齿间。

图 6.50　用成形法加工齿轮

这种加工方法的特点是：设备简单（用普通的铣床即可），刀具成本低；生产率低，是因为铣刀每切一齿都要重复消耗一段切入、切出、退刀和分度等辅助时间；加工齿轮的精度低，首先是因为铣制同一模数不同齿数的齿轮所用的铣刀，一般只有 8 个刀号，每号铣刀有它规定的铣齿范围（表 6.7），铣刀的刀齿轮廓只与该号范围内最小齿数齿轮齿间的理论轮廓一致，对其他齿数的齿轮，只能获得近似齿形，其次是因为分度头的分度误差，引起分齿不均。所以，这种方法一般用于修配或简单地制造一些低速低精度的齿轮。

表 6.7　齿轮铣刀分号

铣刀号数	1	2	3	4	5	6	7	8
能铣制的齿数范围	12～13	14～16	17～20	21～55	26～34	35～54	55～134	135 以上

2. 范成法(展成法)加工齿轮

1) 在滚齿机上加工圆柱齿轮

(1) 滚齿原理与滚刀

滚齿加工是根据展成原理(类似于蜗杆与蜗轮的啮合,见图 6.51(a))来加工齿轮的。所用的刀具称为滚刀,滚刀的轮廓形状与蜗杆相似,它是围绕刀具圆柱面上形成的螺旋槽及垂直于螺旋槽方向切出的沟槽相交而形成切削刃的,该切削刃近似于齿条的齿形。

齿条与同模数的任何齿数的齿轮都能正确啮合,因此用滚刀滚切同一模数任何齿数的齿轮时,都能获得要求的齿形。

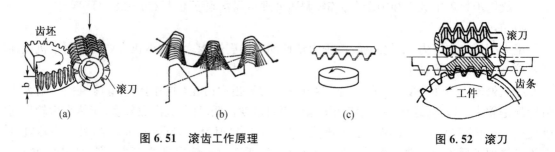

图 6.51　滚齿工作原理　　　　　　　　　　　　　图 6.52　滚刀

如果将齿条制造出切削刃来(图 6.51(c)),有如刨刀一样作上下往复切削运动,当齿条移动一个齿距时,齿坯的分度圆也相应转过一个周节的弧长,就能切出正确的齿形来(图 6.51(b))。但把齿条当作刀具来切齿轮时,有着被切齿轮齿数较多和齿条长度有限的矛盾。将齿条刀的刀齿有规律地分布在圆柱体的螺旋面上,如图 6.52 所示,就得到滚刀的外形。

(2) 滚齿机及滚齿运动

滚齿机的组成如图 6.53 所示。滚齿时的所有运动是由电动机经有关的传动系统实现的,主要运动有以下几种。

主运动:滚刀的旋转运动为主运动,转速为 n,单位为 r/min。

分齿运动:是保证滚刀与被切齿轮之间啮合关系的运动,也就是滚刀转一转(相当于齿条轴向移动一个齿距),被切齿轮(齿数 $=z$)转 $1/z$ 转。如果是头数为 k 的滚刀,那么滚刀转一转,就相当于齿条向前移动了 k 个齿距,所以被切齿轮也相应转过 k 个齿,即 k/z 转。

垂直进给运动:要切出整个齿宽,必须是滚刀沿被切齿轮轴线作垂直进给运动。

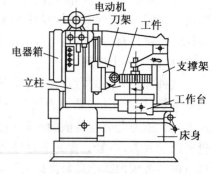

图 6.53　滚齿机床

(3) 滚齿的特点

与铣齿相比,滚齿不但齿形精度高,而且分度的精度也高;滚齿法可用同一模数的滚刀加工相同模数不同齿数的圆柱齿轮;连续切削,生产率高;应用范围广,不但能滚直齿圆柱齿轮,还可以滚斜齿圆柱齿轮、蜗轮等;一般不能加工内齿轮和相距太近的多联齿轮。

2) 在插齿机上加工圆柱齿轮

(1) 插齿原理与插齿刀

利用齿条和齿轮啮合的原理,创造了滚齿加工。同样,利用一对齿轮啮合的原理,实现了插齿加工(图 6.54(a))。插齿刀就是一个在轮齿上磨出前角和后角而具有切削刃的齿轮。齿形的包络过程如图 6.54(b)所示。

(2) 插齿机及插齿运动

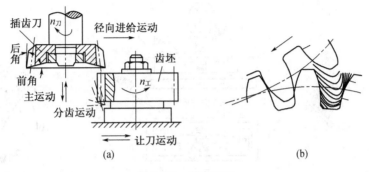

图 6.54　插齿加工

插齿所用的机床称插齿机,如图 6.55 所示,插齿机具有以下基本运动。

主运动:插齿刀作直线的往复运动为主运动,以每分钟往返行程数表示(str/min)。

分齿运动:插齿刀与工件(齿坯)各绕自身轴线旋转的啮合运动。插齿刀每往复一次工件分度圆所转过的弧长(mm),称为圆周进给量(mm/str)。

径向进给运动:为使插齿刀能逐渐地在工件上切至齿的全深,插齿刀就应有一个向工件中心的径向进给运动。插齿刀每往复一次径向移动的距离,称为径向进给量(mm/str)。

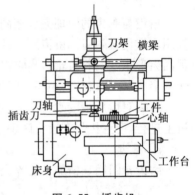

图 6.55　插齿机

让刀运动:为避免插齿刀返回时,后刀面与工件已加工表面间发生摩擦,在插齿刀返回时,工件应让开插齿刀;而当插齿刀工作行程时,工件恢复原位,这种运动称为让刀运动。

(3) 插齿的特点

插齿时,插齿刀沿轮齿全长连续地切下切屑,所以齿面粗糙度低;插齿的精度高于滚齿;插齿的生产率低于滚齿;插齿和滚齿一样,同一模数的插齿刀可加工模数相同齿数不同的圆柱齿轮;插齿能加工用滚刀难于加工的内齿轮和多联齿轮,但加工斜齿轮不如滚齿方便。

6.4.5　齿轮齿形精加工

滚齿或插齿后的齿轮,无论在齿形上,还是在轮齿的尺寸上均存在着一定的误差。如果齿轮再经淬火处理,还将使误差加大。因此,为了进一步提高齿轮的加工精度,必须对齿轮进行精加工。对不淬火的齿轮,可以用剃齿作精加工;对需要淬火的齿轮可采用磨齿等作精加工。

1. 剃齿

剃齿是目前应用较广的圆柱齿轮精加工方法。专门用来加工未经淬火的直齿和斜齿圆柱齿轮,生产率很高。

　　剃齿在原理上属展成法加工,所用刀具为剃齿刀(图 6.56),它的形状很像一个斜齿圆柱齿轮,齿形做得非常准确,并在齿面上开出许多小沟槽,以形成切削刃。在与被加工齿轮啮合运转过程中,剃齿刀齿面上众多的切削刃,从工件表面上剃下细丝状的切屑,提高齿形精度提高、降低齿面粗糙度,如图 6.57 所示。

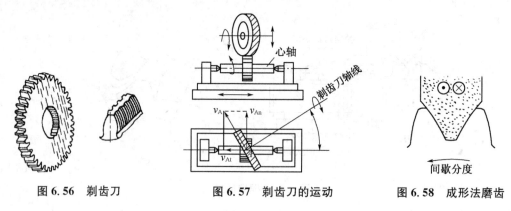

图 6.56　剃齿刀　　　　　图 6.57　剃齿刀的运动　　　　图 6.58　成形法磨齿

2. 珩齿

　　珩齿与剃齿的原理完全相同。当工件的硬度超过 35 HRC 时,剃齿刀便无能为力了,此时使用珩齿代替剃齿。珩齿所用的工具为珩磨轮,用磨料与环氧树脂等浇铸或热压而成,是具有很高齿形精度的斜齿轮。当它以很高的速度带动工件旋转时,就能在工件表面上切除一层很薄的金属层,使齿面的粗糙度降低。

　　珩齿对齿形精度改善不大,主要是降低齿轮热处理后的齿面粗糙度。珩齿在专门的珩齿机上进行,珩齿机与剃齿机区别不大,但转速高得多。

3. 磨齿

　　磨齿专门用来精加工已淬火的齿轮。按加工原理可分为成形法磨齿与展成法磨齿两种。

1) 成形法磨齿

　　需将砂轮靠外圆处的两侧边修整成与工件齿间相吻合的形状,然后对已经切削过的齿间进行磨削(图 6.58)。这种方法生产率高,但受砂轮修整精度与分度精度的影响,加工精度较低。

2) 展成法磨齿

　　(1) 用一个双斜边砂轮磨齿,在锥面砂轮磨齿机上进行,砂轮被修整成锥面以构成假想齿条的齿面,如图 6.59 所示。

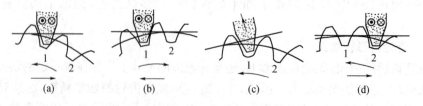

(a)　　　　　　(b)　　　　　　(c)　　　　　　(d)

图 6.59　用一个双斜边砂轮磨齿

　　(2) 用两个碟形砂轮磨齿。如图 6.60 所示两个碟形砂轮倾斜一定角度,以构成假想齿条两个(或一个)齿的两外侧面,同时对轮齿进行磨削。

用两个碟形砂轮磨齿在双砂轮磨齿机上进行,可加工出精度很高的圆柱齿轮,但机床结构复杂,成本高,生产率低,应用不广。

4. 研齿

把研磨剂加在研磨机的研具上,通过研具与工件的相互啮合来加工齿轮(图 6.61)。只有在工件余量不大的情况下,才能有效地提高研齿的精度及生产率。

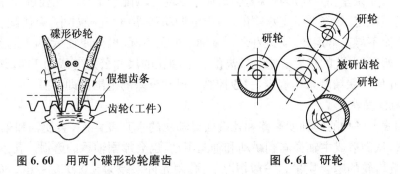

图 6.60　用两个碟形砂轮磨齿　　　　　图 6.61　研轮

随着工艺的发展,齿形加工也出现了一些新的工艺,例如精冲或电解加工微型齿轮,热轧中型圆柱齿轮,精锻圆锥齿轮,粉末冶金法制造齿轮,以及电解磨削精度较高的齿轮等。

6.5　箱体零件的加工

6.5.1　箱体零件的功用与结构特点

箱体是机器的基础零件,它将机器中有关部件的轴、套、齿轮等相关零件连接成一个整体,并使之保持正确的相互位置,以传递转矩或改变转速来完成规定的运动。箱体的加工质量直接影响到机器的性能、精度和寿命。

箱体的种类很多,按其功用可分为主轴箱、变速箱、操纵箱、进给箱等,如图 6.62 所示。

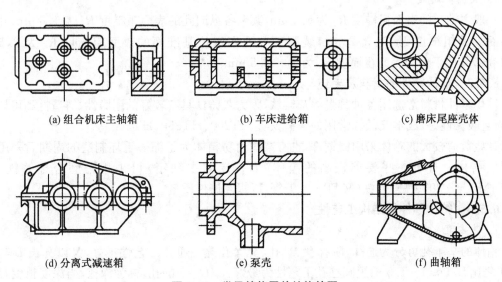

(a) 组合机床主轴箱　　　　　(b) 车床进给箱　　　　　(c) 磨床尾座壳体

(d) 分离式减速箱　　　　　(e) 泵壳　　　　　(f) 曲轴箱

图 6.62　常见箱体零件结构简图

　　箱体零件的结构复杂,壁薄且不均匀,加工部位多、难度大。据统计资料表明,一般中型机床制造厂花在箱体零件的机械加工工时约占整个产品加工工时的 15%～20%。

6.5.2　箱体零件的主要技术要求

箱体零件中,机床主轴箱的精度要求较高,现以其为例可归纳为以下五项精度要求。

1. 孔径精度

孔径的尺寸误差和几何形状误差会造成轴承与孔的配合不良。孔径过大,配合过松,使主轴回转轴线不稳定,并降低了支承刚度,易产生振动和噪声;孔径过小,会使配合偏紧,轴承将因外圈变形而不能正常运转,缩短寿命。装轴承的孔不圆,也会使轴承外圈变形而引起主轴径向圆跳动。所以,对孔的精度要求是较高的。主轴孔的尺寸公差等级为 IT6,其余孔为 IT7～IT6。孔的几何形状精度未作规定,一般控制在尺寸公差的范围内即可。

2. 孔的位置精度

同一轴线上各孔的同轴度误差和孔端面对轴线的垂直度误差,会使轴和轴承装配到箱体内出现歪斜,从而造成主轴径向圆跳动和轴向窜动,也会加剧轴承的磨损。孔系之间的平行度误差,会影响齿轮的啮合质量。一般情况下,孔距允许误差为 ±0.025～±0.060 mm,而同一中心线上支承孔的同轴度约为最小孔尺寸公差的一半。

3. 孔和平面的位置精度

主要孔对主轴箱安装基面的平行度,决定了主轴与床身导轨的相互位置关系,该精度是在总装时通过刮研来保证的。为了减少刮研工作量,一般规定在垂直和水平两个方向上,只允许主轴前端向上和向前偏。

4. 主要平面的精度

装配基面的平面度会影响主轴箱与床身连接时的接触刚度,在加工过程中作为定位基面则会影响主要孔的加工精度,所以底面和导向面必须平直。为了保证箱盖的密封性,防止工作时润滑油泄出,还应规定顶面的平面度要求。当大批量生产并将其顶面用作定位基面时,对它的平面度要求还要进一步提高。

5. 表面粗糙度

一般主轴孔的表面粗糙度 R_a 为 0.4 μm,其余各纵向孔的表面粗糙度 R_a 为 1.6 μm;孔的内端面表面粗糙度 R_a 为 3.2 μm,装配基准面和定位基准面的表面粗糙度 R_a 为 2.5～0.63 μm,其他平面的表面粗糙度 R_a 为 10～2.5 μm。

6.5.3　箱体零件的材料及毛坯

箱体零件材料常选用各种牌号的灰铸铁,因为灰铸铁具有较好的耐磨性、铸造性和可切削性,而且吸振性好,成本又低。常用的灰铸铁有 HT200、HT250、HT300 等。

某些负荷较大的箱体采用铸钢件,也有某些简易箱体为了缩短毛坯制造的周期而采用钢板焊接结构。对于一些要求较高的箱体(如镗床的主轴箱)可采用耐磨合金铸铁,如 MTCrMoCu‐300、高磷铸铁(MTP‐250)等,以提高铸件质量。

6.5.4　箱体零件的结构工艺性

1. 基本孔

箱体的基本孔可分为通孔、阶梯孔、盲孔、交叉孔等。通孔工艺性最好,又以孔长 L 与孔径 D 之比 $L/D \leqslant 1～1.5$ 的短圆柱孔工艺性为最好;$L/D > 5$ 的孔,称为深孔,当深度精度要求较高、表面粗糙度值较小时,加工就很困难。

　　阶梯孔的工艺性与"孔径比"有关。孔径相差越小则工艺性越好;孔径相差越大,且其中最小的孔径又很小,则工艺性越差。相贯通的交叉孔的工艺性也较差。

　　在精镗或精铰盲孔时,要用手动送进,或采用特殊工具送进,所以盲孔的工艺性最差。盲孔内端面的加工也特别困难,也应尽量避免。

　　2. 同轴孔

　　如图 6.63(a)所示,同一轴线上孔径大小向一个方向递减。采用镗孔时,镗杆从一端伸入,逐个加工或同时加工同轴线上的几个孔,以保证较高的同轴度和生产率,单件小批生产时一般采用这种分布形式。

　　如图 6.63(b)所示,同一轴线上孔的直径大小从两边向中间递减,可使刀杆从两边进入,这样不仅缩短了镗杆长度,提高了镗杆的刚性,而且为双面同时加工创造了条件。大批量生产的箱体,常采用此种孔径分布形式。

　　如图 6.63(c)所示的分布形式,孔径大小不规则排列,工艺性差,应尽量避免。

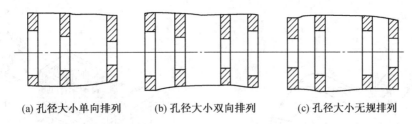

　　(a) 孔径大小单向排列　　(b) 孔径大小双向排列　　(c) 孔径大小无规排列

图 6.63　同轴线上孔径的排列方式

　　3. 装配基面

　　箱体的装配基面尺寸应尽量大,形状应尽量简单,以便于加工、装配和检验。

　　4. 凸台

　　箱体外壁上的凸台应尽可能在一个平面上,以便可以在一次走刀中加工出来,而无须调整刀具的位置,使加工简单方便。

　　5. 紧固孔和螺孔

　　箱体上紧固孔和螺孔的尺寸规格应尽量一致,以减少刀具的数量和换刀次数。为保证箱体有足够的刚度与抗振性,可合理使用肋板、肋条,加大圆角半径,收小箱口,加厚主轴前轴承口厚度。

6.5.5　箱体零件的装夹

　　箱体零件的主要加工内容是平面和各种内孔,一般在刨床、镗床上进行,常见的装夹方式如下。

　　1. 划线找正装夹

　　当毛坯形状复杂、误差较大时,可用划线分配余量,按划线找正装夹。工件先根据粗基准划线,然后安放在机床工作台上,用划针按划线位置,用垫铁、压板、螺栓等工具将它压在工作台上,进行平面或孔加工,如图 6.64所示。

　　划线找正装夹,增加了划线工序,对工人的技术要求较

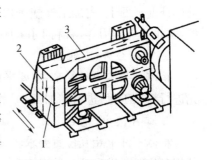

**图 6.64　工件按三个划线方向
（1、2、3）校正装夹**

高,操作复杂,加工误差也大,适用于单件小批生产。

2. 用简单定位元件装夹

简单定位元件主要指定位用平板、平尺、角铁和 V 形铁等。工作前,将定位元件装在机床工作台上用表校正,或者装上工件试刀以调整定位元件的位置并紧固。后面工件的加工,只需按简单定位元件定位,再用压板、螺栓等工具压紧即可。

用简单定位元件装夹,一般用在工件已有 1~3 个已加工表面的情况下。该方法简单、方便、成本低,一套定位元件对多种工件都可使用,但定位的可靠性差,工件的装卸比较费时,所以适用于单件小批生产。

3. 划线与简单定位元件配合使用装夹

以一个已加工表面作主要定位基准,将工件安放在简单定位元件上,再用装在机床主轴或机头上的划针,按划线找正工件其余方向的位置,然后夹紧。

图 6.65 用简单定位元件将工件在铣床上定位

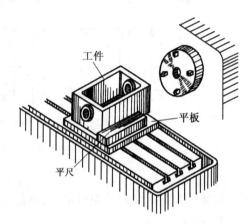

图 6.66 划线与简单定位元件配合使用装夹

4. 采用夹具装夹

采用夹具装夹,工件定位可靠,装卸迅速方便。但夹具一般比较复杂、庞大、成本高,且制造周期长,只适用于成批大量生产、精度要求较高的箱体类零件。

6.5.6 制定箱体零件工艺过程的原则

1. 先加工平面后加工孔系

先面后孔是箱体加工的一般规律。平面面积大,用其定位稳定可靠。支承孔大多分布在箱体外壁平面上,先加工外壁平面可切去铸件表面的凹凸不平及夹砂等缺陷,可减少钻头引偏,防止刀具崩刃等,有利于孔的加工。

2. 粗精分开、先粗后精

箱体的结构形状复杂,主要平面及孔系加工精度高,一般应将粗、精加工工序分阶段进行,先进行粗加工,后进行精加工。

3. 工序集中、先主后次

箱体零件上相互位置要求较高的孔系和平面,一般应尽量集中在同一工序中加工,以保证其相互位置要求和减少装夹次数。紧固螺纹孔、油孔等次要工序,一般安排在平面和支承孔等主要加工表面精加工之后再进行加工。

4. 安排必要的去应力热处理

箱体结构复杂,壁厚不均匀,铸造残余应力较大。为了消除残余应力,减小加工后的变形,保证加工精度的稳定性,铸造之后要安排人工时效处理。人工时效的规范为:加热到 500℃～550℃,保温 4～6 h,冷却速度小于等于 30℃/h,出炉温度低于 200℃。

5. 组合式箱体应先组装后镗孔

当箱体是两个以上的组合式箱体时,如果孔系位置精度高且分布在各组合件上,则应先加工各接合面,再进行组装,然后镗孔,这样可避免装配误差对孔系精度的影响。

6.5.7 箱体零件定位基准的选择

1. 精基准的选择

精基准的选择一般遵循基准统一原则,使具有相互位置精度要求的表面尽可能用同一组基准来定位加工,这样可避免因基准转换过多而带来的累积误差,有利于保证箱体各表面之间位置精度。单件小批生产时,采用装配基准作为精基准;大批量生产时,采用一面两孔作为精基准。

2. 粗基准的选择

粗基准一般选箱体的主要支承孔(如主轴孔),这样可以使主要支承孔的余量较均匀,提高加工质量。

6.5.8 平面的加工方法

平面是箱体类零件的主要表面之一。根据平面所起的作用不同,可分为非结合面、结合面、导向平面、测量工具的工作面等。

平面加工的技术要求主要包括:形状精度,如平面度和直线度等;位置精度,如平面之间的尺寸精度及平行度、垂直度等;表面质量,如粗糙度、表层硬度、残余应力等。

平面的加工方法主要有刨削、铣削、磨削等。

1. 刨削加工

在刨床上用刨刀对工件进行切削加工的过程称为刨削加工。刨平面时,用台虎钳或螺栓将工件固定在刨床的工作台上,刨刀则安装在刀架上。牛头刨床刨削加工时,刨刀作水平的往复直线运动,工件作间歇直线进给运动。龙门刨床刨削加工时,工件作水平的往复直线运动,刀具作间歇直线进给运动。

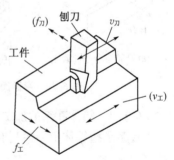

图 6.67 刨削加工示意图

牛头刨床是应用较广的一种刨床,其结构如图 6.68 所示,适于刨削长度不超过 1 000 mm 的中、小型工件。龙门刨床见图 6.69,龙门刨床用来加工大型工件,或同时加工数个中、小型工件。

刨削加工的特点是:刨床及刨刀的结构简单、成本低、调整及操作简便;在精度刚度好的龙门刨床上精刨时可获得较高的精度和较小的表面粗糙度;刨削加工是单程的切削加工,反程时不切削,故生产率较低,适于单件、小批生产。

一般精刨精度可达 IT9～IT7,表面粗糙度 R_a 值达 6.3～1.6 μm。在龙门刨床上用宽刃刨刀精刨精度可达 IT6,表面粗糙度 R_a 值达 0.8～0.2 μm。

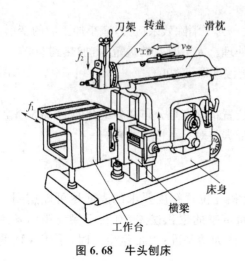

图 6.68　牛头刨床

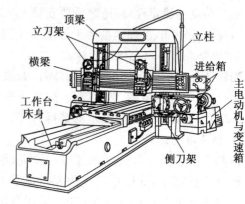

图 6.69　龙门刨床

2. 磨削加工

磨平面在平面磨床上进行,平面磨床见图 6.70。平面磨削方法有周磨法和端磨法两种,如图 6.71 所示。周磨法加工精度高,表面粗糙度小,但生产率较低,多用于单件、小批生产。端磨法生产率较高,但加工质量略差于周磨法,多用于大批量生产中磨削精度要求不高的平面。平面精磨后精度可达 IT6～IT5,表面粗糙度 R_a 值可达 $0.4～0.1\ \mu m$。

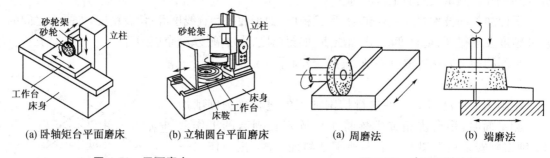

图 6.70　平面磨床　　　　　　　　　　　　图 6.71　磨平面的方法

6.5.9　箱体孔系的加工

孔系是指箱体上一系列有相互位置精度要求的孔的组合。孔系可分为平行孔系、同轴孔系、交叉孔系。

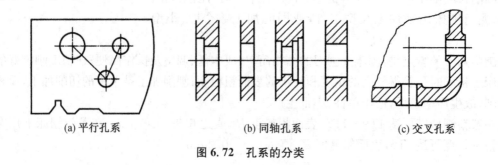

图 6.72　孔系的分类

1. 平行孔系的加工

1) 找正法

(1) 划线找正法:加工前按照零件图在毛坯上划出各孔的位置轮廓线,然后按划线进行加工。

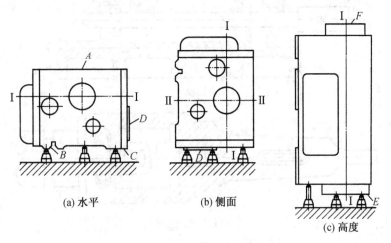

(a) 水平　　　　　　(b) 侧面　　　　　　(c) 高度

图 6.73　主轴箱的划线

(2) 心轴和量规找正法:将心轴插入有关轴孔内(或直接利用镗床主轴),然后根据孔和定位基准的距离组合一定尺寸的块规来校正各轴位置。

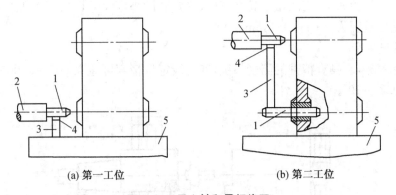

(a) 第一工位　　　　　　(b) 第二工位

图 6.74　用心轴和量规找正

1-心轴;2-镗床主轴;3-量规;4-塞尺;5-镗床工作台

(3) 样板找正法:利用精度很高的样板确定孔的加工位置。

(4) 定心套找正法:先划线加工好螺钉孔,然后装上形状精度高而且光洁的定心套。

2) 镗模法

利用镗模夹具加工孔系:工件装在镗模上,镗杆支承在镗模的导套里。孔距精度可达±0.05 mm,适用于中、大批量生产。

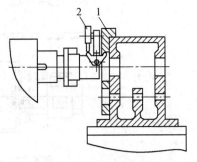

图 6.75　样板找正法

1-样板;2-千分表

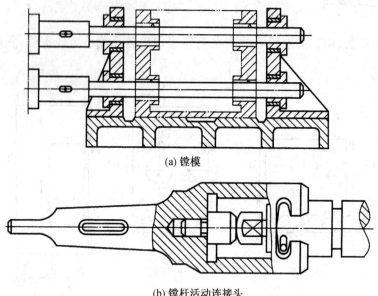

(a) 镗模

(b) 镗杆活动连接头

图 6.76　用镗模加工孔系

3）坐标法

（1）单件小批生产

在普通卧式铣镗床上，用测量工具及仪器，确定孔的坐标尺寸以获得并保证孔距尺寸，可达到的孔距精度范围为 0.01～0.3 mm。

（2）大批量生产

使用坐标镗床，它具有精密的测量系统，其直线定位精度可达 0.002～0.005 mm. 回转定位精度可达 0.2″～10″。

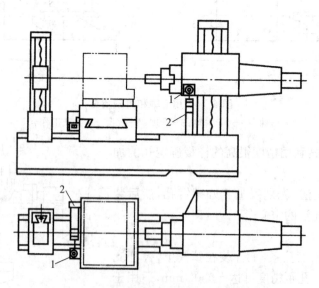

图 6.77　在卧式铣镗床上用坐标法加工孔系

1-百分表；2-量规

2. 同轴孔系的加工

成批生产中,箱体上同轴孔的同轴度几乎都由镗模来保证。单件小批生产中,其同轴度用下面几种方法来保证。

1) 利用已加工孔作支承导向

当箱体前壁上的孔加工好后,在孔内装一导向套,以支承和引导镗杆加工后壁上的孔,从而保证两孔的同轴度要求,该方法只适于加工箱壁较近的孔。

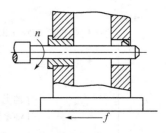

图 6.78 利用已加工孔导向

2) 利用铣镗床后立柱上的导向套支承导向

这种方法其镗杆系两端支承,刚性好,但调整麻烦,镗杆长,很笨重,只适于单件小批生产中大型箱体的加工。

3) 采用调头镗

当箱体箱壁相距较远时,可采用调头镗。工件在一次装夹下,镗好一端孔后,将镗床工作台回转 180°,调整工作台位置,使已加工孔与镗床主轴同轴,然后再加工另一端孔。

当箱体上有一较长并与所镗孔轴线有平行度要求的平面时,镗孔前应先用装在镗杆上的百分表对此平面进行校正(图 6.79(a)),使其和镗杆轴线平行,校正后加工孔 B。孔 B 加工后,回转工作台,用镗杆上装的百分表沿此平面重新校正,这样就可保证工作台准确地回转 180°,如图 6.79(b)所示。然后再加工孔 A,从而保证孔 A、B 同轴。

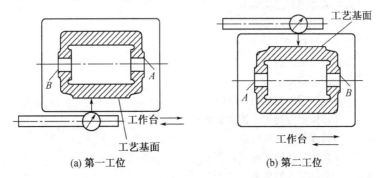

图 6.79 调头镗孔时工件的校正

3. 交叉孔系的加工

交叉孔系的加工关键在于控制孔的垂直度,主要依靠机床工作台上的 90° 对准装置。常用设备为坐标镗床,换位时接触的松紧程度对位置精度都很关键,有时需借助百分表找正。

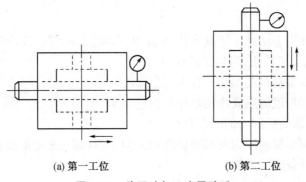

图 6.80 找正法加工交叉孔系

【本章小结】

```
                    ┌ 切削运动与切削用量
                    │ 金属切削刀具
      金属切削加工基础知识 ┤ 金属切削过程及其物理现象
                    │ 工件材料的切削加工性
                    │ 金属切削机床的分类及型号
                    └ 机械加工工艺过程

                    ┌ 轴类零件的功用及分类
                    │ 轴类零件的主要技术要求
      轴类零件的加工    ┤ 轴类零件的材料、毛坯及热处理
                    │ 轴类零件的装夹
机                    └ 外圆表面的加工
械
加                    ┌ 套类零件的功用及结构特点
工                    │ 套类零件的主要技术要求
基    套类零件的加工    ┤ 套类零件的材料、毛坯及热处理
础                    │ 套类零件的装夹
知                    └ 孔的加工
识
                    ┌ 齿轮的功用与结构特点
                    │ 齿轮的主要技术要求
      齿轮的加工      ┤ 齿轮的材料、毛坯及热处理
                    │ 齿形的加工方法
                    └ 齿轮齿形精加工

                    ┌ 箱体零件的功用与结构特点
                    │ 箱体零件的主要技术要求
                    │ 箱体零件的材料及毛坯
                    │ 箱体零件的结构工艺性
      箱体零件的加工    ┤ 箱体零件的装夹
                    │ 制定箱体零件工艺过程的原则
                    │ 箱体零件定位基准的选择
                    │ 平面的加工
                    └ 箱体孔系的加工
```

【思考题与习题】

1. 试说明下列加工方法的主运动和进给运动：车端面，车床钻孔，车内孔，牛头刨床刨平面，铣床铣平面（指出是工件或刀具，是转动或移动）。

2. 切削用量三要素对控制切削过程有何意义？

3. 外圆车刀基本角度的主要作用是什么？

4. 何谓切削力，影响切削力的因素有哪些？

5. 试分析积屑瘤形成的原因及其对切削加工的影响，如何避免形成积屑瘤？

6. 刀具材料应具备哪些性能？

7. 指出图 6.81 中各种加工的背吃刀量是多少？

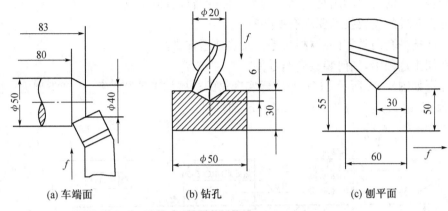

(a) 车端面　　　　　　(b) 钻孔　　　　　　(c) 刨平面

图 6.81　金属加工(习题 7 图)

8. 衡量材料切削加工性的指标有哪些?

9. 试述 CA6140 型卧式车床由哪几部分组成? 各部分的主要作用如何?

10. 试指出下列机床型号的含义: C6150,T6180,XK5040,Z5130,CG6125B,B1016A, M7130A,C616。

11. 如何判断生产类型?

12. 如何选择粗基准和精基准?

13. 工件的安装方式有哪些? 它们各有何特点?

14. 整个工艺过程划分为几个阶段? 各阶段的主要作用有何不同?

15. 如何安排加工过程中的各工序顺序?

16. 轴类零件的主要技术要求有哪些?

17. 如何选择轴类零件的材料和毛坯?

18. 在加工过程中,如何装夹轴类零件?

19. 编写如图 6.82 所示的组合机床动力头钻轴的机械加工工艺过程,生产类型为小批生产,材料为 40 Cr。

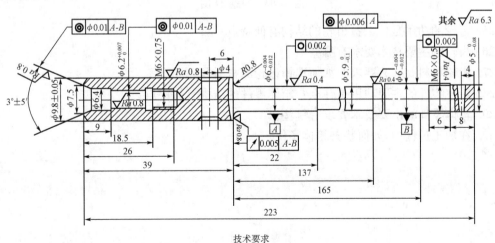

技术要求

165 处 G48,材料为 40Cr。

图 6.82　习题 19 图

20. 套类零件的主要功用是什么？套类零件的结构有何特点？

21. 套类零件的主要技术要求有哪些？

22. 如何选择套筒类零件的材料、毛坯及热处理方式？

23. 在加工过程中，如何装夹套类零件？

24. 编写如图 6.83 所示 C620 车床尾座套筒的机械加工工艺过程，生产类型为小批生产，毛坯材料为 45 钢，毛坯为 $\phi60\ \text{mm} \times 288\ \text{mm}$ 的棒料。

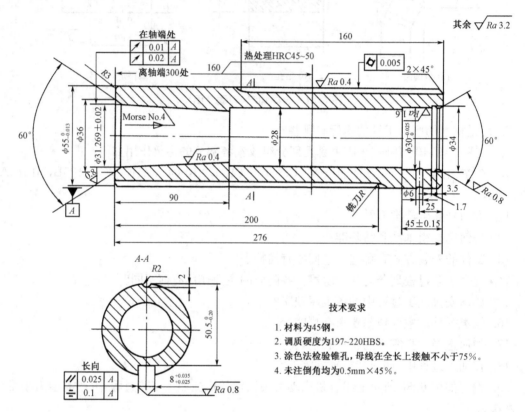

图 6.83　习题 24 图

25. 齿轮的功用是什么？齿轮的结构有何特点？

26. 齿轮的主要技术要求有哪些？

27. 齿轮材料有什么要求？如何选择齿轮的材料和毛坯？

28. 箱体零件的主要功用是什么？箱体零件的结构有何特点？

29. 箱体零件的主要技术要求有哪些？

30. 在加工过程中，如何装夹箱体零件？

第7章 快速成型与3D打印

【学习目标】

了解快速成型的概念与种类,掌握快速成型的原理与应用,掌握3D打印的概念及特点,了解3D打印的应用领域,了解3D打印相较于传统制造技术的优势及缺点。

【知识点】

快速成型、3D打印、三维模型。

【技能点】

会使用常用3D打印机等快速成型设备将三维模型打印成实物。

快速成型(RP,Rapid Prototyping)技术是运用堆积成型法,由CAD模型直接驱动的快速制造任意复杂形状三维实体零件的技术总称。

3D打印是一种典型的快速成型技术,它以计算机三维设计模型为蓝本,通过软件分层离散和数控成型系统,利用激光束、热熔喷嘴等方式将金属粉末、陶瓷粉末、塑料、细胞组织等特殊材料进行逐层堆积黏结,最终叠加成型,制造出实体产品。与传统制造业通过模具、车铣等机械加工方式对原材料进行定型、切削以最终生产成品不同,3D打印将三维实体变为若干个二维平面,通过处理材料并逐层叠加进行生产,大大降低了制造的复杂度。这种数字化制造模式不需要复杂的工艺、不需要庞大的机床、不需要众多的人力,直接从计算机图形数据中便可生成任何形状的零件,使生产制造得以向更广的生产人群范围延伸。

7.1 快速成型

快速成型技术的成型原理不同于常规制造的去除法(切削加工厂、电火花加工等)和变形法(铸造、锻造等),而是利用光、电、热等手段,通过固化、烧结、粘结、熔结、聚合作用或化学作用等方式,有选择地固化(或粘结)液体(或固体)材料,实现材料的迁移和堆积,形成所需要的原型零件。因此,RP制造技术好像燕子衔泥垒窝一样,是一种分层制造的材料累加方法。RP制造技术可直接从CAD模型中产生三维物体,它综合了机械工程、自动控制、激光、计算机和材料等学科的技术。

7.1.1 快速成型技术的工作原理

RP 技术是一种基于离散堆积成型思想的数字化成型技术。根据生产需要,先由三维实体 CAD 软件设计出所需要零件的计算机三维曲面或实体模型(亦称电子模型),然后根据工艺要求,将其按一定厚度进行分层,把原来的三维实体模型变成二维平面(截面)信息;再将分层后的数据进行一定的处理,加入工艺参数,产生数控代码;最后在计算机控制下,数控系统以平面加工方式,把原来很复杂的三维制造转化为一系列有序的低维(二维)薄片层的制造并使它们自动粘结叠加成型。

7.1.2 快速成型技术的工艺方法

RP 技术的具体工艺有很多种,根据采用的材料和对材料的处理方式不同,选择其中 3 种方法的工艺原理进行介绍。

1. 选择性液体固化

选择性液体固化又称光固化法。该方法的典型实现工艺有立体光刻(SL,Stereo Lithography),其工艺原理如图 7.1 所示。成型过程中,计算机控制的紫外激光束按零件的各分层截面信息在树脂表面进行逐点扫描,使被扫描区域的树脂薄层产生光聚合反应而固化,形成零件的一个薄层。头一层固化完后,升降台下移一个层厚的距离,在原先固化好的树脂表面上覆盖一层液态树脂,再进行扫描加工,新生成的固

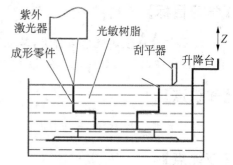

图 7.1 光固化法工艺原理图

化层牢固地粘结在前一层上。重复上述步骤,直到形成一个三维实体零件。

光固化法是目前应用最广泛的快速成型制造方法。光固化的主要特点是:制造精度高(± 0.1 mm)、表面质量好、原材料利用率接近 100%;能制造形状复杂(如腔体等)及特别精细(如首饰、工艺品等)的零件;能使用成型材料较脆、材料固化伴随一定收缩的材料制造所需零件。

2. 选择性层片粘结

选择性层片粘结又称分层实体制造、叠层制造法(LOM,Laminated Object Manufacturing)。其工艺原理如图 7.2 所示。叠层法在成型过程中首先在基板上铺上一层箔材(如纸箔、陶瓷箔、金属箔或其他材质基的箔材),再用一定功率的 CO_2 激光器在计算机控制下按分层信息切出轮廓,同时将非零件的多余部分按一定网络形状切成碎片去除掉。加工完上一层后,重新铺上一层箔材,用热辊碾压,使

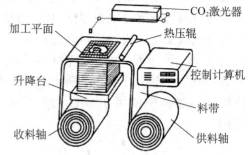

图 7.2 叠层法工艺原理图

新铺上的一层箔材在粘结剂作用下粘结在已成型体上,再用激光器切割该层形状。重复上述过程,直至加工完毕。最后去除掉切碎的多余部分即可得到完整的原型零件。

3. 选择性粉末熔结/粘结

选择性粉末熔结/粘结又称激光选区烧结法(SLS,Selective Laser Sintering),其工艺原理如图 7.3 所示。激光选区烧结法采用 CO_2 激光器作为能源,成型材料常选用粉末材料(如铁、钴、铬等金属粉,也可以是蜡粉、塑料粉、陶瓷粉等)。成型过程中,先将粉末材料预热到稍低于

其熔点的温度,再在平整滚筒的作用下将粉末铺平压实(约100~200 μm 厚),CO_2激光器在计算机控制下,按照零件分层轮廓有选择地进行烧结,烧结成一个层面。再铺粉用平整滚筒压实,让激光器继续烧结,逐步形成一个三维实体,再去掉多余粉末,经打磨、烘干等处理后便获得所需零件。这种方法直接制造粉末型工程材料,可做成各类真实零件,应用前景看好。

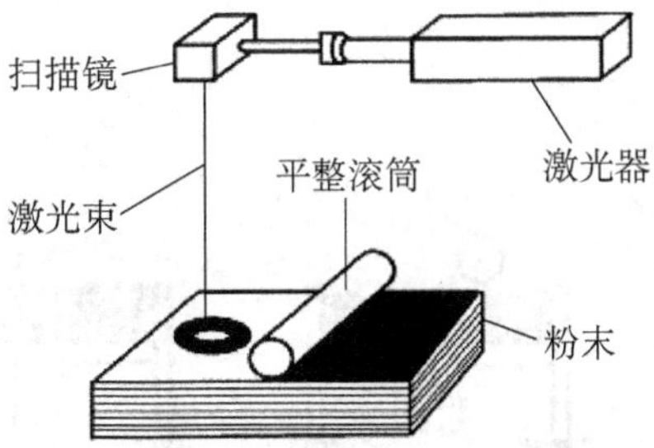

图 7.3　激光选区烧结法工艺原理图

7.1.3　快速成型技术的特点和用途

1. 主要特点

用 RP 制造技术可以制造任意复杂的三维几何实体零件,并且在制造过程中省掉了一系列技术准备,无需专用夹具和工具,也无需人工干预或较少干预。因此,零件制造的设备少、占地少、时间快、成本低。通过 CAD 模型的直接驱动对原型进行快速制造、检验、实样分析研究,可以将新产品开发的风险减到最小程度。

2. 用途

(1) 能用于制造业中快速产品开发(不受形状复杂限制)、快速工具制造、模具制造、微型机械制造、小批零件生产。

(2) 用于与美学有关的工程设计,如建筑设计、桥梁设计、古建筑恢复等,以及结婚纪念品、旅游纪念品、首饰、灯饰等的制作设计。

(3) 在医学上可用于颅外科、体外科、牙科等制造颅骨、假肢、关节、整形。

(4) 可用于文物修复等考古工程。

(5) 可制作三维地图、光弹模型制作等。

7.2　3D 打印

7.2.1　3D 打印的概念及工作原理

"3D 打印"被誉为自 20 世纪 90 年代互联网兴起以来最热门的技术,甚至将其称为是第三次工业革命,可以做到无所不能的打印技术。3D‐P(three-dimensional printing)三维打印也称粉末材料选择性粘结。其工作原理如图 7.4 所示。喷头在计算机的控制下,按照截面轮廓的信息,在铺好的一层粉末材料上,有选择性地喷射粘结剂,使部分粉末粘结,形成截面层。一层完成后,工作台下降一个层厚,铺粉,喷粘结剂,再进行后一层的粘结,如此循环形成三维产品。粘结得到的制件要置于加热炉中,做进一步的固化或烧结,以提高粘结强度。

3D 打印机的实物图形如图 7.5 所示,3D 打印的产品样品如图 7.6 所示。

7.2.2　3D 打印的应用领域

1. 工业领域

现代工业中,玩具、手机、家电等工业的产品创新速度加快,在新产品开发时往往需要事先制作产品原型,设计师通过 3D 打印可以修改设计,可以打印小批量,看看市场的反应情况,并通过用户的使用反馈来进一步完善产品。这对于创业者来说将极大地减少风险和成本。汽车航天军工制造业中的很多产品结构复杂、性能要求高,传统制造方法除了需要高精度的数

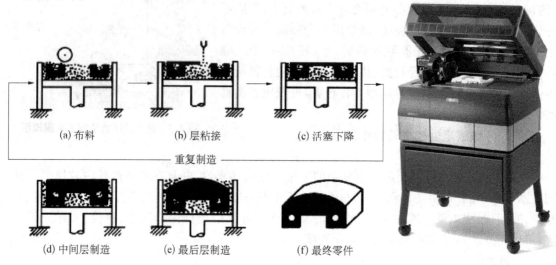

(a) 布料 (b) 层粘接 (c) 活塞下降

重复制造

(d) 中间层制造 (e) 最后层制造 (f) 最终零件

图 7.4 3D 打印工作原理

图 7.5 3D 打印机

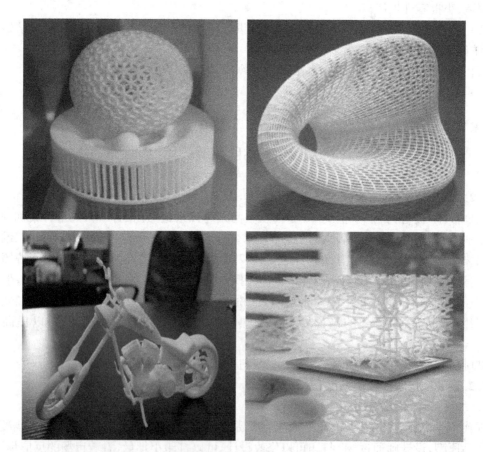

图 7.6 3D 打印的产品样品

控机设备外,还需设计制造很多工艺装备,这往往浪费很多的时间和成本,某些技术难度大的产品甚至无法加工。而通过 3D 打印,一切将变得不那么困难。例如,美国 F-22 猛禽战斗机大量使用钛合金结构件,若使用传统的整体锻造方法,最大的钛合金整体加强框材料利用率不到 4.9%,使用 3D 打印利用率接近 100%。

2. 医学领域

如果有人因交通事故,需要更换钛合金的人造骨骼,以前只有大、中、小三种型号,可用而不适用,通过 CT 扫描获取患者的图像数据后,利用 3D 打印机可直接打印出百分百符合需求的人造骨骼。如今,3D 打印的骨植入物、牙冠、助听器已经存在于世界各地成千上万的人体内。科学家正在尝试利用 3D 打印机直接打印活性组织和新器官,如果变成现实,器官捐献将不再需要,人类将摆脱疾病、残疾。

3. 建筑工程领域

在建筑行业里,设计师已经接受了 3D 打印的建筑模型,这种方法快速、成本低、环保,而且制作精美,完全符合设计者的要求,同时能节省大量材料与时间,可应用于建筑模型风洞实验和效果展示。世界上首台大型建筑 3D 打印机用建筑材料打印出高 4 米的建筑物,打印机的底部有数百个喷嘴,可喷射出镁质黏合物,在黏合物上喷撒沙子可逐渐铸成石质固体,通过一层层的黏合物和沙子结合,最终将形成石质建筑物。这种 3D 打印机制造建筑物的速度比普通建筑方法快 4 倍,并且减少一半的成本,几乎不浪费材料,对环境十分环保,它能够很容易地"打印"其他方式很难建造的高成本曲线建筑。希望以后的某一天可以用这种方式在外星球上轻松建造一个基地。

4. 教育领域

如何激发中小学生投身科学、数学和技术的热情? 3D 打印是个不错的选择,通过在课堂设置富有想象力和创新性的 3D 打印应用,让学生们"边做边学",说不定他们当中会诞生像爱因斯坦一样"百年一遇"的传奇人物。

5. 生活领域

我们生活的时代是一个追求个性的时代,"独一无二"具有巨大的吸引力,个性化的产品会逐渐成为市场主流。3D 打印最吸引人的地方就是可以按照我们自己的想法生产物品,比如,打印个性化的手机外壳、珠宝首饰、服饰、鞋类、食品、文化创意作品等,为新婚夫妇打印按比例缩小的夫妻模型,为旅游胜地的游客打印旅游纪念品等等,定制化将随着 3D 打印技术的推广而成为常态。

7.2.3　3D 打印的优势

3D 打印机不像传统制造机器那样通过切割或模具塑造制造物品,而是通过层层堆积形成实体物品,这也从物理的角度扩大了数字概念的范围。对于要求具有精确的内部凹陷或互锁部分的形状设计,3D 打印机是首选的加工设备,它可以将这样的设计在实体世界中实现。下面是来自各个行业、具有不同背景和专业技术水平的人用类似的方式描述,3D 打印帮助他们减少主要成本、时间和复杂性障碍。我们一起来看一下 3D 打印具有哪些优势。

1. 制造复杂物品不增加成本

就传统制造而言,物体形状越复杂,制造成本越高。对 3D 打印机而言,制造形状复杂的物品成本不增加,制造一个华丽的形状复杂的物品并不比打印一个简单的方块消耗更多的时间、技能或成本。制造复杂物品而不增加成本将打破传统的定价模式,并改变我们计算制造成本的方式。

2. 产品多样化不增加成本

一台 3D 打印机可以打印许多形状，它可以像工匠一样每次都做出不同形状的物品。传统的制造设备功能较少，做出的形状种类有限。3D 打印省去了培训机械师或购置新设备的成本，一台 3D 打印机只需要不同的数字设计蓝图和一批新的原材料。

3. 无须组装

3D 打印能使部件一体化成型。传统的大规模生产建立在组装线基础上，在现代工厂，机器生产出相同的零部件，然后由机器人或工人(甚至跨洲)组装。产品组成部件越多，组装耗费的时间和成本就越多。3D 打印机通过分层制造可以同时打印一扇门及上面的配套铰链，不需要组装。省略组装就缩短了供应链，节省在劳动力和运输方面的花费。供应链越短，污染也越少。

4. 零时间交付

3D 打印机可以按需打印。即时生产减少了企业的实物库存，企业可以根据客户订单使用 3D 打印机制造出特别的或定制的产品满足客户需求，所以新的商业模式将成为可能。如果人们所需的物品按需就近生产，零时间交付式生产能最大限度地减少长途运输的成本。

5. 设计空间无限

传统制造技术和工匠制造的产品形状有限，制造形状的能力受制于所使用的工具。例如，传统的木制车床只能制造圆形物品，轧机只能加工用铣刀组装的部件，制模机仅能制造模铸形状。3D 打印机可以突破这些局限，开辟巨大的设计空间，甚至可以制作目前可能只存在于自然界的形状。

6. 零技能制造

传统工匠需要当几年学徒才能掌握所需要的技能。批量生产和计算机控制的制造机器降低了对技能的要求，然而传统的制造机器仍然需要熟练的专业人员进行机器调整和校准。3D 打印机从设计文件里获得各种指示，做同样复杂的物品，3D 打印机所需要的操作技能比注塑机少。非技能制造开辟了新的商业模式，并能在远程环境或极端情况下为人们提供新的生产方式。

7. 不占空间、便携制造

就单位生产空间而言，与传统制造机器相比，3D 打印机的制造能力更强。例如，注塑机只能制造比自身小很多的物品，与此相反，3D 打印机可以制造和其打印台一样大的物品。3D 打印机调试好后，打印设备可以自由移动，打印机可以制造比自身还要大的物品。较高的单位空间生产能力使得 3D 打印机适合家用或办公使用，因为它们所需的物理空间小。

8. 减少废弃副产品

与传统的金属制造技术相比，3D 打印机制造金属时产生较少的副产品。传统金属加工的浪费量惊人，90% 的金属原材料被丢弃在工厂车间里。3D 打印制造金属时浪费量减少。随着打印材料的进步，"净成型"制造可能成为更环保的加工方式。

9. 材料无限组合

对当今的制造机器而言，将不同原材料结合成单一产品是件难事，因为传统的制造机器在切割或模具成型过程中不能轻易地将多种原材料融合在一起。随着多材料 3D 打印技术的发展，我们有能力将不同原材料融合在一起。以前无法混合的原料混合后将形成新的材料，这些材料色调种类繁多,具有独特的属性或功能。

10. 精确的实体复制

数字音乐文件可以被无休止地复制,音频质量并不会下降。未来,3D 打印将数字精度扩展到实体世界。扫描技术和 3D 打印技术将共同提高实体世界和数字世界之间形态转换的分辨率,我们可以扫描、编辑和复制实体对象,创建精确的副本或优化原件。

以上部分优势目前已经得到证实,其他的会在未来的一二十年(或三十年)成为现实。3D 打印突破了原来熟悉的历史悠久的传统制造限制,为以后的创新提供了舞台。

7.2.4　3D 打印限制

和所有新技术一样,3D 打印技术也有着自己的缺点,它们会成为 3D 打印技术发展路上的绊脚石,从而影响它成长的速度。3D 打印也许真的可能给世界带来一些改变,但如果想成为市场的主流,就要克服种种担忧和可能产生的负面影响。

1. 材料的限制

仔细观察你周围的一些物品和设备,你就会发现 3D 打印的第一个绊脚石,那就是所需材料的限制。虽然高端工业印刷可以实现塑料、某些金属或者陶瓷打印,但目前无法实现打印的材料都是比较昂贵和稀缺的。另外,现在的打印机也还没有达到成熟的水平,无法支持我们在日常生活中所接触到的各种各样的材料。

研究者们在多材料打印上已经取得了一定的进展,但除非这些进展达到成熟并有效,否则材料依然会是 3D 打印的一大障碍。

2. 机器的限制

众所周知,3D 打印要成为主流技术(作为一种消耗大的技术),它对机器的要求也是不低的,其复杂性也可想而知。

目前的 3D 打印技术在重建物体的几何形状和机能上已经获得了一定的水平,几乎任何静态的形状都可以被打印出来,但是那些运动的物体和它们的清晰度就难以实现了。这个困难对于制造商来说也许是可以解决的,但是 3D 打印技术想要进入普通家庭,每个人都能随意打印想要的东西,那么机器的限制就必须得到解决才行。

3. 知识产权的忧虑

在过去的几十年里,音乐、电影和电视产业中对知识产权的关注变得越来越多。3D 打印技术毫无疑问也会涉及这一问题,因为现实中的很多东西都会得到更加广泛的传播。人们可以随意复制任何东西,并且数量不限。如何制定 3D 打印的法律法规用来保护知识产权,也是我们面临的问题之一,否则就会出现泛滥的现象。

4. 道德的挑战

道德是底线。什么样的东西会违反道德规律,我们是很难界定的,如果有人打印出生物器官或者活体组织,是否有违道德? 有人打印出了枪支,我们又该如何处理呢? 如果无法尽快找到解决方法,相信我们在不久的将来会遇到极大的道德挑战。

5. 花费的承担

3D 打印技术需要承担的花费是高昂的,对于普通大众来说更是如此。例如上面提到第一台在京东上架的 3D 打印机的售价为 1 万 5,又有多少人愿意花费这个价钱来尝试这种新技术呢? 也许只有爱好者们吧。如果想要普及到大众,降价是必需的,但又会与成本形成冲突。如何解决这个问题,制造商们估计要头疼了。

　　每一种新技术诞生初期都会面临着这些类似的障碍,但相信找到合理的解决方案,3D 打印技术的发展将会更加迅速,就如同任何渲染软件一样,不断地更新才能最终完善。

【本章小结】

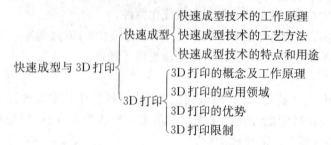

【思考题与复习题】

1. 阐述快速成型技术的工作原理。
2. 阐述选择性液体固化的工作原理。
3. 快速成型技术的特点和用途。
4. 什么是 3D 打印？它有什么特点?
5. 3D 打印的应用领域有哪些?
6. 简述 3D 打印有哪些传统制造技术所不具备的优势及限制。

参考文献

1. 吕烨,许德珠. 机械工程材料. 北京:高等教育出版社,2008.
2. 丁树模. 机械工程学. 北京:机械工业出版社,2004.
3. 王运炎. 金相图谱. 北京:高等教育出版社,1994.
4. 王运炎. 机械工程材料. 北京:机械工业出版社,1992.
5. 王纪安. 工程材料与材料成形工艺. 北京:高等教育出版社,2004.
6. 王英杰. 金属工艺学. 北京:高等教育出版社,2001.
7. 于永泗,齐民. 机械工程材料. 大连:大连理工大学出版社,2006.
8. 司乃均. 机械加工工艺基础. 北京:高等教育出版社,1997.
9. 司乃均,许德珠. 金属工艺学:上册,下册. 北京:高等教育出版社,1998.
10. 许德珠. 机械工程材料. 北京:高等教育出版社,2001.
11. 吴安德. 机械制造基础. 北京:机械工业出版社,1993.
12. 郭炯凡,陈定乾. 金属工艺学. 北京:高等教育出版社,2000.
13. 房世荣. 工程材料与金属工艺学. 北京:机械工业出版社,1994.
14. 孙学强. 机械制造基础. 北京:机械工业出版社,2001.
15. 罗会昌. 金属工艺学. 北京:高等教育出版社,2000.
16. 刘跃南. 机械基础. 北京:高等教育出版社,2000.
17. 赵一善. 热加工工艺基础. 北京:机械工业出版社,1990.
18. 郁兆昌. 金属工艺学. 北京:高等教育出版社,2001.
19. 凌爱林. 金属工艺学. 北京:机械工业出版社,2001.
20. 隋秀凛. 现代制造技术. 北京:高等教育出版社,2003.
21. 侯书林,朱海. 机械制造基础. 北京:中国林业出版社,2006.
22. 潘展,黄经元. 机械制造基础. 北京:科学出版社,2006.
23. 何世松,寿兵. 机械制造基础. 哈尔滨:哈尔滨工程大学出版社,2009.
24. 苏建修. 机械制造基础. 北京:机械工业出版社,2006.
25. 徐慧民,贾颖莲. 模具制造工艺学. 北京:北京理工大学出版社,2007.
26. 乔世民. 机械制造基础. 北京:高等教育出版社,2008.
27. 杨基 H W. 机械制造方法:上、下册. 张力真,译. 北京:高等教育出版社,1988.
28. 刘越. 机械制造技术. 北京:化学工业出版社,2003.
29. 何世松,鲁佳. 机械制造基础项目教程. 南京:东南大学出版社,2016.
30. 黄志超,赖家美,张永超. 自冲铆接技术. 南昌:江西高校出版社,2018.